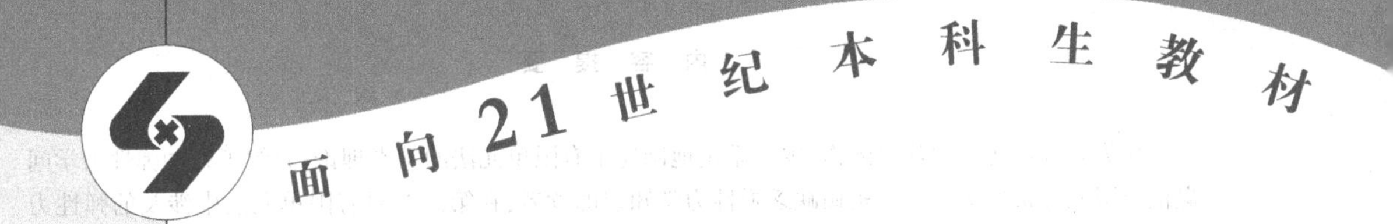

有限元分析基础

傅永华

武汉大学出版社
WUHAN UNIVERSITY PRESS

内 容 提 要

作为有限单元法的基础读物，本书系统地阐述了有限单元法的基本理论，介绍了各种弹性力学问题的有限元分析方法。为了兼顾缺乏弹性力学知识的读者，在第二章对有限单元法中涉及的弹性力学基本知识作了简要介绍。为了增强本书的实用性，最后用三章的篇幅介绍有限元分析中的一些特殊问题、结构分析的程序设计与大型工程有限元通用软件等相关知识。

本书可作为土木、水利、机械等工科专业本科生的教材，也可作为上述专业工程技术人员与教师的参考书。

图书在版编目(CIP)数据

有限元分析基础/傅永华．—武汉：武汉大学出版社，2003.8(2023.1 重印)

面向21世纪本科生教材

ISBN 978-7-307-03966-7

Ⅰ.有…　Ⅱ.傅…　Ⅲ.有限元分析　Ⅳ.O242.21

中国版本图书馆 CIP 数据核字(2003)第059437号

责任编辑：夏炽元　　责任校对：王　建　　版式设计：支　笛

出版发行：**武汉大学出版社**　(430072　武昌　珞珈山)

(电子邮箱：cbs22@whu.edu.cn 网址：www.wdp.com.cn)

印刷：武汉邮科印务有限公司

开本：787×1092　1/16　印张：13　字数：292千字

版次：2003年8月第1版　2023年1月第8次印刷

ISBN 978-7-307-03966-7/O・281　定价：28.00元

前　言

有限单元法是当前工程技术领域中最常用、最有效的数值计算方法，首先在结构分析，而后又在其他领域中得到广泛应用，已成为现代工程设计技术不可或缺的重要组成部分。

本书是为土木、水利、机械等工科专业本科生学习有限单元法而编写的教材。编者多年从事本科生与研究生有限单元法课程的教学工作，编写时力求深入浅出、概念清晰、思路简明、系统性强。本书依次介绍了平面问题、轴对称问题、空间问题、杆梁问题以及板壳问题的有限单元法。为了兼顾缺乏弹性力学知识的读者，在第二章对有限单元法中涉及的弹性力学基本知识作了简要介绍。对于当前有限元通用软件中使用最多的等参数单元，在第五章有较详细的阐述。第八章介绍热传导问题的有限单元法。为了增强本书的实用性，最后用三章的篇幅介绍了有限元分析中的一些特殊问题、结构分析程序设计以及大型工程有限元通用软件的相关知识。

根据教学实践，讲述本书约需 60 学时。

本书承武汉大学土木建筑工程学院院长朱以文教授百忙之中拨冗详加审阅，提出了许多建设性的宝贵意见，谨深表谢忱。石敦敦硕士用 Auto CAD 软件为本书精心绘制插图，也在此表示衷心感谢。

由于编者水平有限，书中缺点、错误在所难免，恳切期望读者批评指正。

编　者

2003 年 3 月

目　　录

第一章　绪　　论

§1-1　有限单元法的发展

许多工程分析问题，如固体力学中的位移场和应力场分析、电磁学中的电磁场分析、振动特性分析、传热学中的温度场分析、流体力学中的流场分析等，都可归结为在给定边界条件下求解其控制方程（常微分方程或偏微分方程）的问题，但能用解析方法求出精确解的只是方程性质比较简单，且几何边界相当规则的少数问题.对于大多数的工程技术问题，由于物体的几何形状较复杂或者问题的某些非线性特征，很少能得到解析解.这类问题的解决通常有两种途径：一是引入简化假设，将方程和边界条件简化为能够处理的问题，从而得到它在简化状态的解.这种方法只在有限的情况下是可行的，因为过多的简化可能导致不正确的甚至错误的解.因此，人们在广泛吸收现代数学、力学理论的基础上，借助于现代科学技术的产物——计算机来获得满足工程要求的数值解，这就是数值模拟技术，数值模拟技术是现代工程学形成和发展的重要推动力之一.

目前在工程技术领域内常用的数值模拟方法有：有限单元法、边界元法、离散单元法和有限差分法，但就其实用性和应用的广泛性而言，主要还是有限单元法.作为一种离散化的数值解法，有限单元法首先在结构分析，然后又在其他领域中得到广泛应用.

离散化的思想可以追溯到20世纪40年代.1941年A.Hrennikoff首次提出用构架方法求解弹性力学问题，当时称为离散元素法，仅限于用杆系结构来构造离散模型.如果原结构是杆系，这种方法是精确方法，发展到现在就是大家熟知的结构分析的矩阵方法.究其实质这还不能说就是有限单元法的思想.1943年R.Courant在求解扭转问题时为了表征翘曲函数而将截面分成若干三角形区域，在各三角形区域设定一个线性的翘曲函数.这是对里兹法的推广，实质上就是有限单元法的基本思想，这一思想真正用于工程中是在电子计算机出现后.

20世纪50年代因航空工业的需要，美国波音公司的专家首次采用三结点三角形单元，将矩阵位移法用到平面问题上.同时，联邦德国斯图加特大学的J.H.Argyris教授发表了一组能量原理与矩阵分析的论文，为这一方法的理论基础作出了杰出贡献.1960年美国的R.W.Clough教授在一篇题为“平面应力分析的有限单元法”的论文中首先使用有限单元法（the Finite Element Method）一词，此后这一名称得到广泛承认.

20世纪60年代有限单元法发展迅速，除力学界外，许多数学家也参与了这一工作，奠定了有限单元法的理论基础，搞清了有限单元法与变分法之间的关系，发展了各种各样的单元模式，扩大了有限单元法的应用范围.

20世纪70年代以来,有限单元法进一步得到蓬勃发展,其应用范围扩展到所有工程领域,成为连续介质问题数值解法中最活跃的分支.由变分法有限元扩展到加权残数法与能量平衡法有限元,由弹性力学平面问题扩展到空间问题、板壳问题,由静力平衡问题扩展到稳定性问题、动力问题和波动问题,由线性问题扩展到非线性问题,分析的对象从弹性材料扩展到塑性、粘弹性、粘塑性和复合材料等,由结构分析扩展到结构优化乃至于设计自动化,从固体力学扩展到流体力学、传热学、电磁学等领域.有限单元法的工程应用如表1-1所示.

表1-1　有限单元法的工程应用

研究领域	平衡问题	特征值问题	动态问题
结构工程学、结构力学和宇航工程学	梁、板、壳结构的分析 复杂或混杂结构的分析 二维与三维应力分析	结构的稳定性 结构的固有频率和振型 线性粘弹性阻尼	应力波的传播 结构对于非周期载荷的动态响应 耦合热弹性力学与热粘弹性力学
土力学、基础工程学和岩石力学	二维与三维应力分析 填筑和开挖问题 边坡稳定性问题 土壤与结构的相互作用 坝、隧洞、钻孔、涵洞、船闸等的分析 流体在土壤和岩石中的稳态渗流	土壤—结构组合物的固有频率和振型	土壤与岩石中的非定常渗流 在可变形多孔介质中的流动—固结 应力波在土壤和岩石中的传播 土壤与结构的动态相互作用
热传导	固体和流体中的稳态温度分布		固体和流体中的瞬态热流
流体动力学、水利工程学和水源学	流体的势流 流体的粘性流动 蓄水层和多孔介质中的定常渗流 水工结构和大坝分析	湖泊和港湾的波动(固有频率和振型) 刚性或柔性容器中流体的晃动	河口的盐度和污染研究(扩展问题) 沉积物的推移 流体的非定常流动 波的传播 多孔介质和蓄水层中的非定常渗流
核工程	反应堆安全壳结构的分析 反应堆和反应堆安全壳结构稳态温度分布		反应堆安全壳结构的动态分析 反应堆结构的热粘弹性分析 反应堆和反应堆安全壳结构中的非稳态温度分布
电磁学	二维和三维静态电磁场分析		二维和三维时变、高频电磁场分析

数值模拟技术通过计算机程序在工程中得到广泛的应用.到20世纪80年代初期,国际上较大型的面向工程的有限元通用程序达到几百种,其中著名的有:ANSYS,NASTRAN,ABAQUS,ASKA,ADINA,SAP与COSMOS等.它们多采用FORTRAN语言编写,规模达几万条甚至几十万条语句,其功能越来越完善,不仅包含多种条件下的有限元分析程序,而且带有功能强大的前处理和后处理程序.由于有限元通用程序使用方便、计算精度高,其

计算结果已成为各类工业产品设计和性能分析的可靠依据.大型通用有限元分析软件不断吸取计算方法和计算机技术的最新进展,将有限元分析、计算机图形学和优化技术相结合,已成为解决现代工程学问题必不可少的有力工具.

§1-2 有限单元法的特点

在实际工作中,人们发现,一方面许多力学问题无法求得解析解答,另一方面许多工程问题也只需要给出数值解答,于是,数值解法便应运而生.

力学中的数值解法有两大类型.其一是对微分方程边值问题直接进行近似数值计算,这一类型的代表是有限差分法;其二是在与微分方程边值问题等价的泛函变分形式上进行数值计算,这一类型的代表是有限单元法.

有限差分法的前提条件是建立问题的基本微分方程,然后将微分方程化为差分方程(代数方程)求解,这是一种数学上的近似.有限差分法能处理一些物理机理相当复杂而形状比较规则的问题,但对于几何形状不规则或者材料不均匀情况以及复杂边界条件,应用有限差分法就显得非常困难,因而有限差分法有很大的局限性.

有限单元法的基本思想是里兹法加分片近似.将原结构划分为许多小块(单元),用这些离散单元的集合体代替原结构,用近似函数表示单元内的真实场变量,从而给出离散模型的数值解.由于是分片近似,可采用较简单的函数作为近似函数,有较好的灵活性、适应性与通用性.当然有限单元法也有其局限性,如对于应力集中、裂缝体分析与无限域问题等的分析都存在缺陷.为此,人们又提出一些半解析方法如有限条带法与边界元法等.

在结构分析中,从选择基本未知量的角度来看,有限单元法可分为三类:位移法、力法与混合法.其中位移法易于实现计算自动化(力法的单元插值函数也难以寻求),在有限单元法中应用范围最广.

依据单元刚度矩阵的推导方法可将有限单元法的推理途径分为直接法、变分法、加权残数法与能量平衡法.

直接法直接进行物理推理,物理概念清楚,易于理解,但只能用于研究较简单单元的特性.

变分法是有限单元法的主要理论基础之一,涉及泛函极值问题,既适用于形状简单的单元,也适用于形状复杂的单元,使有限单元法的应用扩展到类型更为广泛的工程问题.当给定的问题存在经典变分叙述时,这是最方便的方法.当给定问题的经典变分原理不知道时,需采用更为一般的方法,如加权残数法或能量平衡法来推导单元刚度矩阵.

加权残数法由问题的基本微分方程出发而不依赖于泛函.可处理已知基本微分方程却找不到泛函的问题,如流固耦合问题,从而进一步扩大了有限单元法的应用范围.

§1-3　有限单元法分析过程概述

1.结构离散化

结构离散化就是将结构分成有限个小的单元体，单元与单元、单元与边界之间通过结点连接.结构的离散化是有限单元法分析的第一步，关系到计算精度与计算效率，是有限单元法的基础步骤，包含以下两个方面的内容：

（1）单元类型选择

离散化首先要选定单元类型，这包括单元形状、单元结点数与结点自由度数等三个方面的内容.基本的单元类型见表 1-2.

表 1-2　典型单元

单元类型				结点数	结点自由度	典型应用
一维单元	杆		1 2	2	1	桁架
一维单元	梁		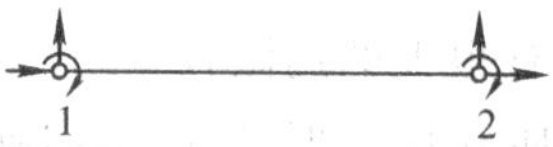 1 2	2	3	平面刚架
二维单元	平面问题	三角形	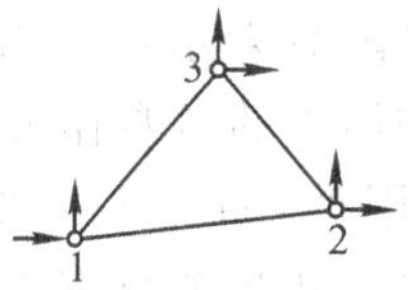 1 2 3	3	2	平面应用
二维单元	平面问题	四边形	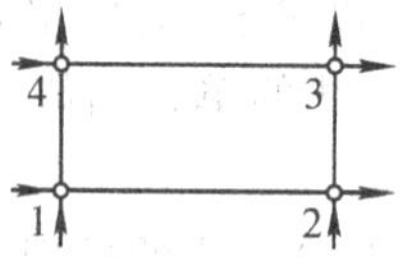 1 2 3 4	4	2	平面应用
二维单元	轴对称问题	三角形	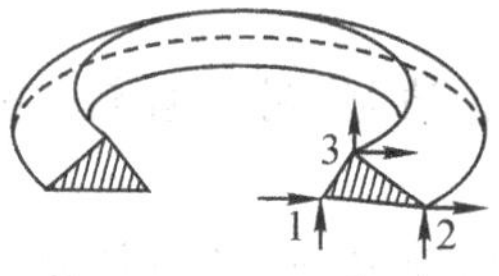 1 2 3	3	2	轴对称体
二维单元	板弯曲问题	四边形	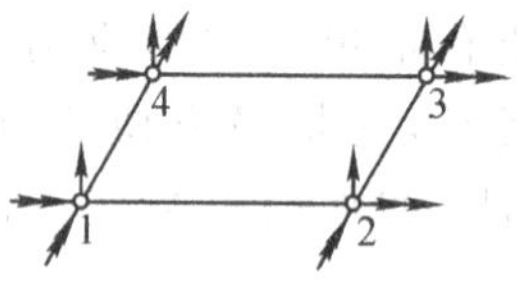 1 2 3 4	4	3	薄板弯曲
二维单元	板弯曲问题	三角形	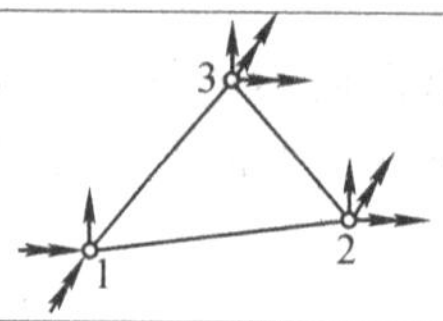 1 2 3	3	3	薄板弯曲

续表

单元类型			结点数	结点自由度	典型应用
三维单元	四面体		4	3	空间问题
	六面体		8	3	空间问题

(2) 单元划分

划分单元时应注意以下几点:

(i) 网格的加密

网格划分越细,结点越多,计算结果越精确.对边界曲折处、应力变化大的区域应加密网格,集中载荷作用点、分布载荷突变点以及约束支承点均应布置结点,同时要兼顾机时、费用与效果.网格加密到一定程度后计算精度的提高就不明显,对应力应变变化平缓的区域不必要细分网格.

(ii) 单元形态应尽可能接近相应的正多边形或正多面体.如三角形单元三边应尽量接近,且不出现钝角,如图 1-1 所示;矩阵单元长宽不宜相差过大等,如图 1-2 所示.

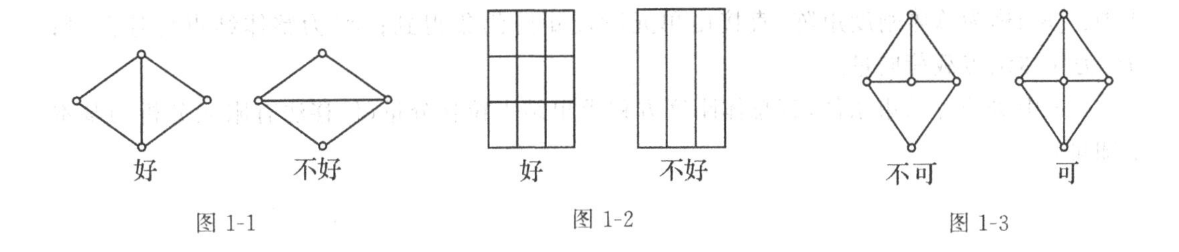

图 1-1　图 1-2　图 1-3

(iii) 单元结点应与相邻单元结点相连接,不能置于相邻单元边界上,如图 1-3 所示.

(iv) 同一单元由同一种材料构成.

(v) 网格划分应尽可能有规律,以利于计算机自动生成网格.

(3) 结点编码:整体结点编码和单元结点编码.

2.单元分析

单元分析有两个方面的内容:

(1) 选择位移函数

位移法分析结构首先要求解的是位移场.要在整个结构建立位移的统一数学表达式往往是困难的甚至是不可能的.结构离散化成单元的集合体后,对于单个的单元,可以遵循某些基本准则,用较之以整体为对象时简单得多的方法设定一个简单的函数为位移的近似函数,称为位移函数.位移函数一般取为多项式形式,有广义坐标法与插值法两种设定途径,殊途同归，最终都整理为单元结点位移的插值函数.

(2) 分析单元的力学特征

(i) 单元应变矩阵$[B]$

单元应变矩阵反映出单元结点位移与单元应变之间的转换关系，由几何学条件导出.

(ii) 单元应力矩阵$[S]$

单元应力矩阵反映出单元结点位移与单元应力之间的转换关系，由物理学条件导出.

(iii) 单元刚度矩阵$[K]^e$

单元刚度矩阵反映出单元结点位移$\{\delta\}^e$与单元结点力$\{F\}^e$之间的转换关系，由平衡条件导出，所得到的转换关系式称为单元刚度方程

$$[K]^e[\delta]^e=\{F\}^e$$

3. 整体分析

整体分析包括以下几方面内容：

(1) 集成整体结点载荷向量$\{R\}$

结构离散化后，单元之间通过结点传递力，所以有限单元法在结构分析中只采用结点载荷.所有作用在单元上的集中力、体积力与表面力都必须静力等效地移置到结点上去，形成等效结点载荷.最后，将所有结点载荷按照整体结点编码顺序组集成整体结点载荷向量.

(2) 集成整体刚度方程$[K]$

集合所有的单元刚度方程就得到总体刚度方程

$$[K]\{\delta\}=\{R\}$$

式中：$[K]$称为总体刚度矩阵，直接由单元刚度矩阵组集得到；$\{\delta\}$为整体结点位移向量；$\{R\}$为整体结点载荷向量.

(3) 引进边界约束条件，解总体刚度方程求出结点位移分量(位移法有限元分析的基本未知量).

第二章　弹性力学基本方程与变分原理

§2-1　关于外力、应力、形变与位移的定义

1. 外力

作用于物体的外力可以分为体积力和表面力，两者也分别简称为体力和面力.

体力指分布在物体体积内的力，例如重力和惯性力.物体内各点受体力的情况，一般是不相同的.用体力集度矢量表明该物体在某一点所受体力的大小和方向.该矢量在坐标轴x、y、z上的投影记为X、Y、Z，称为体力分量，以沿坐标轴正方向为正，沿坐标轴负方向为负.它们的因次是[力][长度]$^{-3}$.

面力指分布在物体表面上的力，例如流体压力和接触力.物体在其表面上各点受面力的情况，一般也是不相同的.用面力集度矢量表明该物体在其表面上某一点所受面力的大小和方向.该矢量在坐标轴x、y、z上的投影记为$\overline{X}$、$\overline{Y}$、$\overline{Z}$，称为面力分量，同样以沿坐标轴正方向为正，沿坐标轴负方向为负.它们的因次是[力][长度]$^{-2}$.

有限单元法分析中也使用集中力这一概念，其正负号规定同上.

2. 应力

物体受了外力的作用，或由于温度有所改变，其内部将发生内力.为了研究物体在其某一点P处的内力，假想用经过P点的一个截面mn将该物体分为A和B两部分，而将B部分撇开，如图2-1所示.撇开的部分B将在截面mn上对留下的部分A作用一定的内力.取这一截面的一小部分，它包含着P点，而它的面积为ΔA.设作用于ΔA上的内力为$\Delta \boldsymbol{Q}$，则内力的平均集度，即平均应力为$\frac{\Delta \boldsymbol{Q}}{\Delta A}$.现在，命$\Delta A$无限减小而趋于$P$点，假定内力为连续分布，则$\frac{\Delta \boldsymbol{Q}}{\Delta A}$将趋于一定的极限$\boldsymbol{S}$，即

$$\lim_{\Delta A \to 0} \frac{\Delta \boldsymbol{Q}}{\Delta A} = \boldsymbol{S}$$

这个极限矢量$\boldsymbol{S}$就是物体在截面mn上的、在P点的应力.

对于应力，除了在推导某些公式的过程中以外，通常都不会使用它沿坐标轴方向的分量，因为这些分量和物体的形变或材料强度都没有直接的关系.与物体的形变及材料强度直

接相关的，是应力在作用截面的法向和切向的分量，也就是正应力 σ 和剪应力 τ，如图 2-1 所示.应力及其分量的因次也是[力][长度]$^{-2}$.

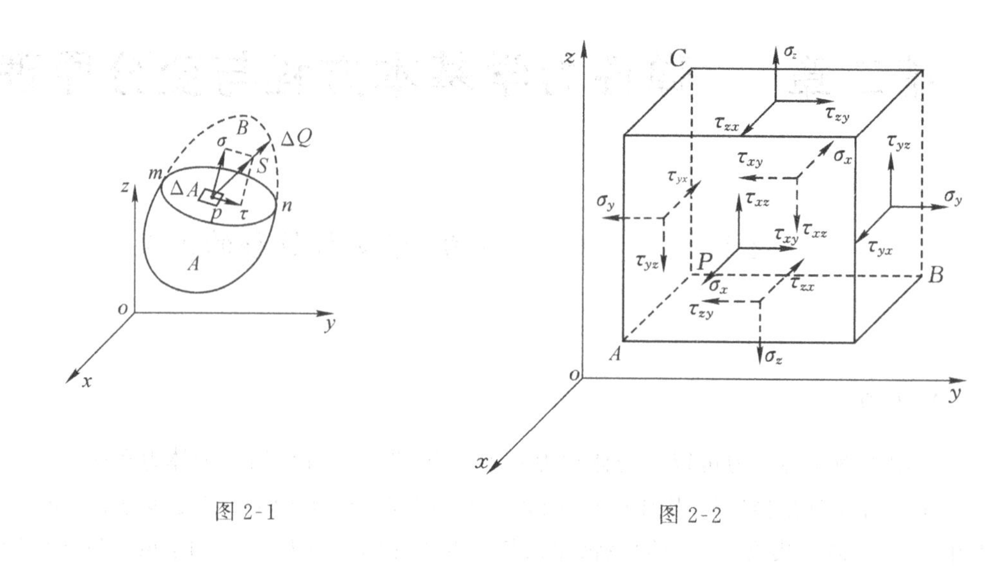

图 2-1 图 2-2

显然，在物体内的同一点 P，不同截面上的应力是不同的.为了分析这一点的应力状态，即各个截面上应力的大小和方向，在这一点从物体内取出一个微小的平行六面体，它的棱边平行于坐标轴而长度为 $PA=\mathrm{d}x$、$PB=\mathrm{d}y$、$PC=\mathrm{d}z$，如图 2-2 所示.将每一面上的应力分解为一个正应力和两个剪应力，分别与三个坐标轴平行.正应力用 σ 表示.为了表明这个正应力的作用面和作用方向，加上一个坐标角码.例如，正应力 σ_x 是作用在垂直于 x 轴的面上，同时也是沿着 x 轴的方向作用的.剪应力用 τ 表示，并加上两个坐标角码，前一个角码表明作用面垂直于哪一个坐标轴，后一个角码表明作用方向沿着哪一个坐标轴.例如，剪应力 τ_{xy} 是作用在垂直于 x 轴的面上而沿着 y 轴方向作用的.

如果某一个截面上的外法线是沿着坐标轴的正方向，这个截面就称为一个正面，而这个面上的应力分量就以沿坐标轴正方向为正，沿坐标轴负方向为负.相反，如果某一个截面上的外法线是沿着坐标轴的负方向，这个截面就称为一个负面，而这个面上的应力分量就以沿坐标轴负方向为正，沿坐标轴正方向为负.图上所示的应力分量全部都是正的.注意，虽然上述正负号规定，对于正应力来说，结果是和材料力学中的规定相同(拉应力为正而压应力为负)，但是，对于剪应力来说，结果却和材料力学中的规定不完全相同.按照这里的符号规则，剪应力互等定理表达为

$$\tau_{yz}=\tau_{zy},\ \tau_{zx}=\tau_{xz},\ \tau_{xy}=\tau_{yx}$$

在物体的任意一点，如果已知 σ_x、σ_y、σ_z、τ_{yz}、τ_{zx}、τ_{xy} 这六个应力分量，就可以求得经过该点的任意截面上的正应力和剪应力.因此，上述六个应力分量可以完全确定该点的应力状态.

3. 形变

所谓形变，就是形状的改变.物体的形状总可以用它各部分的长度和角度来表示.因此，物体的形变总可以归结为长度的改变和角度的改变.

为了分析物体在其某一点 P 的形变状态，在这一点沿着坐标轴 x、y、z 的正方向取三个

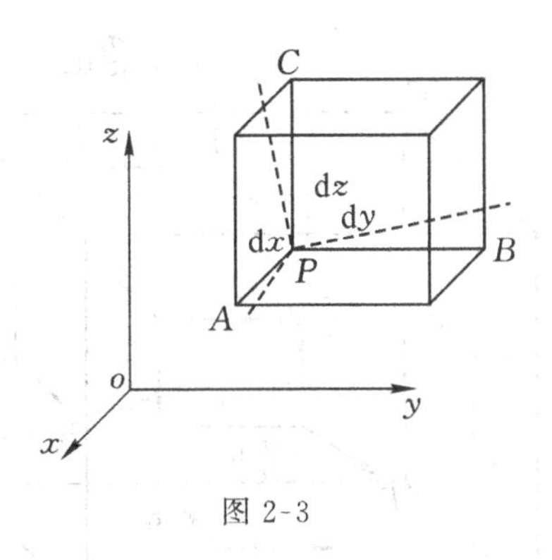

图 2-3

微小的线段 PA、PB、PC，如图 2-3 所示.物体变形以后，这三个线段的长度以及它们之间的直角一般都将有所改变.各线段的每单位长度的伸缩，即单位伸缩或相对伸缩，称为正应变.各线段之间的直角的改变，用弧度表示，称为剪应变.正应变用字母 ε 表示：ε_x 表示 x 方向的线段 PA 的正应变，其余类推.正应变以伸长时为正，缩短时为负，与正应力的正负号规定相适应.剪应变用字母 γ 表示：γ_{yz} 表示 y 与 z 两方向的线段（即 PB 与 PC）之间的直角的改变，其余类推.剪应变以直角变小时为正，变大时为负，与剪应力的正负号规定相适应.正应变和剪应变都是无因次的数量.

在物体的任意一点，如果已知 ε_x、ε_y、ε_z、γ_{yz}、γ_{zx}、γ_{xy} 这六个应变分量，就可以求得经过该点的任一线段的正应变，也可以求得经过该点的任意两个线段之间的角度的改变.因此，这六个应变分量，可以完全确定该点的形变状态.

4. 位移

将物体内任意一点的位移用它在 x、y、z 坐标轴上的投影 u、v、w 来表示，称为该点的位移分量.以沿坐标轴正方向的为正，沿坐标轴负方向的为负.

§ 2-2　弹性力学的基本方程与求解

严格地说，弹性力学问题都是所谓空间问题，即弹性体占有三维空间，在外界因素作用下产生的应力、应变与位移也是三维的，而且一般都是三个坐标的函数.

弹性力学分析问题从静力学条件、几何学条件与物理学条件三方面考虑，分别得到平衡微分方程、几何方程与物理方程，统称为弹性力学的基本方程.

1. 平衡微分方程

在物体内的任意一点 P，割取一个微小的平行六面体，它的六面垂直于坐标轴，而棱边

的长度为 $PA=\mathrm{d}x$，$PB=\mathrm{d}y$，$PC=\mathrm{d}z$，受力如图 2-4 所示.

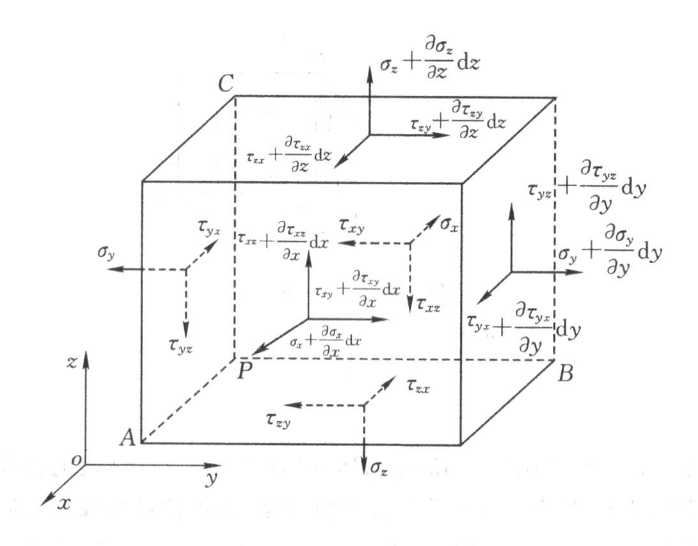

图 2-4

三个力矩平衡方程只是再次证明剪应力的互等关系.由三个投影的平衡方程则不难得到空间问题的三个平衡微分方程

$$\begin{cases}\dfrac{\partial\sigma_x}{\partial x}+\dfrac{\partial\tau_{yx}}{\partial y}+\dfrac{\partial\tau_{zx}}{\partial z}+X=0\\[2mm]\dfrac{\partial\sigma_y}{\partial y}+\dfrac{\partial\tau_{zy}}{\partial z}+\dfrac{\partial\tau_{xy}}{\partial x}+Y=0\\[2mm]\dfrac{\partial\sigma_z}{\partial z}+\dfrac{\partial\tau_{xz}}{\partial x}+\dfrac{\partial\tau_{yz}}{\partial y}+Z=0\end{cases}\tag{2-1}$$

2. 几何方程

经过弹性体内任意一点 P，沿坐标轴方向取微分长度 $\mathrm{d}x$、$\mathrm{d}y$、$\mathrm{d}z$ 分析应变与位移之间的关系.由应变的定义可知应分别沿三个坐标面方向分析.如沿 xy 坐标面，记 $PA=\mathrm{d}x$ 和 $PB=\mathrm{d}y$（图 2-5）.假定弹性体受力以后，P、A、B 三点分别移动到 P'、A'、B'，其中 P、A、B 三点的位移标注如图所示.

不计高阶微量，线段 PA 的正应变为

$$\varepsilon_x=\frac{\left(u+\dfrac{\partial u}{\partial x}\mathrm{d}x\right)-u}{\mathrm{d}x}=\frac{\partial u}{\partial x}\tag{a}$$

同样，线段 PB 的正应变为

$$\varepsilon_y=\frac{\partial v}{\partial y}\tag{b}$$

再求线段 PA 与 PB 之间的直角改变 γ_{xy}.由图 2-5 可见,这个剪应变是由两部分组成

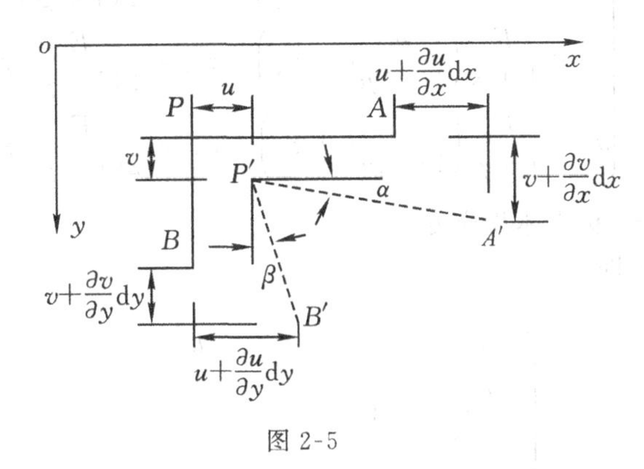

图 2-5

的:一部分是由 y 方向的位移 v 引起的,即 x 方向的线段 PA 的转角 α;另一部分是由 x 方向的位移 u 引起的,即 y 方向的线段 PB 的转角 β.由于是小变形,故

$$\alpha = \frac{\left(v + \frac{\partial v}{\partial x}dx\right) - v}{dx} = \frac{\partial v}{\partial x}$$

$$\beta = \frac{\partial u}{\partial y}$$

则

$$\gamma_{xy} = \alpha + \beta = \frac{\partial v}{\partial x} + \frac{\partial u}{\partial y} \tag{c}$$

(a)、(b)、(c) 三式即平面问题中的几何方程:

$$\varepsilon_x = \frac{\partial u}{\partial x}, \quad \varepsilon_y = \frac{\partial v}{\partial y}, \quad \gamma_{xy} = \frac{\partial v}{\partial x} + \frac{\partial u}{\partial y} \tag{2-2}$$

显然,空间问题在直角坐标中的几何方程为:

$$\begin{cases} \varepsilon_x = \frac{\partial u}{\partial x}, \ \varepsilon_y = \frac{\partial v}{\partial y}, \ \varepsilon_z = \frac{\partial w}{\partial z} \\ \gamma_{yz} = \frac{\partial w}{\partial y} + \frac{\partial v}{\partial z}, \ \gamma_{zx} = \frac{\partial u}{\partial z} + \frac{\partial w}{\partial x}, \ \gamma_{xy} = \frac{\partial v}{\partial x} + \frac{\partial u}{\partial y} \end{cases} \tag{2-3}$$

3. 物理方程

物理方程表述应力分量与应变分量之间的关系,对于完全弹性的各向同性体,它们由广义虎克定律描述为:

$$\begin{cases} \varepsilon_x = \frac{1}{E}[\sigma_x - \mu(\sigma_y + \sigma_z)] & \gamma_{yz} = \frac{2(1+\mu)}{E}\tau_{yz} \\ \varepsilon_y = \frac{1}{E}[\sigma_y - \mu(\sigma_z + \sigma_x)] & \gamma_{zx} = \frac{2(1+\mu)}{E}\tau_{zx} \\ \varepsilon_z = \frac{1}{E}[\sigma_z - \mu(\sigma_x + \sigma_y)] & \gamma_{xy} = \frac{2(1+\mu)}{E}\tau_{xy} \end{cases} \tag{2-4}$$

按位移求解时需要的是物理方程的另一种表达形式:

$$
\begin{cases}
\sigma_x = \dfrac{E}{1+\mu}\left(\dfrac{\mu}{1-2\mu}e + \varepsilon_x\right) & \tau_{yz} = \dfrac{E}{2(1+\mu)}\gamma_{yz} \\
\sigma_y = \dfrac{E}{1+\mu}\left(\dfrac{\mu}{1-2\mu}e + \varepsilon_y\right) & \tau_{zx} = \dfrac{E}{2(1+\mu)}\gamma_{zx} \\
\sigma_z = \dfrac{E}{1+\mu}\left(\dfrac{\mu}{1-2\mu}e + \varepsilon_z\right) & \tau_{xy} = \dfrac{E}{2(1+\mu)}\gamma_{xy}
\end{cases} \tag{2-5}
$$

其中 $e=\varepsilon_x+\varepsilon_y+\varepsilon_z$ 称为体积应变.

用矩阵方程表示即

$$
\begin{Bmatrix} \sigma_x \\ \sigma_y \\ \sigma_z \\ \tau_{xy} \\ \tau_{yz} \\ \tau_{zx} \end{Bmatrix} = \frac{E(1-\mu)}{(1+\mu)(1-2\mu)}
\begin{bmatrix}
1 & & & \text{对} & & \\
\dfrac{\mu}{1-\mu} & 1 & & & & \\
\dfrac{\mu}{1-\mu} & \dfrac{\mu}{1-\mu} & 1 & & & \text{称} \\
0 & 0 & 0 & \dfrac{1-2\mu}{2(1-\mu)} & & \\
0 & 0 & 0 & 0 & \dfrac{1-2\mu}{2(1-\mu)} & \\
0 & 0 & 0 & 0 & 0 & \dfrac{1-2\mu}{2(1-\mu)}
\end{bmatrix}
\begin{Bmatrix} \varepsilon_x \\ \varepsilon_y \\ \varepsilon_z \\ \gamma_{xy} \\ \gamma_{yz} \\ \gamma_{zx} \end{Bmatrix}
$$

简写成

$$
\{\sigma\} = [D]\{\varepsilon\} \tag{2-6}
$$

其中的

$$
[D] = \frac{E(1-\mu)}{(1+\mu)(1-2\mu)}
\begin{bmatrix}
1 & & & \text{对} & & \\
\dfrac{\mu}{1-\mu} & 1 & & & & \\
\dfrac{\mu}{1-\mu} & \dfrac{\mu}{1-\mu} & 1 & & & \text{称} \\
0 & 0 & 0 & \dfrac{1-2\mu}{2(1-\mu)} & & \\
0 & 0 & 0 & 0 & \dfrac{1-2\mu}{2(1-\mu)} & \\
0 & 0 & 0 & 0 & 0 & \dfrac{1-2\mu}{2(1-\mu)}
\end{bmatrix} \tag{2-7}
$$

称为弹性矩阵,它完全决定于弹性常数 E 和 μ.

4. 弹性力学问题的求解

前面给出了 15 个基本方程,由于是解微分方程,还需要给出定解条件,静力学问题的定解条件只包含边界条件.边界上位移分量已知的条件称为位移边界条件

$$
u_{s_u} = \bar{u}, \quad v_{s_u} = \bar{v}, \quad w_{s_u} = \bar{w} \tag{2-8}
$$

边界上面力分量已知的条件称为应力边界条件

$$
\begin{cases}
l\sigma_x + m\tau_{yx} + n\tau_{zx} = \overline{X} \\
m\sigma_y + n\tau_{zy} + l\tau_{xy} = \overline{Y} \\
n\sigma_z + l\tau_{xz} + m\tau_{yz} = \overline{Z}
\end{cases}
\tag{2-9}
$$

弹性力学问题的求解有三种基本方法：按应力求解、按位移求解与混合求解.按应力求解以应力分量为基本未知函数，先求应力分量，后求其他未知量，是超静定问题，需要补充形变协调条件.由于位移边界条件不能改用应力分量表达，按应力求解时，弹性力学问题只能包含应力边界条件.按位移求解则以位移分量为基本未知函数，此时应通过物理方程与几何方程将平衡微分方程(2-1)改用位移分量表达.由于应力边界条件也可以用位移分量表达，按位移求解时，弹性力学问题既可以包含位移边界条件，也可以包含应力边界条件.混合求解比较少用.

由于按位移求解易于实现计算自动化，有限单元法大多按位移求解，这里只着重说明按位移求解的思路.

将平衡微分方程改用位移分量表达，有

$$
\begin{cases}
\dfrac{E}{2(1+\mu)}\left(\dfrac{1}{1-2\mu}\dfrac{\partial e}{\partial x} + \nabla^2 u\right) + X = 0 \\
\dfrac{E}{2(1+\mu)}\left(\dfrac{1}{1-2\mu}\dfrac{\partial e}{\partial y} + \nabla^2 v\right) + Y = 0 \\
\dfrac{E}{2(1+\mu)}\left(\dfrac{1}{1-2\mu}\dfrac{\partial e}{\partial z} + \nabla^2 w\right) + Z = 0
\end{cases}
\tag{2-10}
$$

称为按位移求解弹性力学问题的控制方程.它与问题的边界条件共同构成定解问题.

边界条件包含位移边界条件(2-8)与应力边界条件(2-9).当然，这里的应力边界条件应该通过弹性方程改用位移分量表达：

$$
\begin{cases}
\lambda el + \mu\dfrac{\partial u}{\partial N} + \mu\left(l\dfrac{\partial u}{\partial x} + m\dfrac{\partial v}{\partial x} + n\dfrac{\partial w}{\partial x}\right) = \overline{X} \\
\lambda em + \mu\dfrac{\partial v}{\partial N} + \mu\left(l\dfrac{\partial u}{\partial y} + m\dfrac{\partial v}{\partial y} + n\dfrac{\partial w}{\partial y}\right) = \overline{Y} \\
\lambda en + \mu\dfrac{\partial w}{\partial N} + \mu\left(l\dfrac{\partial u}{\partial z} + m\dfrac{\partial v}{\partial z} + n\dfrac{\partial w}{\partial z}\right) = \overline{Z}
\end{cases}
\tag{2-11}
$$

其中：

$$
\lambda = \frac{E\mu}{(1+\mu)(1-2\mu)}
$$

$$
\frac{\partial}{\partial N} = l\frac{\partial}{\partial x} + m\frac{\partial}{\partial y} + n\frac{\partial}{\partial z}
$$

要联立解这些方程得出一般解是很困难的，所谓的解析解法只能是用逆解法解或半逆解法试解，而且能解决的问题极其有限，分析工程实际提出的弹性力学问题主要还是依靠数值解法.

§2-3 平面问题

当研究的弹性体具有某种特殊的形状,并且承受的是某种特殊外力时,就有可能把空间问题近似地简化为平面问题(平面应力问题或平面应变问题),只须考虑平行于某个平面的位移分量、应变分量与应力分量,且这些量只是两个坐标的函数.这样处理,分析和计算的工作量将大大减少.

设有很薄的均匀薄板,只在板边上受有平行于板面并且不沿厚度变化的面力,同时,体力也平行于板面并且不沿厚度变化,如图 2-6 所示.记薄板的厚度为 t,以薄板的中面为 xy 面,以垂直于中面的任一直线为 z 轴.由于板面上不受力,且板很薄,外力不沿厚度变化,可以认为恒有:

$$\sigma_z=0,\ \tau_{zx}=\tau_{xz}=0,\ \tau_{zy}=\tau_{yz}=0$$

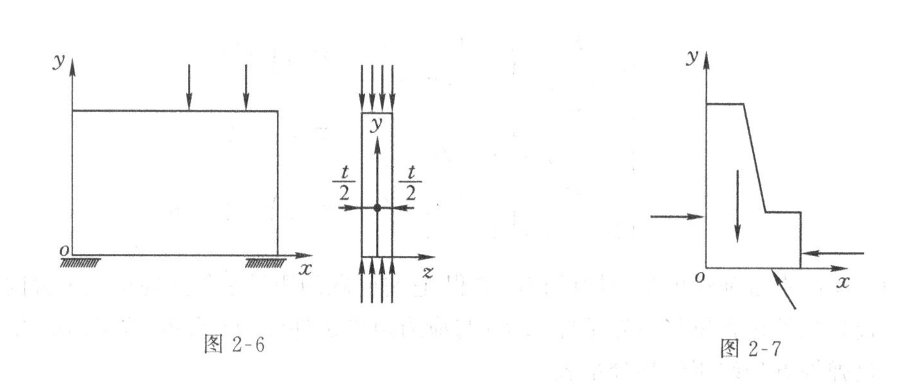

图 2-6

图 2-7

不为零的应力分量为 σ_x、σ_y、τ_{xy},这种问题就称为平面应力问题.平面应力问题只有 8 个独立的未知量 σ_x、σ_y、τ_{xy}、ε_x、ε_y、γ_{xy}、u、v,它们仅仅是 x、y 两个坐标的函数.

设有无限长的柱形体,在柱面上受有平行于横截面而且不沿长度变化的面力,同时,体力也平行于横截面且不沿长度变化(图 2-7).以任一横截面为 xy 面,任一纵线为 z 轴,由于对称性(任一横截面都可以看做对称面),不难发现此时

$$w=0,\ \varepsilon_z=\gamma_{yz}=\gamma_{zx}=0$$

不为零的应变分量为 ε_x、ε_y、γ_{xy},这种问题就称为平面应变问题.平面应变问题也只有 8 个独立的未知量 σ_x、σ_y、τ_{xy}、ε_x、ε_y、γ_{xy}、u、v,它们仅仅是 x、y 两个坐标的函数.

1. 平面问题的平衡微分方程与应力边界条件

(1) 平衡微分方程

$$\begin{cases}\dfrac{\partial\sigma_x}{\partial x}+\dfrac{\partial\tau_{yx}}{\partial y}+X=0\\[2ex]\dfrac{\partial\sigma_y}{\partial y}+\dfrac{\partial\tau_{xy}}{\partial x}+Y=0\end{cases}$$

或

$$\begin{cases}\dfrac{E}{1-\mu^2}\left(\dfrac{\partial^2 u}{\partial x^2}+\dfrac{1-\mu}{2}\dfrac{\partial^2 u}{\partial y^2}+\dfrac{1+\mu}{2}\dfrac{\partial^2 v}{\partial x\partial y}\right)+X=0\\ \dfrac{E}{1-\mu^2}\left(\dfrac{\partial^2 v}{\partial y^2}+\dfrac{1-\mu}{2}\dfrac{\partial^2 v}{\partial x^2}+\dfrac{1+\mu}{2}\dfrac{\partial^2 u}{\partial x\partial y}\right)+Y=0\end{cases}\tag{2-12}$$

(2) 应力边界条件

$$\begin{cases}l\sigma_x+m\tau_{yx}=\overline{X}\\ m\sigma_y+l\tau_{xy}=\overline{Y}\end{cases}$$

或

$$\begin{cases}\dfrac{E}{1-\mu^2}\left[l\left(\dfrac{\partial u}{\partial x}+\mu\dfrac{\partial v}{\partial y}\right)+m\dfrac{1-\mu}{2}\left(\dfrac{\partial u}{\partial y}+\dfrac{\partial v}{\partial x}\right)\right]=\overline{X}\\ \dfrac{E}{1-\mu^2}\left[m\left(\dfrac{\partial v}{\partial y}+\mu\dfrac{\partial u}{\partial x}\right)+l\dfrac{1-\mu}{2}\left(\dfrac{\partial v}{\partial x}+\dfrac{\partial u}{\partial y}\right)\right]=\overline{Y}\end{cases}\tag{2-13}$$

2. 平面问题的几何方程

因为只需考虑三个应变分量 ε_x、ε_y、γ_{xy}，几何方程即式(2-2)，其矩阵形式为

$$\{\varepsilon\}=\begin{Bmatrix}\varepsilon_x\\ \varepsilon_y\\ \gamma_{xy}\end{Bmatrix}=\begin{Bmatrix}\dfrac{\partial u}{\partial x}\\ \dfrac{\partial v}{\partial y}\\ \dfrac{\partial u}{\partial y}+\dfrac{\partial v}{\partial x}\end{Bmatrix}\tag{2-14}$$

3. 平面问题的物理方程

(1) 平面应力问题的物理方程

将 $\sigma_z=0$，$\tau_{zx}=0$，$\tau_{yz}=0$ 代入空间问题物理方程表达式(2-4) 得到

$$\begin{cases}\varepsilon_x=\dfrac{1}{E}(\sigma_x-\mu\sigma_y)\\ \varepsilon_y=\dfrac{1}{E}(\sigma_y-\mu\sigma_x)\\ \gamma_{xy}=\dfrac{2(1+\mu)}{E}\tau_{xy}\end{cases}\tag{2-15}$$

即平面应力问题的物理方程，而 $\varepsilon_z=\dfrac{-\mu(\sigma_x+\sigma_y)}{E}$ 一般并不等于零，但可由 σ_x 及 σ_y 求得，不是独立变量，在分析中不必考虑.

物理方程的另一种形式为

$$\begin{cases}\sigma_x=\dfrac{E}{1-\mu^2}(\varepsilon_x+\mu\varepsilon_y)\\ \sigma_y=\dfrac{E}{1-\mu^2}(\mu\varepsilon_x+\varepsilon_y)\\ \tau_{xy}=\dfrac{E}{2(1+\mu)}\gamma_{xy}=\dfrac{E}{1-\mu^2}\cdot\dfrac{1-\mu}{2}\gamma_{xy}\end{cases}$$

或者用矩阵方程表示为

$$\begin{Bmatrix}\sigma_x\\ \sigma_y\\ \tau_{xy}\end{Bmatrix}=\frac{E}{1-\mu^2}\begin{bmatrix}1 & \text{对} & \\ \mu & 1 & \text{称}\\ 0 & 0 & \frac{1-\mu}{2}\end{bmatrix}\begin{Bmatrix}\varepsilon_x\\ \varepsilon_y\\ \gamma_{xy}\end{Bmatrix} \tag{2-16}$$

仍记为

$$\{\sigma\}=[D]\{\varepsilon\} \tag{2-17}$$

这里的弹性矩阵

$$[D]=\frac{E}{1-\mu^2}\begin{bmatrix}1 & \text{对} & \\ \mu & 1 & \text{称}\\ 0 & 0 & \frac{1-\mu}{2}\end{bmatrix} \tag{2-18}$$

(2) 平面应变问题的物理方程

平面应变问题中 $\varepsilon_z=0$，有 $\sigma_z=\mu(\sigma_x+\sigma_y)$，代入(2-4) 得到平面应变问题的物理方程

$$\begin{cases}\varepsilon_x=\dfrac{1-\mu^2}{E}\left(\sigma_x-\dfrac{\mu}{1-\mu}\sigma_y\right)\\ \varepsilon_y=\dfrac{1-\mu^2}{E}\left(\sigma_y-\dfrac{\mu}{1-\mu}\sigma_x\right)\\ \gamma_{xy}=\dfrac{2(1+\mu)}{E}\tau_{xy}\end{cases} \tag{2-19}$$

或

$$\begin{cases}\sigma_x=\dfrac{E(1-\mu)}{(1+\mu)(1-2\mu)}\left(\varepsilon_x+\dfrac{\mu}{1-\mu}\varepsilon_y\right)\\ \sigma_y=\dfrac{E(1-\mu)}{(1+\mu)(1-2\mu)}\left(\varepsilon_y+\dfrac{\mu}{1-\mu}\varepsilon_x\right)\\ \tau_{xy}=\dfrac{E}{2(1+\mu)}\gamma_{xy}=\dfrac{E(1-\mu)}{(1+\mu)(1-2\mu)}\cdot\dfrac{1-2\mu}{2(1-\mu)}\gamma_{xy}\end{cases}$$

即

$$\begin{Bmatrix}\sigma_x\\ \sigma_y\\ \tau_{xy}\end{Bmatrix}=\frac{E(1-\mu)}{(1+\mu)(1-2\mu)}\begin{bmatrix}1 & \text{对} & \\ \frac{\mu}{1-\mu} & 1 & \text{称}\\ 0 & 0 & \frac{1-2\mu}{2(1-\mu)}\end{bmatrix}\begin{Bmatrix}\varepsilon_x\\ \varepsilon_y\\ \gamma_{xy}\end{Bmatrix} \tag{2-20}$$

简写形式仍为式(2-17)$\{\sigma\}=[D]\{\varepsilon\}$，但这里的弹性矩阵为

$$[D]=\frac{E(1-\mu)}{(1+\mu)(1-2\mu)}\begin{bmatrix}1 & \text{对} & \\ \frac{\mu}{1-\mu} & 1 & \text{称}\\ 0 & 0 & \frac{1-2\mu}{2(1-\mu)}\end{bmatrix} \tag{2-21}$$

不难发现，将平面应力问题物理方程中的弹性常数 E、μ 换成$\dfrac{E}{1-\mu^2}$、$\dfrac{\mu}{1-\mu}$，就得到平面应变问题的物理方程（当然也包括弹性矩阵）.平面应力问题中的其他关系式与向量表达式都适用于平面应变问题.

由前面的介绍可知，平面应力问题中得到的结论，只要对弹性常数 E、μ 作相应的代换，就可用于相应的平面应变问题.

平面问题是特定情况下对空间问题的简化，求解思路自然与前一节所述相同.

§2-4　轴对称问题

如果弹性体的几何形状、约束情况以及所受的外力，都是绕某一轴对称的，则弹性体的应力、应变和位移也就对称于这一轴，这种问题称为轴对称问题.

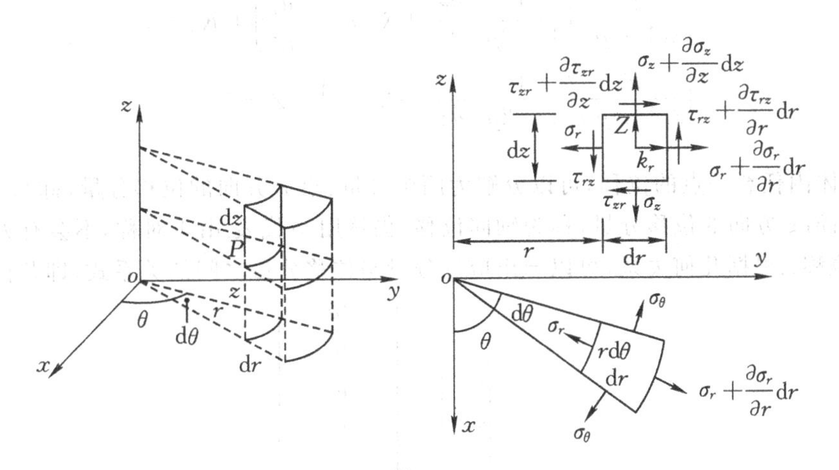

图 2-8

在描述轴对称问题中的应力及应变时，用圆柱坐标 r、θ、z 比用直角坐标 x、y、z 方便得多.以弹性体的对称轴为 z 轴，如图 2-8 所示，则所有的应力分量、应变分量和位移分量都将只是 r 和 z 的函数，不随 θ 而变.用相距 dr 的两个圆柱面，互成 $d\theta$ 角的两个铅直面和相距 dz 的两个水平面，从弹性体割取一个微小六面体，如图 2-8 所示.沿 r 方向的正应力，称为径向正应力，用 σ_r 代表；沿 θ 方向的正应力，称为环向正应力，用 σ_θ 代表；沿 z 方向的正应力，称为轴向正应力，仍然用 σ_z 代表；在垂直于 z 轴的面上而沿 r 方向作用的剪应力用 τ_{zr} 代表；在圆柱面上而沿 z 方向作用的剪应力用 τ_{rz} 代表.根据剪应力互等定律，$\tau_{zr}=\tau_{rz}$，以后统一地用 τ_{zr} 代表.根据对称条件，其余的剪应力分量 $\tau_{r\theta}=\tau_{\theta r}$ 及 $\tau_{\theta z}=\tau_{z\theta}$ 都不存在.这样，总共只有四个应力分量 σ_r、σ_θ、σ_z、τ_{zr} 需要考虑，它们的总体仍然用 $\{\sigma\}$ 表示，即

$$\{\sigma\}=\begin{Bmatrix}\sigma_r\\ \sigma_\theta\\ \sigma_z\\ \tau_{zr}\end{Bmatrix} \tag{a}$$

相应于上述四个应力分量，应变分量也只有四个：沿 r 方向的正应变称为径向正应变，用 ε_r 代表；沿 θ 方向的正应变称为环向正应变，用 ε_θ 代表；沿 z 方向的正应变称为轴向正应变，用 ε_z 代表；r 及 z 两方向之间的剪应变用 γ_{zr} 代表.根据对称条件，其余两个应变分量 $\gamma_{r\theta}$ 及 $\gamma_{\theta z}$ 都不会发生.四个应变分量的总体，仍然用 $\{\varepsilon\}$ 来表示，即

$$\{\varepsilon\}=\begin{Bmatrix}\varepsilon_r\\ \varepsilon_\theta\\ \varepsilon_z\\ \gamma_{zr}\end{Bmatrix} \tag{b}$$

轴对称问题的平衡微分方程为

$$\begin{cases}\dfrac{\partial\sigma_r}{\partial r}+\dfrac{\partial\tau_{zr}}{\partial z}+\dfrac{\sigma_r-\sigma_\theta}{r}+K_r=0\\[2mm] \dfrac{\partial\sigma_z}{\partial z}+\dfrac{\partial\tau_{rz}}{\partial r}+\dfrac{\tau_{rz}}{r}+Z=0\end{cases}$$

或

$$\begin{cases}\dfrac{E}{2(1+\mu)}\left(\dfrac{1}{1-2\mu}\ \dfrac{\partial e}{\partial r}+\nabla^2u_r-\dfrac{u_r}{r^2}\right)+K_r=0\\[2mm] \dfrac{E}{2(1+\mu)}\left(\dfrac{1}{1-2\mu}\ \dfrac{\partial e}{\partial z}+\nabla^2w\right)+Z=0\end{cases} \tag{2-22}$$

弹性体内任意一点的位移，可以分解为两个分量：沿 r 方向的位移分量，称为径向位移，用 u 代表；沿 z 方向的位移分量，称为轴向位移，仍然用 w 代表.由于对称，不会有 θ 方向的位移(环向位移).根据几何关系，可以导出应变分量与位移分量之间的关系式，即几何方程

$$\{\varepsilon\}=\begin{Bmatrix}\varepsilon_r\\ \varepsilon_\theta\\ \varepsilon_z\\ \gamma_{zr}\end{Bmatrix}=\begin{Bmatrix}\dfrac{\partial u}{\partial r}\\[2mm] \dfrac{u}{r}\\[2mm] \dfrac{\partial w}{\partial z}\\[2mm] \dfrac{\partial w}{\partial r}+\dfrac{\partial u}{\partial z}\end{Bmatrix} \tag{2-23}$$

物理方程可以根据虎克定律直接写出：

$$\begin{cases}\varepsilon_r=\dfrac{1}{E}[\sigma_r-\mu(\sigma_\theta+\sigma_z)]\\[2mm] \varepsilon_\theta=\dfrac{1}{E}[\sigma_\theta-\mu(\sigma_z+\sigma_r)]\\[2mm] \varepsilon_z=\dfrac{1}{E}[\sigma_z-\mu(\sigma_r+\sigma_\theta)]\\[2mm] \gamma_{zr}=\dfrac{2(1+\mu)}{E}\tau_{zr}\end{cases}$$

按位移求解时使用它的另一种形式

$$
\begin{Bmatrix} \sigma_r \\ \sigma_\theta \\ \sigma_z \\ \tau_{zr} \end{Bmatrix} = \frac{E(1-\mu)}{(1+\mu)(1-2\mu)} \begin{bmatrix} 1 & 对 & & \\ \frac{\mu}{1-\mu} & 1 & & 称 \\ \frac{\mu}{1-\mu} & \frac{\mu}{1-\mu} & 1 & \\ 0 & 0 & 0 & \frac{1-2\mu}{2(1-\mu)} \end{bmatrix} \begin{Bmatrix} \varepsilon_r \\ \varepsilon_\theta \\ \varepsilon_z \\ \gamma_{zr} \end{Bmatrix} \tag{2-24}
$$

它仍然可以写成$\{\sigma\}=[D]\{\varepsilon\}$的形式，但这里的弹性矩阵是

$$
[D] = \frac{E(1-\mu)}{(1+\mu)(1-2\mu)} \begin{bmatrix} 1 & 对 & & \\ \frac{\mu}{1-\mu} & 1 & & 称 \\ \frac{\mu}{1-\mu} & \frac{\mu}{1-\mu} & 1 & \\ 0 & 0 & 0 & \frac{1-2\mu}{2(1-\mu)} \end{bmatrix} \tag{2-25}
$$

§2-5 变分原理与里兹法

弹性力学问题的变分解法属于能量法，是与微分方程边值问题完全等价的并行不悖的方法，将弹性力学问题归结为能量的极值问题.这里介绍位移变分法，能量表达成位移分量的函数，而位移分量本身又是坐标的函数，称为自变函数，能量作为函数的函数称为泛函.变分法就是研究泛函的极值问题.

1. 位移变分方程

(1) 拉格朗日变分方程

设弹性体在外力作用下处于平衡状态，u、v、w为弹性体中实际存在的位移分量，满足位移分量表达的平衡微分方程，并满足位移边界条件以及用位移分量表达的应力边界条件.假想这些位移分量发生了位移边界条件所容许的微小改变，即所谓虚位移或位移变分δu、δv、δw，成为

$$
u' = u + \delta u, \quad v' = v + \delta v, \quad w' = w + \delta w
$$

然后考察能量方面发生的变化.

假定在发生虚位移的过程中，弹性体既无温度改变，也没有速度改变.则依据能量守恒定理，变形势能的增加等于外力在虚位移上所做的功，即虚应变能等于外力虚功

$$
\delta U = \iiint_V (X\delta u + Y\delta v + Z\delta w)\mathrm{d}V + \iint_{\Omega_\sigma} (\bar{X}\delta u + \bar{Y}\delta v + \bar{Z}\delta w)\mathrm{d}\Omega \tag{2-26}
$$

此式称为位移变分方程，也称为拉格朗日变分方程，其中U为弹性体的变形势能.显然，这个方程是把虚位移原理应用于连续弹性体的结果.

(2) 虚功方程

将(2-26)式左边的变形势能变分,即虚应变能改写为应力在虚位移引起的虚应变上所做虚功,就得到

$$
\begin{aligned}
&\iiint_V (\sigma_x \delta\varepsilon_x + \sigma_y \delta\varepsilon_y + \sigma_z \delta\varepsilon_z + \tau_{xy}\delta\gamma_{xy} + \tau_{yz}\delta\gamma_{yz} + \tau_{zx}\delta\gamma_{zx})\mathrm{d}V \\
&= \iiint_V (X\delta u + Y\delta v + Z\delta w)\mathrm{d}V + \iint_{\Omega_\sigma} (\bar{X}\delta u + \bar{Y}\delta v + \bar{Z}\delta w)\mathrm{d}\Omega
\end{aligned}
\tag{2-27}
$$

称为虚功方程.

(3) 极小势能原理

由于虚位移是微小的,可认为在虚位移发生过程中外力保持为常量,则拉格朗日变分方程右边积分号内的变分符号可移至积分号外

$$
\delta U = \delta\left(\iiint_V (Xu + Yv + Zw)\mathrm{d}V + \iint_{\Omega_\sigma} (\bar{X}u + \bar{Y}v + \bar{Z}w)\mathrm{d}\Omega\right)
$$

括号内为外力功,即外力势能的负值.记外力势能为 V,总势能为 Π,由上式得到

$$
\delta\Pi = \delta(U + V) = 0 \tag{2-28}
$$

其中弹性体的变形势能 U 为

$$
U = \iiint_V \frac{1}{2}(\sigma_x\varepsilon_x + \sigma_y\varepsilon_y + \sigma_z\varepsilon_z + \tau_{xy}\gamma_{xy} + \tau_{yz}\gamma_{yz} + \tau_{zx}\gamma_{zx})\mathrm{d}V \tag{2-29}
$$

(2-28)式说明满足位移边界条件的所有可能位移中,实际发生的位移使弹性体的势能取极值.可以证明,对于稳定平衡状态,实际发生的位移使弹性体的势能取极小值,故称为极小势能原理.极小势能原理与虚功方程、拉格朗日变分方程是完全等价的.通过运算,可以由极小势能原理(或虚功方程、拉格朗日变分方程)导出平衡微分方程与应力边界条件.可见它们都可代替平衡微分方程与应力边界条件.

2. 虚功方程的矩阵表达形式

有限单元法中常使用虚功方程表达平衡条件.在 §1-3 中已经说明,有限单元法是结构离散化的分析方法,分析过程采用矩阵表达式,且只使用结点载荷,下面就给出结点载荷作用下虚功方程的矩阵表达形式.

设有受外力作用的弹性体,如图 2-9 所示,它在 i 点所受的外力沿坐标轴分解为分量

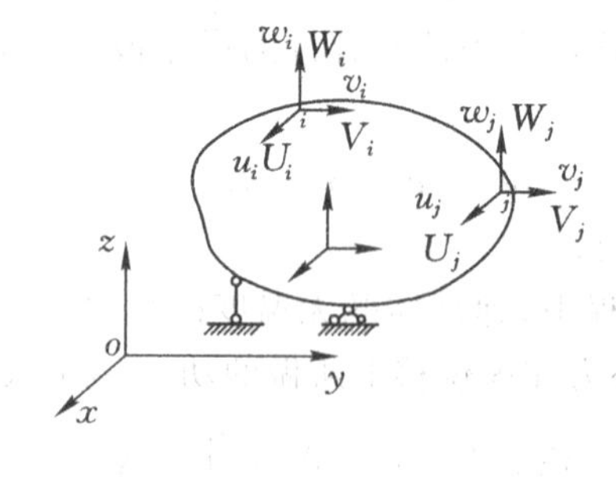

图 2-9

U_i、V_i、W_i，在 j 点所受的外力沿坐标轴分解为分量 U_j、V_j、W_j，其他点所受的外力类似分解，总起来用列阵$\{F\}$表示，这些外力引起的应力用列阵$\{\sigma\}$表示：

$$\{F\}=\begin{Bmatrix}U_i\\V_i\\W_i\\U_j\\V_j\\W_j\\\vdots\end{Bmatrix},\quad \{\sigma\}=\begin{Bmatrix}\sigma_x\\\sigma_y\\\sigma_z\\\tau_{xy}\\\tau_{yz}\\\tau_{zx}\end{Bmatrix}$$

假设弹性体发生了某种虚位移，将各个外力作用点的虚位移分量记为 u_i^*、v_i^*、w_i^*、u_j^*、v_j^*、w_j^*、…，总起来用列阵$\{\delta^*\}$表示，虚位移引起的虚应变用列阵$\{\varepsilon^*\}$表示：

$$\{\delta^*\}=\begin{Bmatrix}u_i^*\\v_i^*\\w_i^*\\u_j^*\\v_j^*\\w_j^*\\\vdots\end{Bmatrix},\quad \{\varepsilon^*\}=\begin{Bmatrix}\varepsilon_x^*\\\varepsilon_y^*\\\varepsilon_z^*\\\gamma_{xy}^*\\\gamma_{yz}^*\\\gamma_{zx}^*\end{Bmatrix}$$

在虚位移发生时，外力在虚位移上的虚功是

$$U_iu_i^*+V_iv_i^*+W_iw_i^*+U_ju_j^*+V_jv_j^*+W_jw_j^*+\cdots=\{\delta^*\}^{\mathrm{T}}\{F\}$$

在弹性体的单位体积内，应力在虚应变上的虚功为

$$\sigma_x\varepsilon_x^*+\sigma_y\varepsilon_y^*+\sigma_z\varepsilon_z^*+\tau_{xy}\gamma_{xy}^*+\tau_{yz}\gamma_{yz}^*+\tau_{zx}\gamma_{zx}^*=\{\varepsilon^*\}^{\mathrm{T}}\{\sigma\}$$

因此，整个弹性体的虚应变能为

$$\iiint\{\varepsilon^*\}^{\mathrm{T}}\{\sigma\}\,\mathrm{d}x\,\mathrm{d}y\,\mathrm{d}z$$

于是虚功方程(2-27)成为

$$\{\delta^*\}^{\mathrm{T}}\{F\}=\iiint\{\varepsilon^*\}^{\mathrm{T}}\{\sigma\}\,\mathrm{d}x\,\mathrm{d}y\,\mathrm{d}z \tag{2-30}$$

平面问题中，虚功方程的矩阵表达式为

$$\{\delta^*\}^{\mathrm{T}}\{F\}=\iint\{\varepsilon^*\}^{\mathrm{T}}\{\sigma\}t\,\mathrm{d}x\,\mathrm{d}y \tag{2-31}$$

其中：
$$\{F\}=\begin{Bmatrix}U_i\\V_i\\U_j\\V_j\\\vdots\end{Bmatrix},\quad \{\delta^*\}=\begin{Bmatrix}u_i^*\\v_i^*\\u_j^*\\v_j^*\\\vdots\end{Bmatrix},\quad \{\sigma\}=\begin{Bmatrix}\sigma_x\\\sigma_y\\\tau_{xy}\end{Bmatrix},\quad \{\varepsilon^*\}=\begin{Bmatrix}\varepsilon_x^*\\\varepsilon_y^*\\\gamma_{xy}^*\end{Bmatrix}$$

轴对称问题中，虚功方程的矩阵表达式为

$$\{\delta^*\}^{\mathrm{T}}\{F\}=\iiint\{\varepsilon^*\}^{\mathrm{T}}\{\sigma\}r\,\mathrm{d}r\,\mathrm{d}\theta\,\mathrm{d}z$$

由于被积函数只是坐标 r、z 的函数，上式可以写成

$$\{\delta^*\}^{\mathrm{T}}\{F\} = \iint \{\varepsilon^*\}^{\mathrm{T}}\{\sigma\} 2\pi r \mathrm{d}r\mathrm{d}z. \tag{2-32}$$

其中：
$$\{F\} = \begin{Bmatrix} U_i \\ W_i \\ U_j \\ W_j \\ \vdots \end{Bmatrix}, \quad \{\delta^*\} = \begin{Bmatrix} u_i \\ w_i^* \\ u_j^* \\ w_j^* \\ \vdots \end{Bmatrix}, \quad \{\sigma\} = \begin{Bmatrix} \sigma_r \\ \sigma_\theta \\ \sigma_z \\ \tau_{zr} \end{Bmatrix}, \quad \{\varepsilon\} = \begin{Bmatrix} \varepsilon_r^* \\ \varepsilon_\theta^* \\ \varepsilon_z^* \\ \gamma_{zr} \end{Bmatrix}$$

3. 里兹法

前面已经说明，极小势能原理(或虚功方程、拉格朗日变分方程)与平衡微分方程以及应力边界条件完全等价.按位移求解就是要求出位移分量，使它同时满足平衡微分方程以及应力边界条件与位移边界条件.那么，可以设定事先已满足位移边界条件，同时含有若干待定参数的位移分量表达式(位移试函数)，代入弹性体的总势能表达式后，通过对总势能求极小值来满足平衡微分方程以及应力边界条件，由此确定待定参量得出位移解，其近似性在于位移分量的表达形式是假定的.这里将弹性力学的微分方程边值问题转化成对能量泛函求极值的问题，数学上称之为弹性力学问题的变分解法.里兹法就是著名的经典变分解法之一，它使用等同于极小势能原理的拉格朗日变分方程.

试取位移分量表达式为

$$u = u_0 + \sum_m A_m u_m, \quad v = v_0 + \sum_m B_m v_m, \quad w = w_0 + \sum_m C_m w_m \tag{2-33}$$

其中：A_m、B_m、C_m 为独立的待定参量，也是已经确定的位移试函数表达中的变化成分，通过它们的待定体现试函数的不确定性.表达式中函数 u_0、v_0、w_0 满足位移边界条件，函数 u_m、v_m、w_m 在位移边界上的值为零，则(2-33)式满足位移边界条件.而位移的变分为

$$\delta u = \sum_m u_m \delta A_m, \quad \delta v = \sum_m v_m \delta B_m, \quad \delta w = \sum_m w_m \delta C_m \tag{2-34}$$

变形势能的变分为

$$\delta U = \sum_m \left(\frac{\partial U}{\partial A_m}\delta A_m + \frac{\partial U}{\partial B_m}\delta B_m + \frac{\partial U}{\partial C_m}\delta C_m \right) \tag{2-35}$$

代入拉格朗日变分方程(2-26)得到

$$\begin{aligned} &\sum_m \frac{\partial U}{\partial A_m}\delta A_m + \sum_m \frac{\partial U}{\partial B_m}\delta B_m + \sum_m \frac{\partial U}{\partial C_m}\delta C_m \\ &= \sum_m \left(\iiint X u_m \mathrm{d}V + \iint \bar{X} u_m \mathrm{d}\Omega \right) \delta A_m + \sum_m \left(\iiint Y v_m \mathrm{d}V + \iint \bar{Y} v_m \mathrm{d}\Omega \right) \delta B_m \\ &\quad + \sum_m \left(\iiint Z w_m \mathrm{d}V + \iint \bar{Z} w_m \mathrm{d}\Omega \right) \delta C_m \end{aligned} \tag{2-36}$$

由变分 δA_m、δB_m、δC_m 的任意性可知

$$
\begin{cases}
\dfrac{\partial U}{\partial A_m}=\iiint X u_m \mathrm{d}V+\iint \overline{X} u_m \mathrm{d}\Omega \\
\dfrac{\partial U}{\partial B_m}=\iiint Y v_m \mathrm{d}V+\iint \overline{Y} v_m \mathrm{d}\Omega \\
\dfrac{\partial U}{\partial C_m}=\iiint Z w_m \mathrm{d}V+\iint \overline{Z} w_m \mathrm{d}\Omega
\end{cases}
\tag{2-37}
$$

为 A_m、B_m、C_m 的线性代数方程组.由(2-29)式可知,其中

$$
\begin{aligned}
U&=\iiint_V \frac{1}{2}(\sigma_x\varepsilon_x+\sigma_y\varepsilon_y+\sigma_z\varepsilon_z+\tau_{xy}\gamma_{xy}+\tau_{yz}\gamma_{yz}+\tau_{zx}\gamma_{zx})\mathrm{d}V \\
&=\frac{E}{2(1+\mu)}\iiint\left[\frac{\mu}{1-2\mu}\left(\frac{\partial u}{\partial x}+\frac{\partial v}{\partial y}+\frac{\partial w}{\partial z}\right)^2+\left(\frac{\partial u}{\partial x}\right)^2+\left(\frac{\partial v}{\partial y}\right)^2+\left(\frac{\partial w}{\partial z}\right)^2\right. \\
&\quad\left.+\frac{1}{2}\left(\frac{\partial w}{\partial y}+\frac{\partial v}{\partial z}\right)^2+\frac{1}{2}\left(\frac{\partial u}{\partial z}+\frac{\partial w}{\partial x}\right)^2+\frac{1}{2}\left(\frac{\partial v}{\partial x}+\frac{\partial u}{\partial y}\right)^2\right]\mathrm{d}V
\end{aligned}
\tag{2-38}
$$

代入(2-37)解出 A_m、B_m、C_m 后,代回(2-33)式就得到位移解答.

但要事先在整个弹性体中定义满足所有位移边界条件的位移试函数,只有当边界比较规则、边界条件比较简单时才能实现.实际工程提出的问题往往不具备这样的条件,难以找到这样的位移试函数,从而难以用里兹法求解.如果将结构离散为一组有限个、彼此通过结点连接的单元集合体,则只须针对小块的单元设定位移试函数,且对位移边界条件的满足只须针对位移边界上的结点位移作相应处理,可以留待整体分析中进行.在单元中设定位移试函数不必考虑边界条件,则位移试函数的选取变得简单许多,可以处理很复杂的连续介质问题,这就是有限单元法分片插值的思想.后续章节就遵循这种思想,针对单元给出位移模式(位移试函数),用虚功方程(等同于极小势能原理)替代平衡微分方程与应力边界条件,推导单元刚度方程与组集整体刚度方程,最后引进位移边界条件求解.

第三章　平面问题有限单元法

§3-1　简单三角形单元的位移模式

1. 位移模式与形函数

结构受力变形后，内部各点产生位移，是坐标的函数，但往往很难准确建立这种函数关系.有限元分析中，将结构离散为许多小单元的集合体，用较简单的函数来描述单元内各点位移的变化规律，称为位移模式.位移模式被整理成单元结点位移的插值函数形式，即分片插值函数.由于多项式不仅能逼近任何复杂函数，也便于数学运算，所以广泛使用多项式来构造位移模式.

这里的位移模式相当于里兹法中的位移试函数，不同之处在于这里仅针对单元假定位移模式，且不涉及结构的位移边界条件，里兹法中的基本变量是A_m、B_m、C_m等参数，有限单元法中的基本变量则是结点位移.

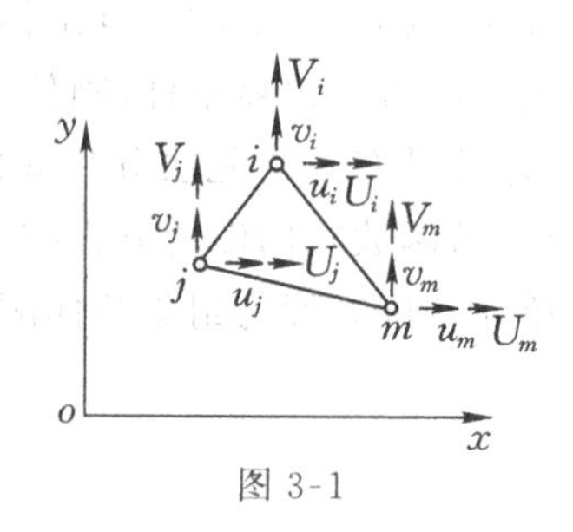

图 3-1

简单三角形单元是一种简单方便、对边界适应性强的单元，以三角形单元的三个顶点为结点，也称为三结点三角形单元.这种单元本身计算精度较低，使用时需要细分网格，但仍然是一种较常用的单元.

单元如图3-1所示，单元结点编码依逆时针方向进行，依次为i、j、m.平面问题中单元的每个结点有两个自由度.单元的结点位移向量为

$$\{\delta\}^e=[u_i \quad v_i \quad u_j \quad v_j \quad u_m \quad v_m]^{\mathrm{T}}$$

单元的结点力向量为

$$\{F\}^e=[U_i \quad V_i \quad U_j \quad V_j \quad U_m \quad V_m]^{\mathrm{T}}$$

二维问题构造多项式位移模式时，如何选取多项式，可以利用Passcal三角形加以分析.将完全三次多项式各项按递升次序排列在一个三角形中，就得到图3-2所示的Passcal三角形.选择的原则是：使多项式具有对称性以保证多项式的几何各向同性，尽可能保留低次项以获得较好的近似性.作为平面问题，每个结点具有两个自由度，简单三角形单元有三个结点，共有六个自由度，构造

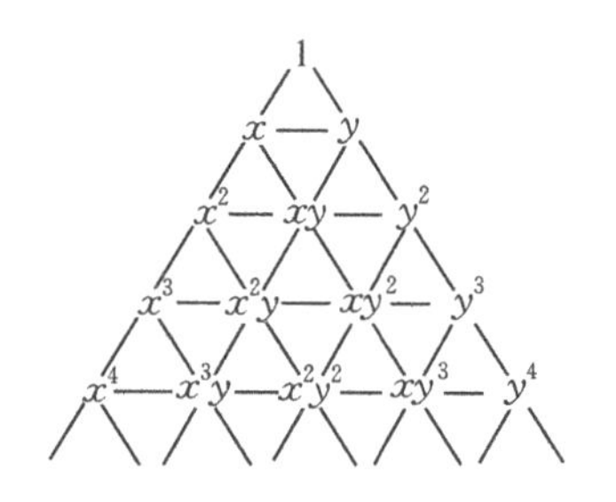

图 3-2　Passcal 三角形

单元位移模式时可确定六个待定参数,故将位移模式取为

$$\begin{cases} u = \alpha_1 + \alpha_2 x + \alpha_3 y \\ v = \alpha_4 + \alpha_5 x + \alpha_6 y \end{cases} \tag{3-1}$$

式中:$\alpha_1 \sim \alpha_6$ 为待定参数,称为广义坐标.先应求出用结点位移表示这六个广义坐标的表达式.

将式(3-1)写成矩阵形式

$$\{u\} = \begin{Bmatrix} u \\ v \end{Bmatrix} = \begin{bmatrix} 1 & x & y & 0 & 0 & 0 \\ 0 & 0 & 0 & 1 & x & y \end{bmatrix} \begin{Bmatrix} \alpha_1 \\ \alpha_2 \\ \alpha_3 \\ \alpha_4 \\ \alpha_5 \\ \alpha_6 \end{Bmatrix} \tag{3-2}$$

图 3-1 中单元三个结点 i、j、m 的坐标已知,分别为(x_i, y_i),(x_j, y_j),(x_m, y_m).由于三个结点也是单元中的点,显然,它们的位移分量应满足位移模式(3-1),即

$$\begin{cases} u_i = \alpha_1 + \alpha_2 x_i + \alpha_3 y_i, \quad v_i = \alpha_4 + \alpha_5 x_i + \alpha_6 y_i \\ u_j = \alpha_1 + \alpha_2 x_j + \alpha_3 y_j, \quad v_j = \alpha_4 + \alpha_5 x_j + \alpha_6 y_j \\ u_m = \alpha_1 + \alpha_2 x_m + \alpha_3 y_m, \quad v_m = \alpha_4 + \alpha_5 x_m + \alpha_6 y_m \end{cases} \tag{3-3}$$

用克莱姆法则,求解方程组(3-3),得到用结点位移表示 $\alpha_1 \sim \alpha_6$ 的表达式:

$$\begin{cases} \alpha_1 = \dfrac{1}{2A}[a_i u_i + a_j u_j + a_m u_m] \\ \alpha_2 = \dfrac{1}{2A}[b_i u_i + b_j u_j + b_m u_m] \\ \alpha_3 = \dfrac{1}{2A}[c_i u_i + c_j u_j + c_m u_m] \\ \alpha_4 = \dfrac{1}{2A}[a_i v_i + a_j v_j + a_m v_m] \\ \alpha_5 = \dfrac{1}{2A}[b_i v_i + b_j v_j + b_m v_m] \\ \alpha_6 = \dfrac{1}{2A}[c_i v_i + c_j v_j + c_m v_m] \end{cases} \tag{3-4}$$

式中:

$$\begin{cases} a_i = x_j y_m - x_m y_j, \; b_i = y_j - y_m, \; c_i = x_m - x_j \\ a_j = x_m y_i - x_i y_m, \; b_j = y_m - y_i, \; c_j = x_i - x_m \\ a_m = x_i y_j - x_j y_i, \; b_m = y_i - y_j, \; c_m = x_j - x_i \end{cases}$$

简记为

$$\begin{cases} a_i = x_j y_m - x_m y_j \\ b_i = y_j - y_m \\ c_i = -x_j + x_m \end{cases} \qquad (i, j, m) \tag{3-5}$$

符号(i, j, m)表示脚标按 i、j、m 顺序轮换.

式(3-4)中的 A 是三角形面积，可按下式算出：

$$A=\frac{1}{2}\begin{vmatrix}1 & x_i & y_i\\ 1 & x_j & y_j\\ 1 & x_m & y_m\end{vmatrix}=\frac{1}{2}(x_jy_m+x_my_i+x_iy_j-x_my_j-x_iy_m-x_jy_i) \tag{3-6}$$

单元结点的顺序号 i、j、m 必须按逆时针方向排定，否则上式的行列式值为负，面积为负值是不合理的.

由式(3-4)和式(3-5)可知，六个广义坐标 $\alpha_1\sim\alpha_6$ 可由单元结点位移和结点坐标值来确定.

将式(3-4)写成矩阵方程

$$\begin{Bmatrix}\alpha_1\\ \alpha_2\\ \alpha_3\\ \alpha_4\\ \alpha_5\\ \alpha_6\end{Bmatrix}=\frac{1}{2A}\begin{bmatrix}a_i & 0 & a_j & 0 & a_m & 0\\ b_i & 0 & b_j & 0 & b_m & 0\\ c_i & 0 & c_j & 0 & c_m & 0\\ 0 & a_i & 0 & a_j & 0 & a_m\\ 0 & b_i & 0 & b_j & 0 & b_m\\ 0 & c_i & 0 & c_j & 0 & c_m\end{bmatrix}\begin{Bmatrix}u_i\\ v_i\\ u_j\\ v_j\\ u_m\\ v_m\end{Bmatrix} \tag{3-7}$$

将式(3-7)代入式(3-2)，经矩阵相乘运算后整理得到位移插值函数形式的位移模式

$$\begin{cases}u=N_iu_i+N_ju_j+N_mu_m\\ v=N_iv_i+N_jv_j+N_mv_m\end{cases} \tag{3-8}$$

其中：

$$N_i=\frac{1}{2A}(a_i+b_ix+c_iy)\quad (i,\ j,\ m) \tag{3-9}$$

为插值基函数，反映单元的位移变化形态，故称为位移形态函数，简称形函数.

将(3-8)式写成矩阵形式

$$\{u\}=\begin{Bmatrix}u\\ v\end{Bmatrix}=\begin{bmatrix}N_i & 0 & N_j & 0 & N_m & 0\\ 0 & N_i & 0 & N_j & 0 & N_m\end{bmatrix}\begin{Bmatrix}u_i\\ v_i\\ u_j\\ v_j\\ u_m\\ v_m\end{Bmatrix} \tag{3-10}$$

简记为

$$\{u\}=[N_iI\quad N_jI\quad N_mI]\{\delta\}^e=[N]\{\delta\}^e \tag{3-10a}$$

式中：I 为 2×2 阶单位矩阵，$[N]$ 称为形函数矩阵.

形函数有下列性质：

(1) 单元内任一点的三个形函数之和恒等于1，即 $N_i+N_j+N_m=1$.

这个性质很容易证明.

由式(3-5)和式(3-6)可得到

$$a_i+a_j+a_m=2A,\ b_i+b_j+b_m=0,\ c_i+c_j+c_m=0$$

把它们代入下式

$$N_i + N_j + N_m = \frac{1}{2A}[(a_i + a_j + a_m) + (b_i + b_j + b_m)x + (c_i + c_j + c_m)y]$$

即得

$$N_i + N_j + N_m = 1 \tag{3-11}$$

(2) 在结点 i：$N_i = 1$，$N_j = 0$，$N_m = 0$

在结点 j：$N_i = 0$，$N_j = 1$，$N_m = 0$ (3-12)

在结点 m：$N_i = 0$，$N_j = 0$，$N_m = 1$

这一性质可以这样得到：将式(3-5)和式(3-6)代入式(3-9)，得

$$N_i = \frac{(x_j y_m - x_m y_j) + (y_j - y_m)x + (x_m - x_j)y}{x_j y_m + x_m y_i + x_i y_j - x_m y_j - x_i y_m - x_j y_i} \quad (i, j, m)$$

再将结点 i、j、m 的坐标值 (x_i, y_i)、(x_j, y_j)、(x_m, y_m) 分别代入上式，就可得出式(3-12)的结论.

这个性质表明，形函数 N_i 在结点 i 的值为 1，在结点 j、m 的值为零，N_j 和 N_m 类似.因为形函数都是坐标 x、y 的线性函数，所以，它的几何图形是平面，图 3-3 各分图中有阴影线的三角形分别表示 N_i、N_j、N_m 的几何形态.

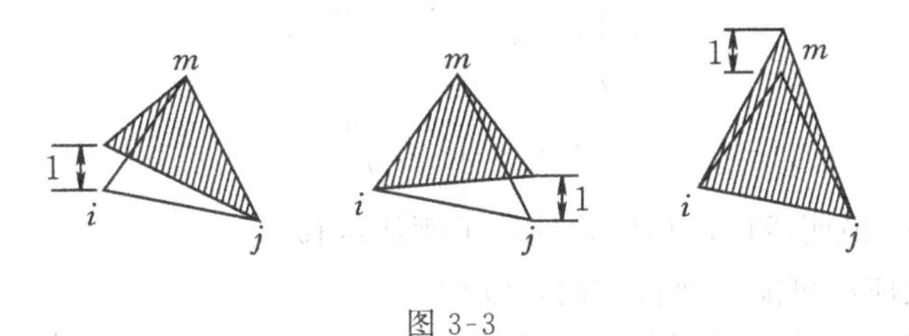

图 3-3

2. 位移模式收敛性质的分析

由于假定的位移模式是近似的，而单元刚度矩阵的推导以位移模式为基础进行，因此，在有限元分析中，当单元划分得越来越小时，其解答是否能收敛于精确解，显然与所选择的位移模式关系极大.根据弹性力学原理，位移模式应满足下列收敛性条件：

(1) 位移模式必须包含单元的常应变状态

每个单元的应变一般包括两部分，变量应变与常量应变，前者随各点位置不同而变化，后者则保持为常量.当单元尺寸逐步变小时，单元中各点的应变趋于相等，这时常量应变成为主要成分，因此，位移模式应能反映这种常应变状态.

现在来分析简单三角形单元位移模式(3-1)是否满足这一条件.

将式(3-1)代入几何方程(2-14)得

$$\begin{cases} \varepsilon_x = \dfrac{\partial u}{\partial x} = \dfrac{\partial}{\partial x}(\alpha_1 + \alpha_2 x + \alpha_3 y) = \alpha_2 \\ \varepsilon_y = \dfrac{\partial v}{\partial y} = \dfrac{\partial}{\partial y}(\alpha_4 + \alpha_5 x + \alpha_6 y) = \alpha_6 \\ \gamma_{xy} = \dfrac{\partial u}{\partial y} + \dfrac{\partial v}{\partial x} = \dfrac{\partial}{\partial y}(\alpha_1 + \alpha_2 x + \alpha_3 y) + \dfrac{\partial}{\partial x}(\alpha_4 + \alpha_5 x + \alpha_6 y) = \alpha_3 + \alpha_5 \end{cases} \tag{a}$$

因为 α_2、α_3、α_5、α_6 都是常量，所以，三个应变分量也是常量，故满足此条件.

(2) 位移模式必须包含单元的刚体位移

每个单元的位移一般包含两部分：由本单元变形引起的和由其他单元变形引起的位移，后者属于单元的刚体位移.在结构的某些部位，单元的位移甚至主要是由其他单元变形引起的刚体位移.例如，图3-4所示悬臂梁弯曲时，自由端处的单元本身变形很小，而由其他单元变形引起的刚体位移成为主要的位移.因此，位移模式应当反映单元的刚体位移.

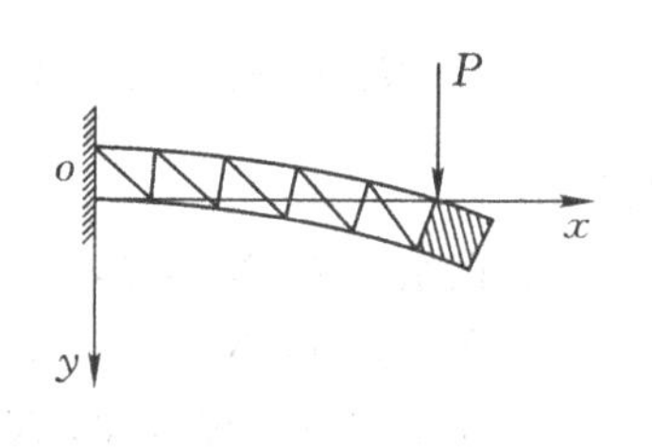

图 3-4

单元刚体位移是指当应变分量 ε_x、ε_y、γ_{xy} 为零时的位移.将简单三角形单元位移模式(3-1)改写为

$$\begin{cases} u=\alpha_1+\alpha_2 x-\dfrac{\alpha_5-\alpha_3}{2}y+\dfrac{\alpha_5+\alpha_3}{2}y \\ v=\alpha_4+\alpha_6 y+\dfrac{\alpha_5-\alpha_3}{2}x+\dfrac{\alpha_5+\alpha_3}{2}x \end{cases} \tag{b}$$

当 $\varepsilon_x=\varepsilon_y=\gamma_{xy}=0$ 时，由式(a)有 $\alpha_2=\alpha_6=\alpha_3+\alpha_5=0$，代入式(b)得到

$$\begin{cases} u=\alpha_1-\dfrac{\alpha_5-\alpha_3}{2}y \\ v=\alpha_4+\dfrac{\alpha_5-\alpha_3}{2}x \end{cases} \tag{c}$$

为刚体位移表达式，说明线性位移模式反映了刚体位移.

(3) 位移模式应尽可能反映位移的连续性

为了保证弹性体受力变形后仍是连续体，要求所选择的位移模式既能使单元内部的位移保持连续，又能使相邻单元之间的位移保持连续.后者是指单元之间不出现开裂和互相侵入的现象，如图3-5所示.

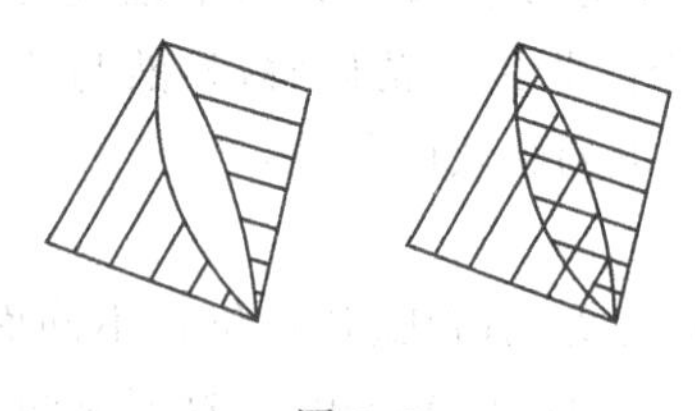
图 3-5

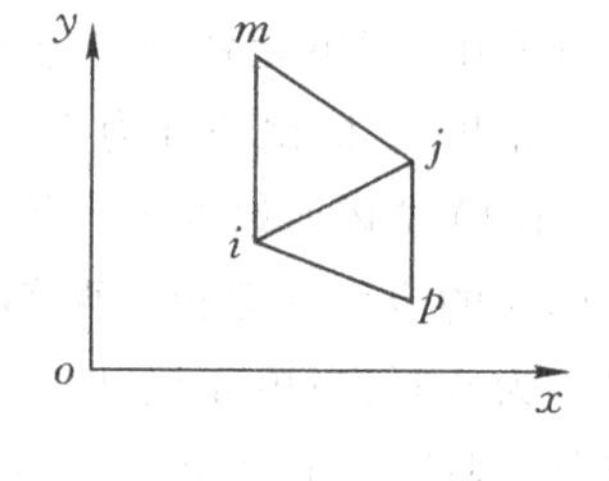

图 3-6

简单三角形单元的位移模式(3-1)是多项式，是单值连续函数，可以保证单元内部位移的连续性.关于相邻单元之间位移的连续性，这里只要求公共的边界具有相同的位移.如图3-6所示，由于 i、j 结点是公共结点，而位移模式是线性函数，则变形后边界仍然是连接结点 i 和 j 的一根直线，不会出现图3-5那种现象.相邻单元之间可保证位移的连续.这里对于连续性提出的要求仅涉及位移模式本身，不涉及其导数，称为 C_0 连续.

经过上面分析，简单三角形单元选取线性位移模式能够满足三个收敛性条件.在有限单元法中，满足第一和第二两个条件的单元称为完备单元；满足第三个条件的单元称为协调单元或保续单元.第一和第二两个条件是有限单元法收敛性的必要条件，加上第三个条件构成充要条件.

§ 3-2　应变矩阵、应力矩阵与单元刚度矩阵

单元刚度矩阵表达了单元结点位移与结点力之间的转换关系，描述它需要依次应用几何条件、物理条件与平衡条件(虚功方程)，达到用单元结点位移表达单元应变、单元应力，以及表达单元结点力的目的.所得到的单元结点位移与单位结点力的关系式称为单元刚度方程，方程中的转换矩阵即单元刚度矩阵.

1. 用单元结点位移表示单元应变，应变矩阵

将位移模式(3-10)代入几何方程(2-14)

$$\{\varepsilon\}=\begin{Bmatrix}\varepsilon_x\\ \varepsilon_y\\ \gamma_{xy}\end{Bmatrix}=\begin{Bmatrix}\dfrac{\partial u}{\partial x}\\ \dfrac{\partial v}{\partial y}\\ \dfrac{\partial u}{\partial y}+\dfrac{\partial v}{\partial x}\end{Bmatrix}=\begin{bmatrix}\dfrac{\partial}{\partial x} & 0\\ 0 & \dfrac{\partial}{\partial y}\\ \dfrac{\partial}{\partial y} & \dfrac{\partial}{\partial x}\end{bmatrix}\begin{Bmatrix}u\\ v\end{Bmatrix}$$

$$=\begin{bmatrix}\dfrac{\partial}{\partial x} & 0\\ 0 & \dfrac{\partial}{\partial y}\\ \dfrac{\partial}{\partial y} & \dfrac{\partial}{\partial x}\end{bmatrix}\begin{bmatrix}N_i & 0 & N_j & 0 & N_m & 0\\ 0 & N_i & 0 & N_j & 0 & N_m\end{bmatrix}\begin{Bmatrix}u_i\\ v_i\\ u_j\\ v_j\\ u_m\\ v_m\end{Bmatrix}$$

$$=\begin{bmatrix}\dfrac{\partial N_i}{\partial x} & 0 & \dfrac{\partial N_j}{\partial x} & 0 & \dfrac{\partial N_m}{\partial x} & 0\\ 0 & \dfrac{\partial N_i}{\partial y} & 0 & \dfrac{\partial N_j}{\partial y} & 0 & \dfrac{\partial N_m}{\partial y}\\ \dfrac{\partial N_i}{\partial y} & \dfrac{\partial N_i}{\partial x} & \dfrac{\partial N_j}{\partial y} & \dfrac{\partial N_j}{\partial x} & \dfrac{\partial N_m}{\partial y} & \dfrac{\partial N_m}{\partial x}\end{bmatrix}\begin{Bmatrix}u_i\\ v_i\\ u_j\\ v_j\\ u_m\\ v_m\end{Bmatrix}$$

而

$$N_i=\frac{1}{2A}(a_i+b_ix+c_iy)\qquad (i,\ j,\ m)$$

所以

$$\{\varepsilon\}=\frac{1}{2A}\begin{bmatrix}b_i & 0 & b_j & 0 & b_m & 0\\ 0 & c_i & 0 & c_j & 0 & c_m\\ c_i & b_i & c_j & b_j & c_m & b_m\end{bmatrix}\begin{Bmatrix}u_i\\ v_i\\ u_j\\ v_j\\ u_m\\ v_m\end{Bmatrix}$$

简写成

$$\{\varepsilon\}=[B]\{\delta\}^e \tag{3-13}$$

其中$[B]$称应变矩阵或几何矩阵，其分块形式为

$$[B]=[B_i \quad B_j \quad B_m] \tag{3-14}$$

子块

$$[B_i]=\frac{1}{2A}\begin{bmatrix} b_i & 0 \\ 0 & c_i \\ c_i & b_i \end{bmatrix} \qquad (i, j, m) \tag{3-15}$$

显然，由于简单三角形单元取线性位移模式，其应变矩阵$[B]$为常数矩阵，即在这样的位移模式下，三角形单元内的应变为某一常量，所以，这种单元被称为平面问题的常应变单元.

2. 用单元结点位移表示单元应力，应力矩阵

将式(3-13)代入物理方程(2-17)得

$$\{\sigma\}=[D]\{\varepsilon\}=[D][B]\{\delta\}^e \tag{3-16}$$

记

$$[S]=[D][B]=[S_i \quad S_j \quad S_m] \tag{3-17}$$

则

$$\{\sigma\}=[S]\{\delta\}^e \tag{3-18}$$

其中：$[S]$称为应力矩阵.

对于平面应力问题，将式(2-18)与式(3-15)代入式(3-17)可知

$$[S_i]=\frac{E}{2(1-\mu^2)A}\begin{bmatrix} b_i & \mu c_i \\ \mu b_i & c_i \\ \frac{1-\mu}{2}c_i & \frac{1-\mu}{2}b_i \end{bmatrix} \qquad (i, j, m) \tag{3-19}$$

将上式中的弹性常数E、μ换成$\frac{E}{1-\mu^2}$、$\frac{\mu}{1-\mu}$就是平面应变问题的应力矩阵.

显然，这里的应力矩阵也是常数矩阵，单元应力也是常量.由于相邻单元一般将具有不同的应力，在单元的公共边上会有应力突变.但是，随着单元的逐步取小，这种突变会急剧降低，不会妨碍有限单元法的解答收敛于精确解.

3. 用单元结点位移表示单元结点力，单元刚度矩阵

由于有限单元法分析中只采用结点载荷，对单元而言，其外力只有结点力$\{F\}^e$，给单元一个虚位移，相应的结点虚位移为$\{\delta^*\}^e$，虚应变为$\{\varepsilon^*\}$，引用虚功方程(2-31)得

$$(\{\delta^*\}^e)^{\mathrm{T}}\{F\}^e=\iint_A \{\varepsilon^*\}^{\mathrm{T}}[D]\{\varepsilon\}t\,\mathrm{d}x\,\mathrm{d}y$$

而据(3-13)式有$\{\varepsilon^*\}=[B]\{\delta^*\}^e$，代入得

$$(\{\delta^*\}^e)^{\mathrm{T}}\{F\}^e=\iint_A (\{\delta^*\}^e)^{\mathrm{T}}[B]^{\mathrm{T}}[D][B]\{\delta\}^e t\,\mathrm{d}x\,\mathrm{d}y$$

式中$\{\delta^*\}^e$、$\{\delta\}^e$中元素为常量，可提到积分号外：

$$(\{\delta^*\}^e)^{\mathrm{T}}\{F\}^e=(\{\delta^*\}^e)^{\mathrm{T}}\left(\iint_A [B]^{\mathrm{T}}[D][B]t\,\mathrm{d}x\,\mathrm{d}y\right)\{\delta\}^e$$

由虚位移的任意性可知，要使上式成立必有

$$\{F\}^e = \left(\iint_A [B]^T[D][B]t\,dx\,dy\right)\{\delta\}^e \tag{3-20}$$

写成
$$\{F\}^e = [K]^e\{\delta\}^e \tag{3-21}$$

称为单元刚度方程.

其中：
$$[K]^e = \iint_A [B]^T[D][B]t\,dx\,dy \tag{3-22}$$

称为单元刚度矩阵.对于三结点三角形单元,所取为线性位移模式,此式成为

$$[K]^e = [B]^T[D][B]tA = [B]^T[S]tA \tag{3-23}$$

依结点写成分块形式

$$[K]^e = tA\begin{bmatrix} B_i^T S_i & B_i^T S_j & B_i^T S_m \\ B_j^T S_i & B_j^T S_j & B_j^T S_m \\ B_m^T S_i & B_m^T S_j & B_m^T S_m \end{bmatrix} = \begin{bmatrix} K_{ii} & K_{ij} & K_{im} \\ K_{ji} & K_{jj} & K_{jm} \\ K_{mi} & K_{mj} & K_{mm} \end{bmatrix} \tag{3-24}$$

相应地,单元刚度方程可写成

$$\begin{bmatrix} K_{ii} & K_{ij} & K_{im} \\ K_{ji} & K_{jj} & K_{jm} \\ K_{mi} & K_{mj} & K_{mm} \end{bmatrix}\begin{Bmatrix} \{\delta_i\} \\ \{\delta_j\} \\ \{\delta_m\} \end{Bmatrix} = \begin{Bmatrix} \{F_i\} \\ \{F_j\} \\ \{F_m\} \end{Bmatrix} \tag{3-25}$$

这里 K_{rs} 为 2×2 的子矩阵,对于平面应力问题有

$$[K_{rs}] = \frac{Et}{4(1-\mu^2)A}\begin{bmatrix} b_r b_s + \frac{1-\mu}{2}c_r c_s & \mu b_r c_s + \frac{1-\mu}{2}c_r b_s \\ \mu c_r b_s + \frac{1-\mu}{2}b_r c_s & c_r c_s + \frac{1-\mu}{2}b_r b_s \end{bmatrix}$$

$$(r = i,\ j,\ m;\quad s = i,\ j,\ m) \tag{3-26}$$

4. 单元刚度矩阵的性质

(1) 单元刚度矩阵的物理意义

表达单元抵抗变形的能力,其元素值为单位位移所引起的结点力,与普通弹簧的刚度系数具有同样的物理本质.例如子块$[K_{ij}]$

$$[K_{ij}] = \begin{bmatrix} K_{ij}^{11} & K_{ij}^{12} \\ K_{ij}^{21} & K_{ij}^{22} \end{bmatrix}$$

其中：上标1表示 x 方向自由度,2表示 y 方向自由度,后一上标代表单位位移的方向,前一上标代表单位位移引起的结点力方向.如 K_{ij}^{11} 表示 j 结点产生单位水平位移时在 i 结点引起的水平结点力分量,K_{ij}^{21} 表示 j 结点产生单位水平位移时在 i 结点引起的竖直结点力分量,其余类推.显然,单元的某结点某自由度产生单位位移引起的单元结点力向量,生成单元刚度矩阵的对应列元素.

(2) 单元刚度矩阵为对称矩阵

由功的互等定理中的反力互等可以知道

$$k_{rs}^{12} = k_{sr}^{21}$$

所以$[K]^e$ 为对称矩阵.

(3) 单元刚度矩阵与单元位置无关(但与方位有关)

由物理意义不难说明,单元刚度矩阵与单元位置(刚体平移)无关.

(4) 奇异性

由于单元分析中没有给单元施加任何约束,单元可有任意的刚体位移,即在(3-21)式中,给定的结点力不能唯一地确定结点位移,可知单元刚度矩阵不可求逆.

§3-3 等效结点载荷

有限单元法分析只采用结点载荷,作用于单元上的非结点载荷都必须移置为等效结点载荷.依照圣维南原理,只要这种移置遵循静力等效原则,就只会对应力分布产生局部影响,且随着单元的细分,影响会逐步降低.所谓静力等效,就是原载荷与等效结点载荷在虚位移上所作的虚功相等.

先讨论集中力的移置,然后讨论分布力的移置.

1. 集中力的移置

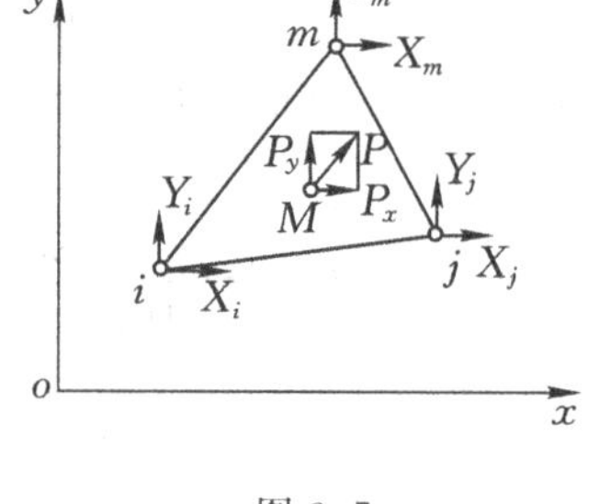

图 3-7

设单元 ijm 内坐标为 (x,y) 的任意一点 M 受有集中载荷 $\{P\}$(图 3-7)

$$\{P\}=[P_x \quad P_y]^{\mathrm{T}}$$

移置为等效结点载荷 $\{R\}^e$

$$\{R\}^e=[X_i \quad Y_i \quad X_j \quad Y_j \quad X_m \quad Y_m]^{\mathrm{T}}$$

假想单元发生了虚位移,其中,M 点虚位移为 $\{u^*\}$,单元结点虚位移为 $\{\delta^*\}^e$.

按照静力等效原则有

$$(\{\delta^*\}^e)^{\mathrm{T}}\{R\}^e=\{u^*\}^{\mathrm{T}}\{P\}$$

由(3-10a)式又有

$$\{u^*\}=[N]\{\delta^*\}^e$$

则

$$(\{\delta^*\}^e)^{\mathrm{T}}\{R\}^e=(\{\delta^*\}^e)^{\mathrm{T}}[N]^{\mathrm{T}}\{P\}$$

由虚位移的任意性可知,要使上式成立,必然有

$$\{R\}^e=[N]^{\mathrm{T}}\{P\} \tag{3-27}$$

2. 体力的移置

设单元承受有分布体力,单位体积的体力记为 $\{p\}=[X \quad Y]^{\mathrm{T}}$,此时可在单元内取微分体 $t\,\mathrm{d}x\,\mathrm{d}y$,将微分体上的体力 $\{p\}t\,\mathrm{d}x\,\mathrm{d}y$ 视为集中载荷,代入(3-27)式后,对整个单元体积积分,就得到

$$\{R\}^e=\iint[N]^{\mathrm{T}}\{p\}t\,\mathrm{d}x\,\mathrm{d}y \tag{3-28}$$

3. 面力的移置

设在单元的某一个边界上作用有分布的面力，单位面积上的面力为$\{\bar{p}\}=[\bar{X}\quad\bar{Y}]^{\mathrm{T}}$，在此边界上取微面积$t\mathrm{d}s$，将微面积上的面力$\{\bar{p}\}t\mathrm{d}s$视为集中载荷，利用(3-27)式，对整个边界面积分，得到

$$\{R\}^{e}=\int[N]^{\mathrm{T}}\{\bar{p}\}t\,\mathrm{d}s \tag{3-29}$$

4. 线性位移模式下的载荷移置

利用上述公式求等效结点载荷，当原载荷是分布体力或面力时，进行积分运算是比较繁琐的.但在线性位移模式下，可以按照静力学中力的分解原理直接求出等效结点载荷.例如

(1) y 方向的重力 W

$$\{R\}^{e}=-\frac{W}{3}[0\ 1\ 0\ 1\ 0\ 1]^{\mathrm{T}}$$

(2) ij 边承受 x 方向的均布面力 q，如图 3-8 所示

$$\{R\}^{e}=qtl\left[\frac{1}{2}\ 0\ \frac{1}{2}\ 0\ 0\ 0\right]^{\mathrm{T}}$$

(3) jm 边承受 x 方向的线性分布力，如图 3-9 所示

$$\{R\}^{e}=\frac{qtl}{2}\left[0\ 0\ \frac{2}{3}\ 0\ \frac{1}{3}\ 0\right]^{\mathrm{T}}$$

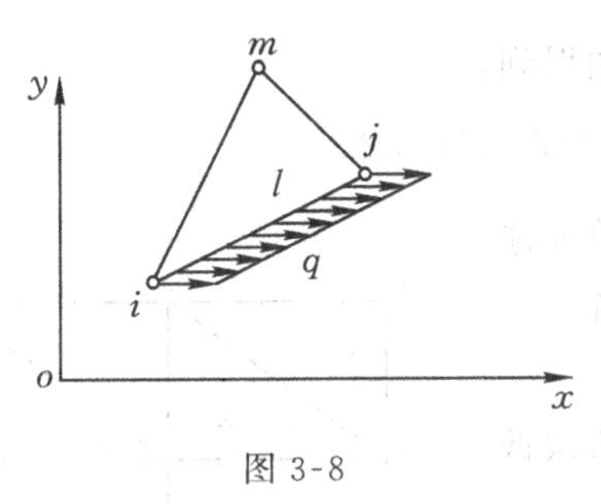

图 3-8

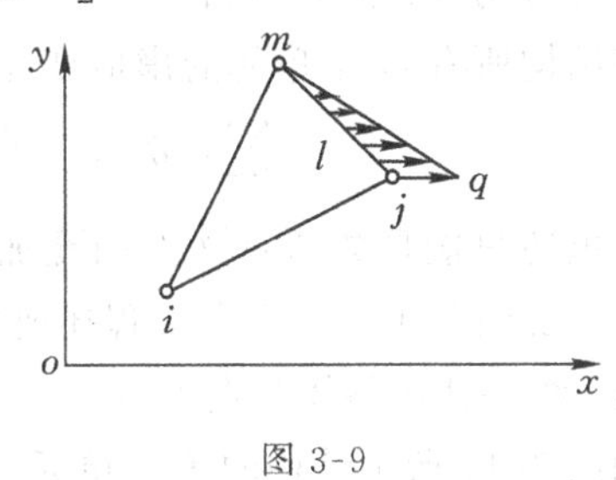

图 3-9

§3-4　整体分析

结构的整体分析就是将离散后的所有单元通过结点连接成原结构物并进行分析，分析过程是将所有单元的单元刚度方程组集成总体刚度方程，引进边界条件后求解整体结点位移向量.

1. 总体刚度方程

总体刚度方程实际上就是所有结点的平衡方程，由单元刚度方程组集总体刚度方程应

满足以下两个原则：

（1）各单元在公共结点上协调地彼此连接，即在公共结点处具有相同的位移.由于基本未知量为整体结点位移向量，这一点已经得到满足.

（2）结构的各结点离散出来后应满足平衡条件，也就是说，环绕某一结点的所有单元作用于该结点的结点力之和应与该结点的结点载荷平衡，如图 3-10 所示.其中

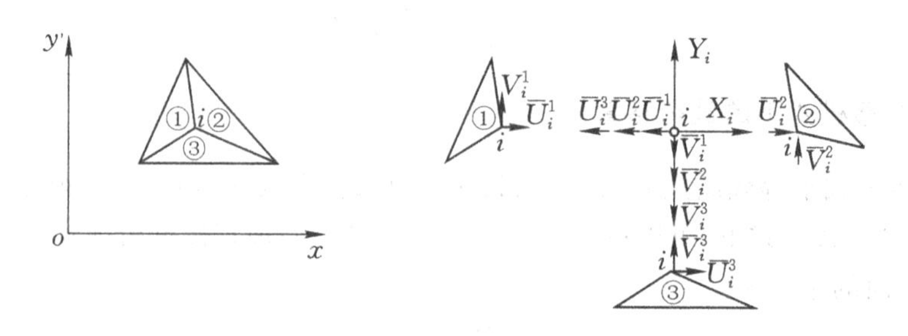

图 3-10

$$X_i = \sum U_i^e = U_i^1 + U_i^2 + U_i^3$$

$$Y_i = \sum V_i^e = V_i^1 + V_i^2 + V_i^3$$

实际上总体刚度方程组中的每一个方程就是结点在某一自由度上的静力平衡方程式.下面还是通过虚功方程进行分析.

将结构所有 m 个单元的虚应变能、虚功分别叠加得到：

$$\sum_m (\{\delta^*\}^e)^{\mathrm{T}}[K]^e\{\delta\}^e = \sum_m (\{\delta^*\}^e)^{\mathrm{T}}\{R\}^e$$

这里还只能是数值意义上的叠加.要理解成将单元刚度方程叠加组集出一组平衡方程还要做两方面的工作：

（1）统一使用整体结点编号

如图 3-11 所示结构的第 4 单元结点编号统一依次改写为整体结点编号后为

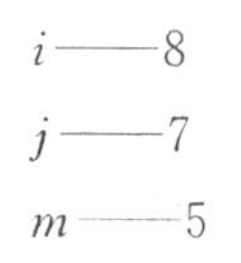

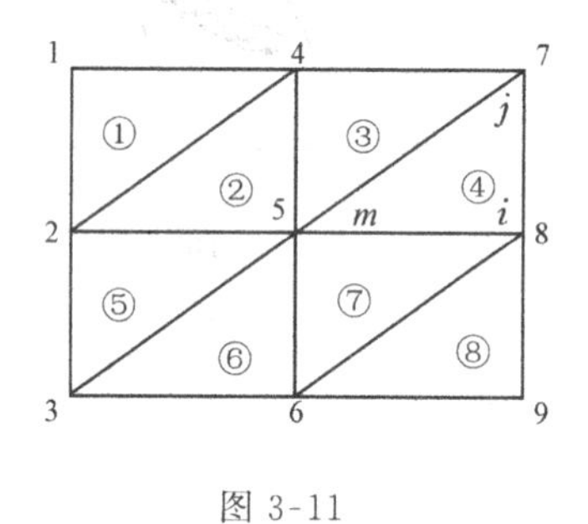

图 3-11

（2）依照结构总体的结点自由度数 $2n$ 扩展单元刚度矩阵与单元结点载荷列阵，使它们成为可以两两叠加的贡献阵 $[\overline{K}]^e$ 与 $\{\overline{R}\}^e$：

（i）单元刚度矩阵由 6×6 维扩展为 $2n\times2n$ 维，或者说由 3×3 子块扩展为 $n\times n$ 子块，以第 4 单元为例

$$[K]^4 = \begin{bmatrix} K_{ii}^4 & K_{ij}^4 & K_{im}^4 \\ K_{ji}^4 & K_{jj}^4 & K_{jm}^4 \\ K_{mi}^4 & K_{mj}^4 & K_{mm}^4 \end{bmatrix}$$

扩展为

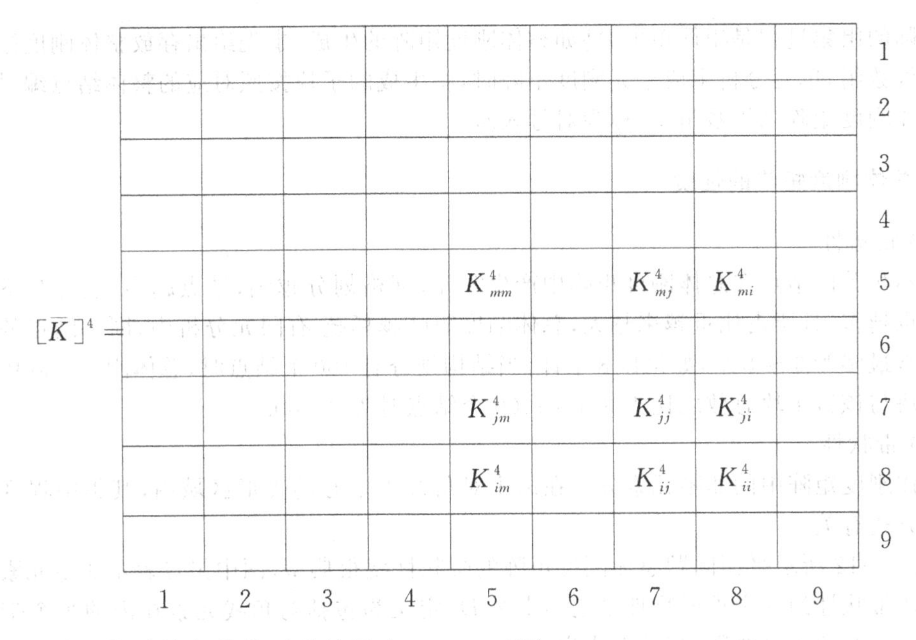

(ii) 单元等效结点载荷列阵扩展为 $2n\times 1$ 列阵

如
$$\{R\}^4=\begin{Bmatrix}\{R_i\}^4\\\{R_j\}^4\\\{R_m\}^4\end{Bmatrix}$$

扩展为

$$\{\bar{R}\}^4=[0\quad 0\quad 0\quad 0\quad 0\quad 0\quad 0\quad 0\quad X_m^4\quad Y_m^4\quad 0\quad 0\quad X_j^4\quad Y_j^4\quad X_i^4\quad Y_i^4\quad 0\quad 0]^{\mathrm{T}}$$

由于结点位移是未知量，且相关单元在公共结点具有相同的位移，结点位移向量可直接写成 $2n\times 1$ 维向量$\{\delta\}_{2n\times 1}$.

至此方能实现单元刚度方程叠加，得到方程组

$$\sum_m\{\delta^*\}_{2n\times 1}^{\mathrm{T}}[\bar{K}]_{2n\times 2n}^e\{\delta\}_{2n\times 1}-\sum_m\{\delta^*\}_{2n\times 1}^{\mathrm{T}}\{\bar{R}\}_{2n\times 1}^e=0$$

由于$\{\delta^*\}^{\mathrm{T}}$、$\{\delta\}$与求和号无关，上式成为

$$\{\delta^*\}^{\mathrm{T}}\Big[\Big(\sum_m[\bar{K}]^e\Big)\{\delta\}-\sum_m\{\bar{R}\}^e\Big]=0$$

由$\{\delta^*\}^{\mathrm{T}}$的任意性可知要求

$$\Big(\sum_m[\bar{K}]^e\Big)\{\delta\}=\sum_m\{\bar{R}\}^e$$

写成
$$[K]\{\delta\}=\{R\}\tag{3-30}$$
称为整体刚度方程.

其中
$$[K]=\sum_m[\bar{K}]^e\tag{3-31}$$
称整体刚度矩阵

$\{R\}=\sum_m\{\bar{R}\}^e$ 称整体结点载荷向量

$\{\delta\}$ 为整体结点位移向量

实际的组集过程是很简单的，譬如整体刚度矩阵的生成，事先给出存放整体刚度矩阵元素的二维数组，单元分析生成单元刚度矩阵时，将生成的子块按照对应的整体结点编号直接加到整体刚度矩阵二维数组中，称为对号入座.

2. 总体刚度矩阵的性质

(1) 稀疏性

互不相关的结点在总体刚度矩阵中产生零元，网格划分越细，结点越多，这种互不相关的结点也越多，且所占比重越来越大，总体刚度矩阵越稀疏.有限元分析中，同一结点的相关结点通常最多为 6～8 个，如果以 8 个计，当结构划分有 100 个结点时，总体刚度矩阵中一行的零子块与该行子块总数之比为 8/100；200 个结点时为 8/200.

(2) 带状性

总体刚度矩阵中的非零元素分布在以主对角线为中心的带形区域内，其集中程度与结点编号方式有关.

如图 3-12 所示平面问题总体刚度矩阵的带状性就很典型，图中黑点表示非零元素.

描述带状性的一个重要物理量是半带宽 D，定义为包括对角线元素在内的半个带状区域中每行具有的元素个数，其计算式为

$$D = (\text{相关结点号最大差值} + 1) \times \text{结点自由度数} \tag{3-32}$$

对于平面问题三角形单元，即

$$D = (\text{相邻结点号最大差值} + 1) \times 2$$

图 3-12 所示网格的总体刚度矩阵半带宽

$$D = (2 + 1) \times 2 = 6$$

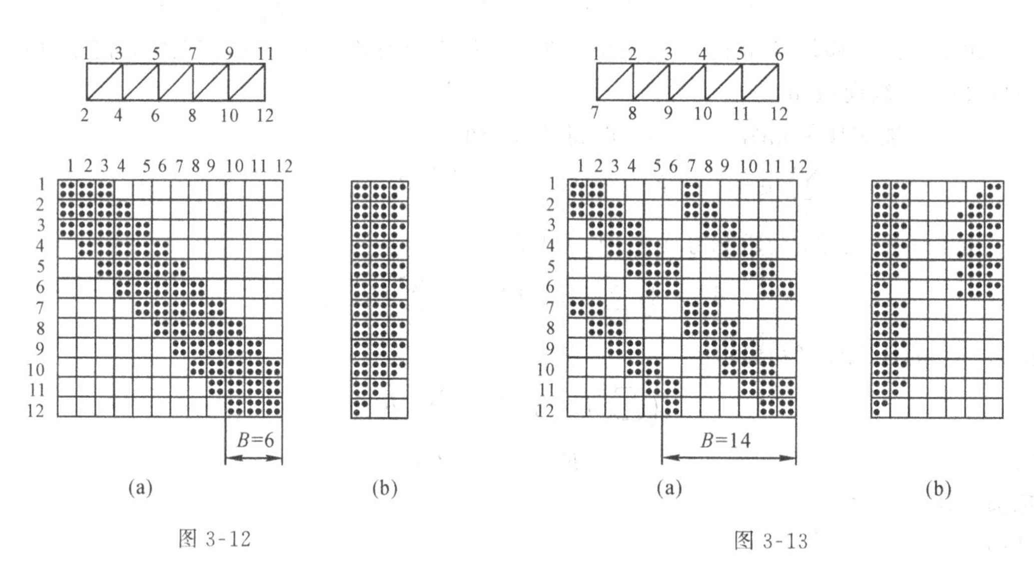

图 3-12　　　　图 3-13

显然，半带宽与结构总体结点编码密切相关，将图 3-12 的总体结点编码改变如图 3-13 所示，总体刚度矩阵中带状区域的半带宽变为

$$D = (6 + 1) \times 2 = 14$$

为了节省计算机的存储量与计算时间，应使半带宽尽可能地小，即总体编号应沿短边进行且尽量使相邻结点差值最小.

(3) 奇异性与对称性

类似于对单元刚度矩阵的分析可知,整体刚度矩阵是奇异矩阵.此外,整体刚度矩阵也是对称矩阵,编程时可以充分利用这一特点.

§3-5 位移边界条件的处理

由于总体刚度矩阵是奇异的,必须在总体刚度方程中引进位移边界条件(约束条件),约束结构的刚体位移,才能求解总体刚度方程.

位移边界条件指某些结点位移分量已知.程序上较易实现的引进位移边界条件的方法有两种:对角元素改1法与乘大数法.

1. 对角元素改1法

设已知总体刚度方程

$$[K]\{\delta\}=\{R\}$$

依自由度展开为

$$\begin{bmatrix} k_{11} & k_{12} & \cdots & k_{1r} & \cdots & k_{1n} \\ k_{21} & k_{22} & \cdots & k_{2r} & \cdots & k_{2n} \\ \vdots & \vdots & & \vdots & & \vdots \\ k_{r1} & k_{r2} & \cdots & k_{rr} & \cdots & k_{rn} \\ \vdots & \vdots & & \vdots & & \vdots \\ k_{n1} & k_{n2} & \cdots & k_{nr} & \cdots & k_{nn} \end{bmatrix} \begin{Bmatrix} \delta_1 \\ \delta_2 \\ \vdots \\ \delta_r \\ \vdots \\ \delta_n \end{Bmatrix} = \begin{Bmatrix} R_1 \\ R_2 \\ \vdots \\ R_r \\ \vdots \\ R_n \end{Bmatrix} \tag{3-33}$$

这里 n 为整体结点自由度数,其中第 r 自由度方向的位移分量已知为 c_r(已知量),则(3-33)式中的第 r 个方程为

$$\delta_r=c_r$$

将(3-33)式中的第 r 个方程直接改写为如上形式,即将总体刚度矩阵中对应主元素改为1,对应行其他元素改为零,对应自由项改为 cr.此时其余方程左边的第 r 项均已不含未知量,将它们都移到(3-33)式的自由项中,就得到如下引入了第 r 个自由度约束条件的总体刚度方程

$$\begin{bmatrix} k_{11} & k_{12} & \cdots & 0 & \cdots & k_{1n} \\ k_{21} & k_{22} & \cdots & 0 & \cdots & k_{2n} \\ \vdots & \vdots & & \vdots & & \vdots \\ 0 & 0 & \cdots & 1 & \cdots & 0 \\ \vdots & \vdots & & \vdots & & \vdots \\ k_{n1} & k_{n2} & \cdots & 0 & \cdots & k_{nn} \end{bmatrix} \begin{Bmatrix} \delta_1 \\ \delta_2 \\ \vdots \\ \delta_r \\ \vdots \\ \delta_n \end{Bmatrix} = \begin{Bmatrix} R_1-k_{1r}c_r \\ R_2-k_{2r}c_r \\ \vdots \\ c_r \\ \vdots \\ R_n-k_{nr}c_r \end{Bmatrix} \tag{3-34}$$

此法对于结点被支座固定,即 $\delta_r=c_r=0$ 的情况显得特别简单,此时可将方法归结为:将被约束的位移分量所对应的主元素改为1,而对应行、列上的其他元素改为零,并将自由

项$\{R\}$中的对应元素也改为零.即

$$\begin{bmatrix} k_{11} & k_{12} & \cdots & 0 & \cdots & k_{1n} \\ k_{21} & k_{22} & \cdots & 0 & \cdots & k_{2n} \\ \vdots & \vdots & & \vdots & & \vdots \\ 0 & 0 & \cdots & 1 & \cdots & 0 \\ \vdots & \vdots & & \vdots & & \vdots \\ k_{n1} & k_{n2} & \cdots & 0 & \cdots & k_{nn} \end{bmatrix} \begin{Bmatrix} \delta_1 \\ \delta_2 \\ \vdots \\ \delta_r \\ \vdots \\ \delta_n \end{Bmatrix} = \begin{Bmatrix} R_1 \\ R_2 \\ \vdots \\ 0 \\ \vdots \\ R_n \end{Bmatrix} \tag{3-35}$$

显然,对角元素改1法是不难在程序中加以实现的,特别是对于已知位移为零的所谓载荷作用问题比较方便.某些已知位移不为零的所谓支座移动问题,则采用下面的乘大数法更为方便.

2. 乘大数法

首先将整体刚度矩阵中与被约束的位移分量对应的主元素K_{rr}乘一个大数N(一般取$10^8 \sim 10^{10}$),即改写成NK_{rr},并将载荷向量中与被约束位移分量对应的元素改为乘积$NK_{rr}C_r$,则整体刚度方程成为:

$$\begin{bmatrix} k_{11} & k_{12} & \cdots & k_{1r} & \cdots & k_{1n} \\ k_{21} & k_{22} & \cdots & k_{2r} & \cdots & k_{2n} \\ \vdots & \vdots & & \vdots & & \vdots \\ k_{r1} & k_{r2} & \cdots & Nk_{rr} & \cdots & k_{rn} \\ \vdots & \vdots & & \vdots & & \vdots \\ k_{n1} & k_{n2} & \cdots & k_{nr} & \cdots & k_{nn} \end{bmatrix} \begin{Bmatrix} \delta_1 \\ \delta_2 \\ \vdots \\ \delta_r \\ \vdots \\ \delta_n \end{Bmatrix} = \begin{Bmatrix} R_1 \\ R_2 \\ \vdots \\ Nk_{rr}c_r \\ \vdots \\ R_n \end{Bmatrix} \tag{3-36}$$

这里只改变了整体刚度方程(3-30)中的第r个方程的写法,使之成为

$$k_{r1}\delta_1 + k_{r2}\delta_2 + \cdots + Nk_{rr}\delta_r + \cdots + k_{rn}\delta_n = Nk_{rr}c_r$$

将方程左右两边同除以Nk_{rr}可知,左边除第r项为δ_r应保留外,其余各项均微小而可略去,方程成为

$$\delta_r = c_r$$

即已知的位移边界条件.

乘大数法在程序中同样不难实现.

3. 降阶法

降阶法也称为直接代入法,是将整体刚度方程组中的已知结点位移的自由度消去,得到一组降阶的修正方程.其原理是按结点位移是已知还是待定重新组合方程为

$$\begin{bmatrix} [K_{aa}] & [K_{ab}] \\ [K_{ba}] & [K_{bb}] \end{bmatrix} \begin{Bmatrix} \{\delta_a\} \\ \{\delta_b\} \end{Bmatrix} = \begin{Bmatrix} \{P_a\} \\ \{P_b\} \end{Bmatrix}$$

其中:　　$\{\delta_b\}$为已知的结点位移向量.

最后得到可求解的降阶方程

$$[K_{aa}]\{\delta_a\} = \{P_a\} - [K_{ab}]\{\delta_b\}$$

此法由于程序实现较麻烦,一般只用于手算.

§ 3-6　计算步骤与例题

自由端受均布力作用的悬臂梁(图 3-14),梁厚 $t=1$,$\mu=1/3$.

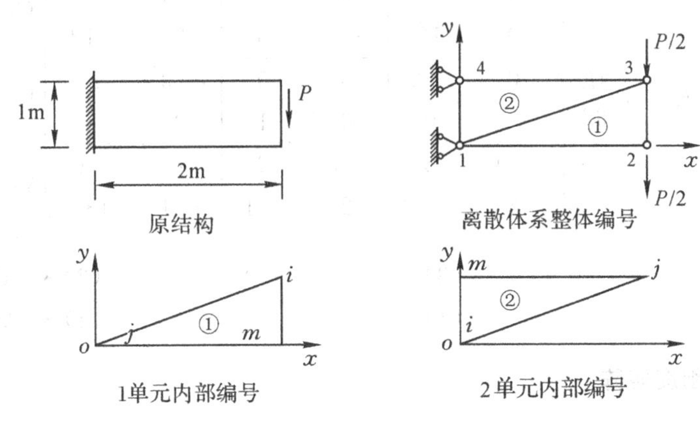

图 3-14

1. 划分单元并准备原始数据

划分为两个三角形单元,单元的局部结点编号与整体结点编号对应为

单元 / 整体结点编号 / 局部结点编号	①	②
i	3	1
j	1	3
m	2	4

结点坐标为

结点 / 坐标值 / 坐标	1	2	3	4
x	0	2	2	0
y	0	0	1	1

2. 计算单元刚度矩阵

单元 ①:　$b_i=0$　　$b_j=-1$　　$b_m=1$

$$c_i=2 \qquad c_j=0 \qquad c_m=-2$$

单元 ②：$b_i=0 \qquad b_j=1 \qquad b_m=-1$

$$c_i=-2 \qquad c_j=0 \qquad c_m=2$$

代入式(3-26)求单元刚度矩阵，由单元刚度矩阵的物理意义可以判断，对应于前面采用的局部编号，两个单元的刚度矩阵是相同的：

$$[K]^1=[K]^2=\frac{3E}{32}\left(\begin{array}{cc|cc|cc} 4 & 0 & 0 & -2 & -4 & 2 \\ 0 & 12 & -2 & 0 & 2 & -12 \\ \hline 0 & -2 & 3 & 0 & -3 & 2 \\ -2 & 0 & 0 & 1 & 2 & -1 \\ \hline -4 & 2 & -3 & 2 & 7 & -4 \\ 2 & -12 & 2 & -1 & -4 & 13 \end{array}\right)\begin{array}{cc} (3) & (1) \\ \\ (1) & (3) \\ \\ (2) & (4) \\ \\ \uparrow & \uparrow \end{array}$$

$$\begin{array}{cccc} (3) & (1) & (2)\leftarrow ① & ② \\ (1) & (3) & (4)\leftarrow ② & \text{整体编号} \end{array}$$

3. 集成整体刚度矩阵

依照各单元局部编号与整体编号的对应关系，两个单元的贡献矩阵分别为

$$[\bar{K}]^1=\frac{3E}{32}\left(\begin{array}{cc|cc|cc|cc} 3 & 0 & -3 & 2 & 0 & -2 & & \\ 0 & 1 & 2 & -1 & -2 & 0 & & \\ \hline -3 & 2 & 7 & -4 & -4 & 2 & & \\ 2 & -1 & -4 & 13 & 2 & -12 & & \\ \hline 0 & -2 & -4 & 2 & 4 & 0 & & \\ -2 & 0 & 2 & -12 & 0 & 12 & & \\ \hline & & & & & & & \\ & & & & & & & \end{array}\right)\begin{array}{c} (1) \\ \\ (2) \\ \\ (3) \\ \\ (4) \\ \uparrow \end{array}$$

$$\begin{array}{ccccc} (1) & (2) & (3) & (4) & \leftarrow \text{整体编号} \end{array}$$

$$[\bar{K}]^2=\frac{3E}{32}\left(\begin{array}{cc|cc|cc|cc} 4 & 0 & & & 0 & -2 & -4 & 2 \\ 0 & 12 & & & -2 & 0 & 2 & -12 \\ \hline & & & & & & & \\ & & & & & & & \\ \hline 0 & -2 & & & 3 & 0 & -3 & 2 \\ -2 & 0 & & & 0 & 1 & 2 & -1 \\ \hline -4 & 2 & & & -3 & 2 & 7 & -4 \\ 2 & -12 & & & 2 & -1 & -4 & 13 \end{array}\right)\begin{array}{c} (1) \\ \\ (2) \\ \\ (3) \\ \\ (4) \\ \uparrow \end{array}$$

$$\begin{array}{ccccc} (1) & (2) & (3) & (4) & \leftarrow \text{整体编号} \end{array}$$

再集成整体刚度矩阵

$$[K]=[\overline{K}]^1+[\overline{K}]^2=\frac{3E}{32}\left(\begin{array}{cc|cc|cc|cc}
7 & 0 & -3 & 2 & 0 & -4 & -4 & 2 \\
0 & 13 & 2 & -1 & -4 & 0 & 2 & -12 \\
\hline
-3 & 2 & 7 & -4 & -4 & 2 & & \\
2 & -1 & -4 & 13 & 2 & -12 & & \\
\hline
0 & -4 & -4 & 2 & 7 & 0 & -3 & 2 \\
-4 & 0 & 2 & -12 & 0 & 13 & 2 & -1 \\
\hline
-4 & 2 & & & -3 & 2 & 7 & -4 \\
2 & -12 & & & 2 & -1 & -4 & 13
\end{array}\right)$$

4. 处理载荷,生成整体刚度方程

整体结点载荷列阵

$$\begin{aligned}
\{R\}=\{R\}^1+\{R\}^2 &= \begin{bmatrix}0 & 0 & 0 & -\frac{P}{2} & 0 & -\frac{P}{2} & 0 & 0\end{bmatrix}^{\mathrm{T}} \\
&\quad+\begin{bmatrix}0 & 0 & 0 & 0 & 0 & 0 & 0 & 0\end{bmatrix}^{\mathrm{T}} \\
&= \begin{bmatrix}0 & 0 & 0 & -\frac{P}{2} & 0 & -\frac{P}{2} & 0 & 0\end{bmatrix}^{\mathrm{T}}
\end{aligned}$$

整体刚度方程

$$\frac{3E}{32}\begin{pmatrix}
7 & 0 & -3 & 2 & 0 & -4 & -4 & 2 \\
 & 13 & 2 & -1 & -4 & 0 & 2 & -12 \\
 & & 7 & -4 & -4 & 2 & 0 & 0 \\
 & & & 13 & 2 & -12 & 0 & 0 \\
 & \text{对} & & & 7 & 0 & -3 & 2 \\
 & & \text{称} & & & 13 & 2 & -1 \\
 & & & & & & 7 & -4 \\
 & & & & & & & 13
\end{pmatrix}\begin{Bmatrix}u_1\\v_1\\u_2\\v_2\\u_3\\v_3\\u_4\\v_4\end{Bmatrix}=\begin{Bmatrix}0\\0\\0\\-P/2\\0\\-P/2\\0\\0\end{Bmatrix} \tag{a}$$

5. 引进位移边界条件求解结点位移

用降阶法处理边界条件,将(a)式中零位移所对应的第1、2、7、8行与第1、2、7、8列划去,得到

$$\frac{3E}{32}\begin{bmatrix}
7 & -4 & -4 & 2 \\
-4 & 13 & 2 & -12 \\
-4 & 2 & 7 & 0 \\
2 & -12 & 0 & 13
\end{bmatrix}\begin{Bmatrix}u_2\\v_2\\u_3\\v_3\end{Bmatrix}=\begin{Bmatrix}0\\-P/2\\0\\-P/2\end{Bmatrix} \tag{b}$$

解方程组(b)得到不为零的结点位移

$$\begin{Bmatrix} u_2 \\ v_2 \\ u_3 \\ v_3 \end{Bmatrix} = \frac{P}{E} \begin{Bmatrix} -1.88 \\ -8.99 \\ 1.50 \\ -8.42 \end{Bmatrix} \tag{c}$$

6.应力计算

在整体分析中求得结点位移之后，为了计算结构上任意一点的应变或应力，应该又返回到单元分析中去.

现在利用式(c)的位移，计算结构的应力.因为结构只划分为2个常应力单元，所以结构上的应力以这两个单元的应力来描述.由于单元划分得很少，误差可能比较大，不过这只是为了算例的简明.

由式(3-19)计算单元1的应力矩阵

$$[S]^1 = \frac{3E}{16} \begin{bmatrix} 0 & 2 & -3 & 0 & 3 & -2 \\ 0 & 6 & -1 & 0 & 1 & -6 \\ 2 & 0 & 0 & -1 & -2 & 1 \end{bmatrix}$$

对于前面采用的局部编号，由物理意义不难判断单元②的应力矩阵为

$$[S]^2 = -[S]^1$$

由整体结点位移向量获取单元结点位移向量

$$\{\delta\}^1 = \begin{Bmatrix} u_3 \\ v_3 \\ 0 \\ 0 \\ u_2 \\ v_2 \end{Bmatrix} = \frac{P}{E} \begin{Bmatrix} 1.50 \\ -8.42 \\ 0 \\ 0 \\ -1.88 \\ -8.99 \end{Bmatrix}, \quad \{\delta\}^2 = \begin{Bmatrix} 0 \\ 0 \\ u_3 \\ v_3 \\ 0 \\ 0 \end{Bmatrix} = \frac{P}{E} \begin{bmatrix} 0 \\ 0 \\ 1.50 \\ -8.42 \\ 0 \\ 0 \end{bmatrix}$$

用式(3-18)计算应力

$$\{\sigma\}^1 = [S]^1 \{\delta\}^1 = \frac{3E}{16} \begin{bmatrix} 0 & 2 & -3 & 0 & 3 & -2 \\ 0 & 6 & -1 & 0 & 1 & -6 \\ 2 & 0 & 0 & -1 & -2 & 1 \end{bmatrix} \begin{Bmatrix} u_3 \\ v_3 \\ 0 \\ 0 \\ u_2 \\ v_2 \end{Bmatrix} = \begin{Bmatrix} -0.844 \\ +0.289 \\ -0.418 \end{Bmatrix} P$$

$$\{\sigma\}^2 = [S]^2 \{\delta\}^2 = \frac{3E}{16} \begin{bmatrix} 0 & -2 & 3 & 0 & -3 & 2 \\ 0 & -6 & 1 & 0 & -1 & 6 \\ -2 & 0 & 0 & 1 & 2 & -1 \end{bmatrix} \begin{Bmatrix} 0 \\ 0 \\ u_3 \\ v_3 \\ 0 \\ 0 \end{Bmatrix} = \begin{Bmatrix} +0.844 \\ +0.281 \\ -1.58 \end{Bmatrix} P$$

§ 3-7　计算成果的整理

计算成果包括位移与应力两个方面.位移计算成果一般无须进行什么整理工作,利用计算成果中的结点位移分量,就可以画出结构的位移图线.下面仅讨论应力计算成果的整理.

简单三角形单元是常应力单元,作为一种规定,算出的这个常量应力被当作单元形心处的应力.据此得到一个图示应力的通用办法:在每个单元的形心,沿着应力主向,以一定的比例尺标出主应力的大小,拉应力用箭头表示,压应力用平头表示,如图 3-15 所示.

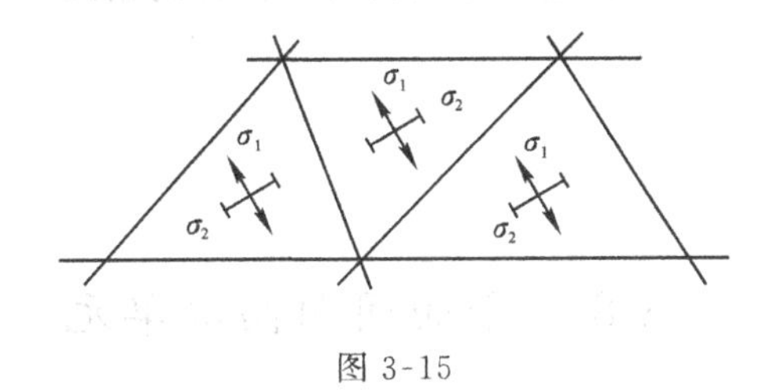

图 3-15

为了由计算成果推出结构内某一点的接近实际的应力,必须通过某种平均计算,通常可采用绕结点平均法或两单元平均法.边界点的应力则可以用插值法推求.

(1) 绕结点平均法

绕结点平均就是将绕同一结点各单元的常量应力取算术平均,作为该结点的应力.以图 3-16 中结点 0 及结点 1 处的 σ_x 为例,就是取

$$(\sigma_x)_0 = \frac{1}{2}[(\sigma_x)_A + (\sigma_x)_B]$$

$$(\sigma_x)_1 = \frac{1}{6}[(\sigma_x)_A + (\sigma_x)_B + (\sigma_x)_C + (\sigma_x)_D + (\sigma_x)_E + (\sigma_x)_F]$$

为了这样得到的应力能较好地表征该结点处的实际应力,环绕该结点的各个单元的面积不能相差太大,它们在该结点所张的角度也不能相差太大.

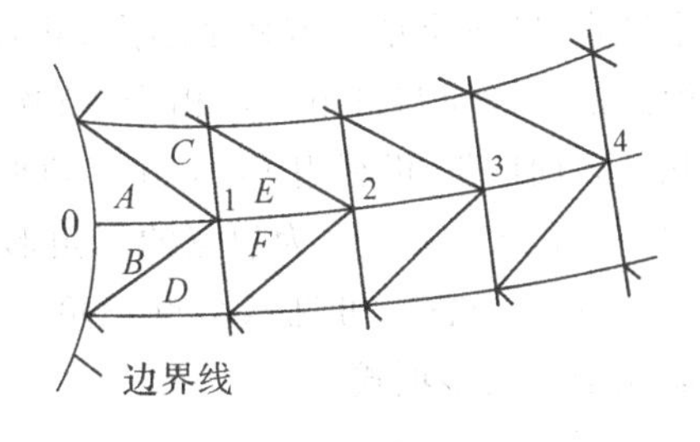

图 3-16

用绕结点平均法计算出来的结点应力,在内结点处具有较好的表征性,但在边界结点处则可能表征性很差.所以边界结点处的应力宜用插值法由内结点的应力推算.以图 3-16 中边界结点 0 处的应力为例,如果由内结点 1、2、3 处的应力用抛物线插值公式推算出来,这样可以大大改进它的表征性,优于 A、B 两单元平均所得到的结果.据此可知,为了整理某一截面上的应力,至少要在该截面上布置五个结点.

(2) 两单元平均法

两单元平均是取相邻两单元常量应力的平均值,作为公共边界中点的应力.

以图 3-17 为例，图中

$$(\sigma_x)_1=\frac{1}{2}[(\sigma_x)_A+(\sigma_x)_B]$$

$$(\sigma_x)_2=\frac{1}{2}[(\sigma_x)_C+(\sigma_x)_D]$$

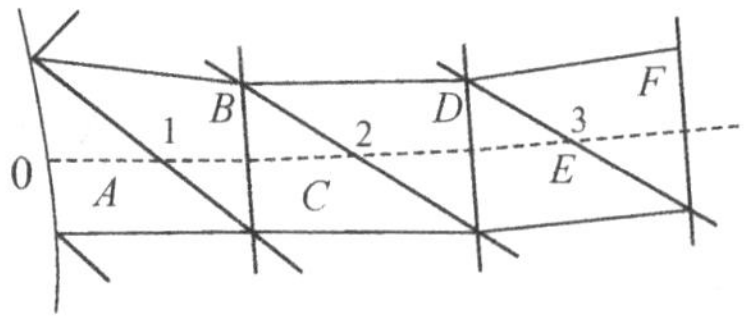

图 3-17

为了这样得到的应力具有较好的表征性，两相邻单元的面积不能相差太大. 如果图 3-17 中的内结点 1、2、3 的光滑连线与边界相交于 0 点，则 0 点处的应力可由这几个内结点处的应力用插值公式推算，其表征性一般也是很好的.

用有限单元法计算弹性力学问题时，特别是采用常应力单元时，应当在计算之前精心划分网格，在计算之后精心整理成果. 这样来提高所得应力的精度，往往比简单加密网格更为有效.

§3-8　平面问题高次单元

如前所述，三结点三角形单元因其位移模式是线性函数，应变与应力在单元内都是常量，而弹性体实际的应力场是随坐标而变化的. 因此，这种单元在各单元间边界上应力有突变，存在一定误差. 为了更好地逼近实际的应变与应力状态，提高单元本身的计算精度，可以增加单元结点而采用更高阶次的位移模式，称为平面问题高次单元. 如矩形单元与六结点三角形单元. 鉴于矩形单元现在已较少使用，这里只着重介绍六结点三角形单元.

1. 六结点三角形单元

(1) 位移模式

如图 3-18，在三角形单元 ijm 的各边中点处增加一个结点，则每个单元有六个结点，共有 12 个自由度. 位移模式的项数应与自由度数相当，阶次应选得对称以保证几何各向同性. 仍利用 Passcal 三角形来选取. 很明显，在图 3-2 中以 1、x^2、y^2 为顶点的三角形所包含的六项为 1、x、y、x^2、xy、y^2，可见六结点三角形单元的位移模式应取完全二次多项式

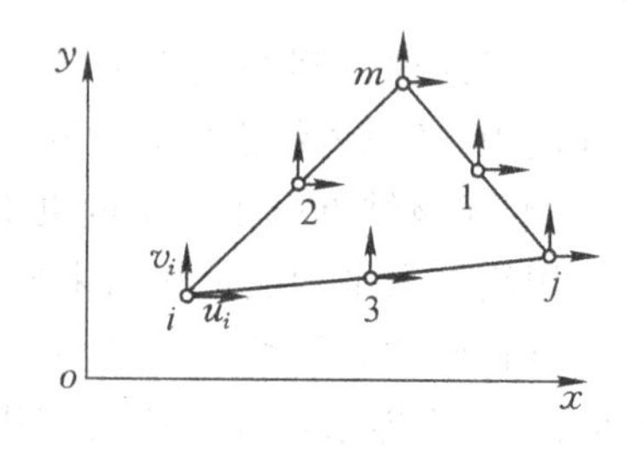

图 3-18

$$\begin{cases}u=\alpha_1+\alpha_2x+\alpha_3y+\alpha_4x^2+\alpha_5xy+\alpha_6y^2\\ v=\alpha_7+\alpha_8x+\alpha_9y+\alpha_{10}x^2+\alpha_{11}xy+\alpha_{12}y^2\end{cases}\tag{3-37}$$

显然，由于位移函数次数高，待定系数较多，按照前面的方法去求位移插值函数和形函数，计算非常冗繁. 为使运算简便，可以使用所谓的面积坐标来代替直角坐标.

(2) 面积坐标

设三角形的顶点为 i、j、m，三角形中任一点 P 的位置，可以用面积坐标来表示. 如

图 3-19,三角形中任一点 P 的面积坐标(L_i,L_j,L_m)定义为

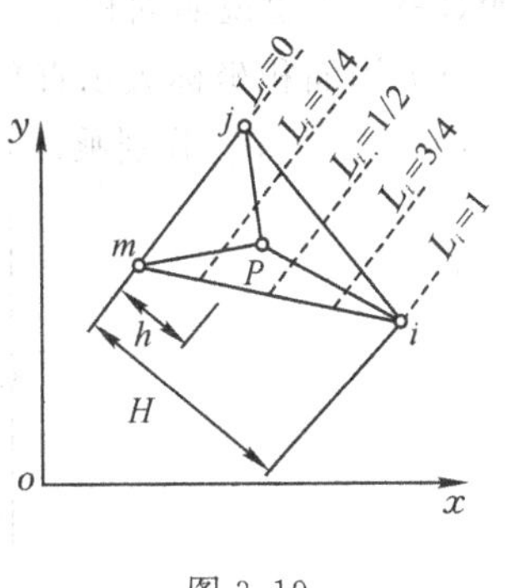

图 3-19

$$L_i=\frac{A_i}{A},\ L_j=\frac{A_j}{A},\ L_m=\frac{A_m}{A} \tag{a}$$

其中,A 为三角形 ijm 的面积;A_i、A_j、A_m 分别为三角形 Pjm、Pmi、Pij 的面积.上式的三个面积比值就是 P 点的面积坐标.

由于 $$A_i+A_j+A_m=A$$

所以 $$L_i+L_j+L_m=1 \tag{b}$$

根据面积坐标的定义,从图 3-19 可以看出,在平行于 jm 边的任一直线上的所有各点都具有相同的面积坐标 L_i 值

$$L_i=\frac{A_i}{A}=\frac{(jm)h/2}{(jm)H/2}=\frac{h}{H}$$

图中的虚线表示 L_i 的等值线.显然,三角形的三个结点的面积坐标为

$$\begin{cases}\text{结点 } i:L_i=1,\ L_j=0,\ L_m=0\\ \text{结点 } j:L_i=0,\ L_j=1,\ L_m=0\\ \text{结点 } m:L_i=0,\ L_j=0,\ L_m=1\end{cases} \tag{c}$$

结点 i、j、m 的面积坐标分别记为(1, 0, 0)、(0, 1, 0)、(0, 0, 1).

将结点 i、j、m 的面积坐标与 §3-1 中形函数的性质(式(3-12))比较,显然有

$$L_i=N_i \quad L_j=N_j \quad L_m=N_m \tag{3-38}$$

这表明三角形单元的面积坐标就是三结点三角形单元的形函数.这个结论对以后的许多运算都很有用.

面积坐标与直角坐标之间存在如下关系:

(i) 用直角坐标表示面积坐标

单元内三个小三角形 Pjm、Pmi、Pij 的面积 A_i、A_j、A_m 可以用结点的直角坐标来表示

$$A_i=\frac{1}{2}\begin{vmatrix}1 & x & y\\ 1 & x_j & y_j\\ 1 & x_m & y_m\end{vmatrix}=\frac{1}{2}[(x_jy_m-x_my_j)+(y_j-y_m)x+(x_m-x_j)y] \quad (i,\ j,\ m)$$

采用前面同样的记号

$$a_i=x_jy_m-x_my_j,\ b_i=y_j-y_m,\ c_i=-x_j+x_m \quad (i,\ j,\ m)$$

则面积表示为

$$A_i=\frac{1}{2}(a_i+b_ix+c_jy) \quad (i,\ j,\ m)$$

代入式(a),得到用直角坐标表示面积坐标的关系式

$$\begin{cases}L_i=\dfrac{1}{2A}(a_i+b_ix+c_iy)\\ L_j=\dfrac{1}{2A}(a_j+b_jx+c_jy)\\ L_m=\dfrac{1}{2A}(a_m+b_mx+c_my)\end{cases} \tag{3-39}$$

对照(3-9)式也说明面积坐标 L_i、L_j、L_m 与简单三角形单元的形函数 N_i、N_j、N_m 等价.

(ii) 用面积坐标表示直角坐标

用 x_i、x_j、x_m 分别乘以式(3-39)中的三个关系式,得

$$\begin{cases} x_iL_i = \dfrac{1}{2A}(a_i + b_ix + c_iy)x_i \\ x_jL_j = \dfrac{1}{2A}(a_j + b_jx + c_jy)x_j \\ x_mL_m = \dfrac{1}{2A}(a_m + b_mx + c_my)x_m \end{cases}$$

再将 $a_i = x_jy_m - x_my_j$, $b_i = y_j - y_m$, $c_i = -x_j + x_m \quad (i, j, m)$

代入并三式相加,整理后得到

$$x = x_iL_i + x_jL_j + x_mL_m$$

同样

$$y = y_iL_i + y_jL_j + y_mL_m \tag{3-40}$$

(3) 六结点三角形单元的位移插值函数

为使运算方便,这里利用面积坐标来推导.单元共有 6 个结点,12 个位移分量,若能得知形函数,则可直接写出位移插值函数:

$$\begin{cases} u = N_iu_i + N_ju_j + N_mu_m + N_1u_1 + N_2u_2 + N_3u_3 \\ v = N_iv_i + N_jv_j + N_mv_m + N_1v_1 + N_2v_2 + N_3v_3 \end{cases} \tag{3-41}$$

其中六个形函数用面积坐标表示.

如图 3-20 所示,结点 i、j、m 的面积坐标分别为(1,0,0)、(0,1,0)、(0,0,1),结点 1、2、3 的面积坐标分别为(0,1/2,1/2)、(1/2,0,1/2)、(1/2,1/2,0).根据形函数的性质,形函数 N_i 在结点 i 等于 1,在其他结点则等于 0.

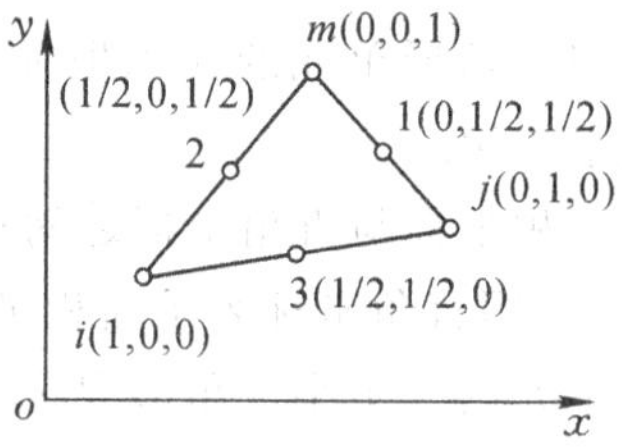

(i) 考察直线 $j1m$ 与 23 可知,要使形函数 N_i 在结点 j、1、m 为零,N_i 应该包含 L_i 因子;要使形函数 N_i 在结点 2、3 为零,N_i 应该包含($L_i - 1/2$)因子.

图 3-20

(ii) 要满足形函数 N_i 在结点 i 为 1 的条件,可设

$$N_i = \beta L_i(L_i - 1/2) = 1$$

将结点 i 的面积坐标(1,0,0),即 $L_i = 1$ 代入上式,得到 $\beta = 2$.

于是,归纳出用面积坐标表示形函数 N_i 的表达式为

$$N_i = 2L_i(L_i - 1/2) = L_i(2L_i - 1)$$

同样有

$$N_j = L_j(2L_j - 1)$$

$$N_m = L_m(2L_m - 1)$$

类似地,可求得结点 1、2、3 的形函数为

$$N_1 = 4L_jL_m, \quad N_2 = 4L_iL_m, \quad N_3 = 4L_iL_j$$

六个形函数表达式简记为

$$\begin{cases} N_i = L_i(2L_i - 1) & (i, j, m) \\ N_1 = 4L_jL_m & (1, 2, 3)\ (i, j, m) \end{cases} \tag{3-42}$$

(4) 六结点三角形单元的刚度矩阵

有了形函数和位移插值函数，就可以依次导出应变矩阵$[B]$、应力矩阵$[S]$以及单元刚度矩阵$[K]^e$.

(i) 应变矩阵

把位移插值函数式(3-41)代入几何方程

$$\varepsilon_x=\frac{\partial u}{\partial x},\ \varepsilon_y=\frac{\partial v}{\partial y},\ \gamma_{xy}=\frac{\partial u}{\partial y}+\frac{\partial v}{\partial x}$$

需作求偏导运算，下面分析ε_x的运算过程，其余类推.

$$\varepsilon_x=\frac{\partial u}{\partial x}=\frac{\partial N_i}{\partial x}u_i+\frac{\partial N_j}{\partial x}u_j+\frac{\partial N_m}{\partial x}u_m+\frac{\partial N_1}{\partial x}u_1+\frac{\partial N_2}{\partial x}u_2+\frac{\partial N_3}{\partial x}u_3$$

由于N_i是面积坐标L_i的函数，N_1是面积坐标L_j、L_m的函数，而面积坐标又是x、y的函数，上式中的求偏导是复合函数求偏导问题，运算如下：

$$\begin{aligned}\frac{\partial N_i}{\partial x}&=\frac{\partial L_i}{\partial x}\cdot\frac{\partial N_i}{\partial L_i}\\&=\frac{\partial}{\partial x}\left[\frac{1}{2A}(a_i+b_ix+c_iy)\right]\frac{\partial}{\partial L_i}[L_i(2L_i-1)]\\&=\frac{b_i(4L_i-1)}{2A}\qquad(i,\ j,\ m)\end{aligned}$$

$$\begin{aligned}\frac{\partial N_1}{\partial x}&=\frac{\partial L_j}{\partial x}\cdot\frac{\partial N_1}{\partial L_j}+\frac{\partial L_m}{\partial x}\frac{\partial N_1}{\partial L_m}\\&=\frac{\partial}{\partial x}\left[\frac{1}{2A}(a_j+b_jx+c_jy)\right]\frac{\partial}{\partial L_j}(4L_jL_m)+\frac{\partial}{\partial x}\left[\frac{1}{2A}(a_m+b_mx+c_my)\right]\frac{\partial}{\partial L_m}(4L_jL_m)\\&=\frac{b_j}{2A}4L_m+\frac{b_m}{2A}4L_j=\frac{4(b_jL_m+b_mL_j)}{2A}\qquad(i,\ j,\ m)\ (1,\ 2,\ 3)\end{aligned}$$

则

$$\begin{aligned}\varepsilon_x=\frac{1}{2A}[&b_i(4L_i-1)u_i+b_j(4L_j-1)u_j+b_m(4L_m-1)u_m\\&+4(b_jL_m+b_mL_j)u_1+4(b_mL_i+b_iL_m)u_2+4(b_iL_j+b_jL_i)u_3]\end{aligned}\tag{3-43}$$

同样可导出用结点位移表示ε_y和γ_{xy}的表达式，并由此得到

$$\{\varepsilon\}=\begin{bmatrix}\varepsilon_x\\\varepsilon_y\\\gamma_{xy}\end{bmatrix}=[B]\{\delta\}^e=\begin{bmatrix}[B_i] & [B_j] & [B_m] & [B_1] & [B_2] & [B_3]\end{bmatrix}\{\delta\}^e\tag{3-44}$$

其中：

$$[B_i]=\frac{1}{2A}\begin{bmatrix}b_i(4L_i-1) & 0\\0 & c_i(4L_i-1)\\c_i(4L_i-1) & b_i(4L_i-1)\end{bmatrix}\qquad(i,\ j,\ m)\tag{3-45}$$

$$[B_1]=\frac{1}{2A}\begin{bmatrix}4(b_jL_m+b_mL_j) & 0\\0 & 4(c_jL_m+c_mL_j)\\4(c_jL_m+c_mL_j) & 4(b_jL_m+b_mL_j)\end{bmatrix}\qquad(1,\ 2,\ 3)\ (i,\ j,\ m)\tag{3-46}$$

由上式可看出，该应变矩阵$[B]$中的元素是面积坐标的一次式，因而也是直角坐标的一次式.也就是说该应变是按线性变化的，它比常应变三角形单元的精度要高.

(ii) 应力矩阵

单元中的应力与单元结点位移的关系式为

$$\{\sigma\}=\begin{Bmatrix}\sigma_x\\ \sigma_y\\ \tau_{xy}\end{Bmatrix}=[D]\{\varepsilon\}=[D][B]\{\delta\}^e=[S]\{\delta\}^e$$

只需将平面问题的弹性矩阵乘上应变矩阵，就很容易导出应力矩阵.将$[S]$写成分块形式

$$[S]=\begin{bmatrix}[S_i] & [S_j] & [S_m] & [S_1] & [S_2] & [S_3]\end{bmatrix}$$

对于平面应力问题

$$[S_i]=\frac{Et(4L_i-1)}{4(1-\mu^2)A}\begin{bmatrix}2b_i & 2\mu c_i\\ 2\mu b_i & 2c_i\\ (1-\mu)c_i & (1-\mu)b_i\end{bmatrix}\quad (i,\ j,\ m) \tag{3-47}$$

$$[S_1]=\frac{Et}{4(1-\mu^2)A}\begin{bmatrix}8(b_jL_m+b_mL_j) & 8\mu(c_jL_m+c_mL_j)\\ 8\mu(b_jL_m+b_mL_j) & 8(c_jL_m+c_mL_j)\\ 4(1-\mu)(c_jL_m+c_mL_j) & 4(1-\mu)(b_jL_m+b_mL_j)\end{bmatrix}$$

$$(1,\ 2,\ 3)\ (i,\ j,\ m) \tag{3-48}$$

由上式也可以看出，$[S]$中的元素是面积坐标的一次式，也是直角坐标的一次式，所以单元中的应力沿 x 和 y 方向都是线性变化，而不是常量.

(iii) 单元刚度矩阵$[K]^e$

由于
$$[K]^e=\iint[B]^{\mathrm{T}}[D][B]t\,\mathrm{d}x\,\mathrm{d}y=\iint[B]^{\mathrm{T}}[S]t\,\mathrm{d}x\,\mathrm{d}y$$

先把上面已导出的矩阵$[B]$和$[S]$代入上式，经矩阵乘法运算后，对各元素进行积分.矩阵相乘后所得到的元素是面积坐标的幂函数，而积分是对坐标 x 和 y 积分，因此，对各元素积分是求面积坐标的幂函数在三角形单元上的积分值，需利用下列积分公式

$$\iint L_i^{\alpha}L_j^{\beta}L_m^{\gamma}\,\mathrm{d}x\,\mathrm{d}y=\frac{\alpha!\ \beta!\ \gamma!}{(\alpha+\beta+\gamma+2)!}2A \tag{3-49}$$

例如

$$\iint L_i^1L_j^0L_m^0\,\mathrm{d}x\,\mathrm{d}y=\frac{1!\ 0!\ 0!}{(1+0+0+2)!}2A=\frac{A}{3}$$

$$\iint L_i^2L_j^0L_m^0\,\mathrm{d}x\,\mathrm{d}y=\frac{2!\ 0!\ 0!}{(2+0+0+2)!}2A=\frac{A}{6}$$

$$\iint L_i^1L_j^1L_m^0\,\mathrm{d}x\,\mathrm{d}y=\frac{1!\ 1!\ 0!}{(1+1+0+2)!}2A=\frac{A}{12}$$

对各元素逐项积分后，再作整理就得到单元刚度矩阵.

$$[K]^e=\frac{Et}{24(1-\mu^2)A}\begin{bmatrix}A_i & G_{ij} & G_{im} & 0 & -4G_{im} & -4G_{ij}\\ G_{ji} & A_j & G_{jm} & -4G_{jm} & 0 & -4G_{ji}\\ G_{mi} & G_{mj} & A_m & -4G_{mj} & -4G_{mi} & 0\\ 0 & -4G_{mj} & -4G_{jm} & B_i & D_{ij} & D_{im}\\ -4G_{mi} & 0 & -4G_{im} & D_{ji} & B_j & D_{jm}\\ -4G_{ji} & -4G_{ij} & 0 & D_{mi} & D_{mj} & B_m\end{bmatrix} \tag{3-50}$$

对平面应力问题： $[A_i]=\begin{bmatrix}6b_i^2+3(1-\mu)c_i^2 & \text{对称}\\ 3(1+\mu)b_ic_i & 6c_i^2+3(1-\mu)b_i^2\end{bmatrix}\quad (i,j,m)$

$$[B_i]=\begin{bmatrix}16(b_i^2-b_jb_m)+8(1-\mu)(c_i^2-c_jc_m) & \text{对称}\\ 4(1+\mu)(b_ic_i+b_jc_j+b_mc_m) & 16(c_i^2-c_jc_m)+8(1-\mu)(b_i^2-b_jb_m)\end{bmatrix}$$
$$(i,j,m)$$

$$[G_{rs}]=\begin{bmatrix}-2b_rb_s-(1-\mu)c_rc_s & -2\mu b_rc_s-(1-\mu)c_rb_s\\ -2\mu c_rb_s-(1-\mu)b_rc_s & -2c_rc_s-(1-\mu)b_rb_s\end{bmatrix}\quad\begin{pmatrix}r=i,j,m\\ s=i,j,m\end{pmatrix}$$

$$[D_{rs}]=\begin{bmatrix}16b_rb_s+8(1-\mu)c_rc_s & \text{对称}\\ 4(1+\mu)(c_rb_s+b_rc_s) & 16c_rc_s+8(1-\mu)b_rb_s\end{bmatrix}\quad\begin{pmatrix}r=i,j,m\\ s=i,j,m\end{pmatrix}$$

在分析同一弹性结构时，选择结点数目大致相同的情况下，用六结点三角形单元计算，计算精度不但远比常应变三角形单元要高，而且也高于矩形单元.换言之，它们达到大致相同的计算精度.用六结点三角形单元时，单元数可以取得少.但是，由于这种单元一个结点的平衡方程与较多的结点位移有关，从总体刚度矩阵的元素叠加规律可知，在结点数相同的情况下，总体刚度矩阵的带宽比常应变三角形单元的要大.

从理论上来说，还可以进一步增加结点数来提高单元的计算精度，但在实际中更高次的单元应用得很少.

2. 矩形单元

图 3-21 所示矩形单元，4 个结点共有 8 个自由度，依据 Passcal 三角形取位移模式为

$$\begin{cases}u=\alpha_1+\alpha_2x+\alpha_3y+\alpha_4xy\\ v=\alpha_5+\alpha_6x+\alpha_7y+\alpha_8xy\end{cases}\tag{3-51}$$

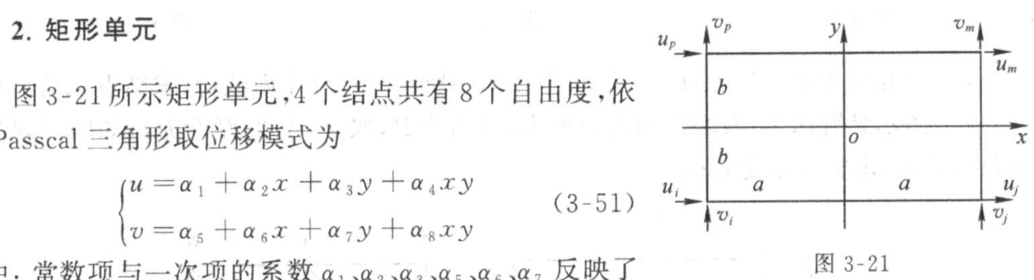

图 3-21

式中：常数项与一次项的系数 α_1、α_2、α_3、α_5、α_6、α_7 反映了单元的刚体位移与常量应变，满足收敛性必要条件；单元边界上，u、v 位移为 x 或 y 坐标的线性函数，称为双线性函数，显然满足连续性条件.经过同前面类似的分析得到其插值函数形式

$$\begin{cases}u=N_iu_i+N_ju_j+N_mu_m+N_pu_p\\ v=N_iv_i+N_jv_j+N_mv_m+N_pv_p\end{cases}\tag{3-52}$$

即
$$\{u\}=\begin{Bmatrix}u\\ v\end{Bmatrix}=[N]\{\delta\}^e=[IN_i\quad IN_j\quad IN_m\quad IN_p]^{\mathrm{T}}\{\delta\}^e$$

其中：
$$\begin{cases}N_i=\dfrac{1}{4}\left(1-\dfrac{x}{a}\right)\left(1-\dfrac{y}{b}\right)\\ N_j=\dfrac{1}{4}\left(1+\dfrac{x}{a}\right)\left(1-\dfrac{y}{b}\right)\\ N_m=\dfrac{1}{4}\left(1+\dfrac{x}{a}\right)\left(1+\dfrac{y}{b}\right)\\ N_p=\dfrac{1}{4}\left(1-\dfrac{x}{a}\right)\left(1+\dfrac{y}{b}\right)\end{cases}\tag{3-53}$$

其他单元特性矩阵的分析与前述单元是类似的，不再赘述.

习　　题

3-1　按位移求解的有限单元法中：

(1) 应用了哪些弹性力学的基本方程？

(2) 应力边界条件及位移边界条件是如何反映的？

(3) 力的平衡条件是如何满足的？

(4) 变形协调条件是如何满足的？

3-2　图示等腰直角三角形单元，设 $\mu=1/4$，记杨氏弹性模量为 E，厚度为 t，求形函数矩阵$[N]$、应变矩阵$[B]$、应力矩阵$[S]$与单元刚度矩阵$[K]^e$.

3-3　正方形薄板，受力与约束如图所示，划分为两个三角形单元，$\mu=1/4$，板厚为 t，求各结点位移与应力.

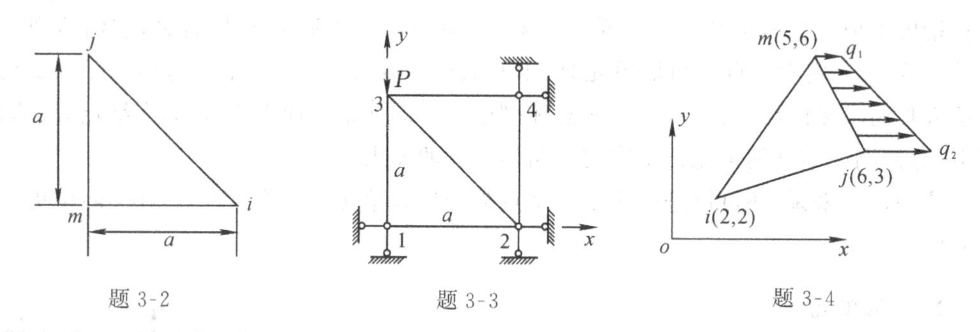

题 3-2　　　题 3-3　　　题 3-4

3-4　三角形单元 $i\ j\ m$ 的 $j\ m$ 边作用有如图所示线性分布面载荷，求结点载荷向量.

3-5　图示悬臂深梁，右端作用均布剪力，合力为 P，取 $\mu=1/3$，厚度为 t，如图示划分四个三角形单元，求整体刚度方程.

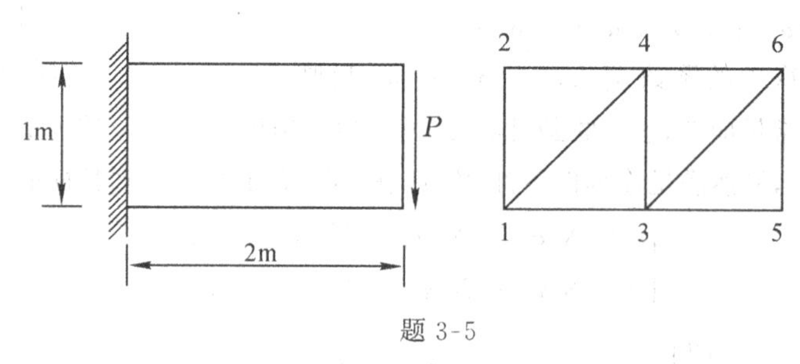

题 3-5

3-6　图示 6 结点三角形单元的 142 边作用有均布侧压力 q，单元厚度为 t，求单元的等效结点载荷.

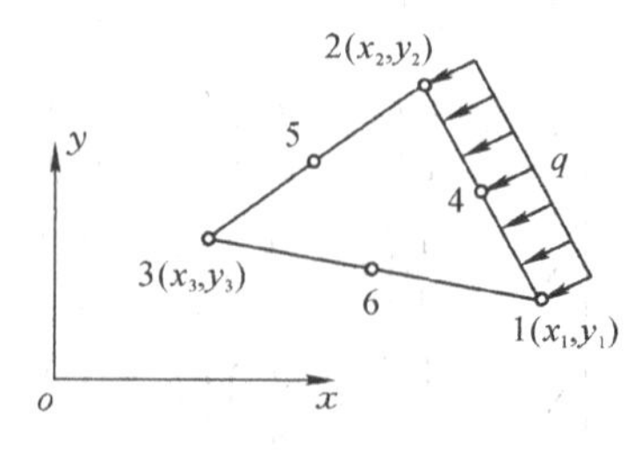

题 3-6

第四章　轴对称问题与空间问题有限单元法

§4-1　轴对称问题有限单元法

用有限单元法分析轴对称问题时，须将结构离散成有限个圆环单元.圆环单元的截面常用三角形或矩形，也可以是其他形式，如图 4-1 所示.这种环形单元之间由圆环形铰相连，称为结圆.轴对称问题的单元虽然是圆环体，与平面问题的平板单元不同，但由于对称性，可以任取一个子午面进行分析.圆环形单元与子午面上相截生成网格，可以采用与第三章平面问题有限元分析相似的方法分析.不同之处是：单元为圆环体，单元之间由结圆铰接，结点力为结圆上的均布力，单元边界为回转面.

本节主要仍以 3 结点三角形环状单元为例进行讨论(图 4-1).这种单元适应性好、计算简单，是一种常用的简单单元.

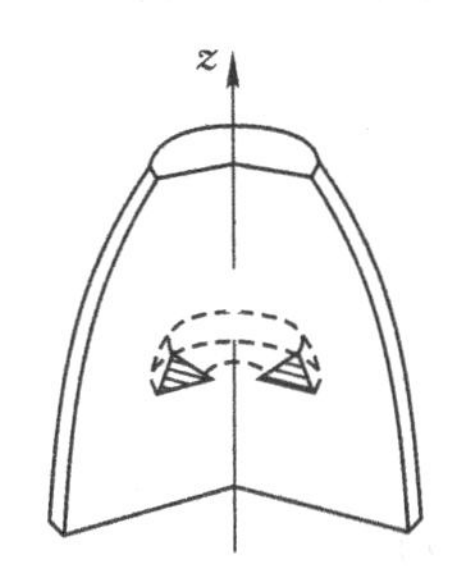

图 4-1　三角形环状单元

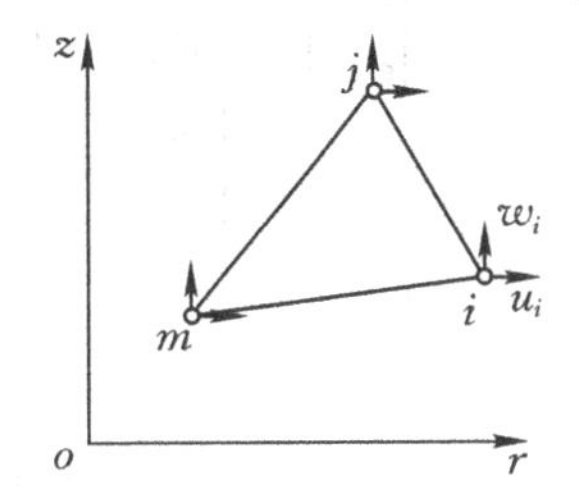

图 4-2　3 结点三角形环状单元 rz 截面

1. 位移模式与插值函数

取出环状单元的一个截面 ijm 如图 4-2 所示.单元结点位移与结点力分别为

$$\{\delta\}^e=[u_i\quad w_i\quad u_j\quad w_j\quad u_m\quad w_m]^T$$

$$\{F\}^e=[U_i\quad W_i\quad U_j\quad W_j\quad U_m\quad W_m]^T$$

取线性位移模式

$$\begin{cases}u=\alpha_1+\alpha_2 r+\alpha_3 z\\ w=\alpha_4+\alpha_5 r+\alpha_6 z\end{cases}\tag{4-1}$$

通过与平面问题相同的推导过程，得到类似的位移模式

$$\begin{cases}u=N_i u_i+N_j u_j+N_m u_m\\ w=N_i w_i+N_j w_j+N_m w_m\end{cases}\tag{4-2}$$

式中：N_i, N_j, N_m 是插值函数

$$N_i = \frac{1}{2A}(a_i + b_i r + c_i z) \qquad (i, j, m) \tag{4-3}$$

其中：

$$2A = \begin{vmatrix} 1 & r_i & z_i \\ 1 & r_j & z_j \\ 1 & r_m & z_m \end{vmatrix} \quad \text{（三角形环状单元截面积的 2 倍）}$$

$$\begin{cases} a_i = r_j z_m - r_m z_j \\ b_i = z_j - z_m \\ c_i = -(r_j - r_m) \end{cases} \qquad (i, j, m) \tag{4-4}$$

位移模式(4-2) 的矩阵表达式是

$$\{u\} = \begin{Bmatrix} u \\ w \end{Bmatrix} = [N]\{\delta\}^e = \begin{bmatrix} N_i & 0 & N_j & 0 & N_m & 0 \\ 0 & N_i & 0 & N_j & 0 & N_m \end{bmatrix}\{\delta\}^e \tag{4-5}$$

2. 单元应变和应力

将位移(4-5) 式代入几何关系则得到单元应变

$$\{\varepsilon\} = \begin{Bmatrix} \varepsilon_r \\ \varepsilon_z \\ \gamma_{rz} \\ \varepsilon_\theta \end{Bmatrix} = \begin{bmatrix} \dfrac{\partial u}{\partial r} \\ \dfrac{\partial w}{\partial z} \\ \dfrac{\partial u}{\partial z} + \dfrac{\partial w}{\partial r} \\ \dfrac{u}{r} \end{bmatrix} = [B]\{\delta\}^e = [B_i \quad B_j \quad B_m]\{\delta\}^e \tag{4-6}$$

其中：

$$[B_i] = \frac{1}{2A}\begin{bmatrix} b_i & 0 \\ 0 & c_i \\ c_i & b_i \\ f_i & 0 \end{bmatrix} \qquad (i, j, m) \tag{4-7}$$

$$f_i = \frac{a_i}{r} + b_i + \frac{c_i z}{r} \qquad (i, j, m) \tag{4-8}$$

由上二式可见，单元中的应变分量 ε_r、ε_z、γ_{rz} 都是常量；但环向应变 ε_θ 不是常量，f_i, f_j, f_m 与单元各点的位置(r, z) 有关.

单元应力可用应变代入物理方程(2-24) 得到

$$\sigma = \begin{Bmatrix} \sigma_r \\ \sigma_z \\ \tau_{rz} \\ \sigma_\theta \end{Bmatrix} = [D][B]\{\delta\}^e = [S]\{\delta\}^e = [S_i \quad S_j \quad S_m]\{\delta\}^e \tag{4-9}$$

轴对称体的应力分量见图 4-3.

应力矩阵子块

$$[S_i]=\frac{E(1-\mu)}{2A(1+\mu)(1-2\mu)}\begin{bmatrix} b_i+A_1f_i & A_1c_i \\ A_1(b_i+f_i) & c_i \\ A_2c_i & A_2b_i \\ A_1b_i+f_i & A_1c_i \end{bmatrix} \quad (i,j,m) \qquad (4\text{-}10)$$

其中：
$$A_1=\frac{\mu}{1-\mu},\quad A_2=\frac{1-2\mu}{2(1-\mu)} \qquad (4\text{-}11)$$

由(4-10)可知，单元中除 τ_{rz} 外其他应力都不是常量.

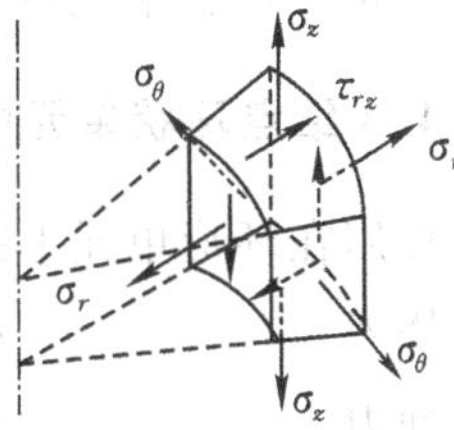

图 4-3 应力分量

3.3 结点环状单元的单元刚度矩阵

轴对称问题的虚功方程(2-32)成为

$$(\{\delta^*\}^e)^{\mathrm{T}}\{F\}^e=2\pi\iint_A\{\varepsilon^*\}^{\mathrm{T}}\{\sigma\}r\,\mathrm{d}r\,\mathrm{d}z$$

将 $\{\varepsilon^*\}=[B]\{\delta^*\}^e$ 与 $\{\sigma\}=[D][B]\{\delta\}^e$

代入整理，最后得到单元刚度方程

$$\{F\}^e=[K]^e\{\delta\}^e$$

其中：单元刚度矩阵

$$[K]^e=2\pi\iint_A[B]^{\mathrm{T}}[D][B]r\,\mathrm{d}r\,\mathrm{d}z \qquad (4\text{-}12)$$

为了简化计算和消除在对称轴上 $r=0$ 所引起的麻烦，把单元中各点的坐标 r、z 用单元截面形心处的坐标 $\bar{r}$ 和 $\bar{z}$ 来近似，即

$$\begin{aligned} r\approx\bar{r}&=\frac{1}{3}(r_i+r_j+r_m) \\ z\approx\bar{z}&=\frac{1}{3}(z_i+z_j+z_m) \end{aligned} \qquad (4\text{-}13)$$

这样(4-8)式就近似为

$$f_i\approx\bar{f}_i=\frac{a_i}{\bar{r}}+b_i+\frac{c_i\bar{z}}{\bar{r}} \qquad (r,j,m)$$

作了这样的近似后，应变矩阵$[B]$和应力矩阵$[S]$都成了常量阵，根据(4-12)式很快可以积出单元刚度矩阵的显式

$$[K]=2\pi\bar{r}[B]^{\mathrm{T}}[D][B]A=\begin{bmatrix} K_{ii} & K_{ij} & K_{im} \\ K_{ji} & K_{jj} & K_{jm} \\ K_{mi} & K_{mj} & K_{mm} \end{bmatrix} \qquad (4\text{-}14)$$

式中：A 是三角形环状单元的截面积.对于(4-14)式中每一子块

$$[K_{rs}]=2\pi\bar{r}[B_r]^{\mathrm{T}}[D][B_s]A \qquad (4\text{-}15)$$

展开得到

$$[K_{rs}]=\frac{\pi E(1-\mu)\bar{r}}{2A(1+\mu)(1-2\mu)}\begin{bmatrix} K_1 & K_3 \\ K_2 & K_4 \end{bmatrix} \quad (r、s=i,j,m) \qquad (4\text{-}16)$$

式中：

$$K_1=b_rb_s+f_rf_s+A_1(b_rf_s+f_rb_s)+A_2c_rc_s$$
$$K_2=A_1c_r(b_s+f_s)+A_2b_rc_s$$

$$K_3 = A_1 c_s (b_r + f_r) + A_2 c_r b_s \tag{4-17}$$
$$K_4 = c_r c_s + A_2 b_r b_s$$
$$A_1 = \frac{\mu}{1-\mu}, \quad A_2 = \frac{1-2\mu}{2(1-\mu)}$$

实际计算表明，采用近似积分不仅计算方便，而且其精度也是足够满意的.因此对于3结点三角形环状单元，一般多采用近似积分来计算刚度矩阵.

4.3 结点环状单元的载荷移置

作用在环形单元上的载荷

体力 $\{p\} = [R \quad Z]^{\mathrm{T}}$

面力 $\{\bar{p}\} = [\bar{R} \quad \bar{Z}]^{\mathrm{T}}$

集中力 $\{P\} = [P_r \quad P_z]^{\mathrm{T}}$

都应移置到单元的结圆上，形成沿整个结圆均匀分布的结圆载荷.

(1) 体力的移置 $\{R\}^e = 2\pi \iint_A [N]^{\mathrm{T}} \{p\} r \mathrm{d}r \mathrm{d}z$

(2) 面力的移置 $\{R\}^e = 2\pi \int [N]^{\mathrm{T}} \{\bar{p}\} r \mathrm{d}s$ (4-18)

(3) 集中力的移置 $\{R\}^e = 2\pi r [N]^{\mathrm{T}} \{P\}$

下面推导几种常见载荷的等效结圆载荷.

(1) 自重

若对称轴 z 垂直于地面，此时重力只有 z 方向的分量，设单位体积的重量为 ρ，则体积力的等效结圆载荷

$$\{R\}^e = 2\pi \iint_A [N]^{\mathrm{T}} \begin{Bmatrix} 0 \\ -\rho \end{Bmatrix} r \mathrm{d}r \mathrm{d}z$$

对于结点有

$$\{R_i\} = 2\pi \iint_A N_i \begin{Bmatrix} 0 \\ -\rho \end{Bmatrix} r \mathrm{d}r \mathrm{d}z \tag{4-19}$$

利用面积坐标建立关系

$$r = r_i L_i + r_j L_j + r_m L_m \tag{4-20}$$

则有

$$\iint_A N_i r \mathrm{d}r \mathrm{d}z = \iint_A L_i (r_i L_i + r_j L_j + r_m L_m) \mathrm{d}r \mathrm{d}z \tag{4-21}$$

据(3-49)运算得到

$$\iint_A N_i r \mathrm{d}r \mathrm{d}z = \frac{A}{12}(2r_i + r_j + r_m) = \frac{A}{12}(3\bar{r} + r_i) \quad (i, j, m) \tag{4-22}$$

代入(4-19)式即得到

$$\{R_i\} = \begin{Bmatrix} P_{ir} \\ P_{iz} \end{Bmatrix} = \begin{Bmatrix} 0 \\ -\dfrac{1}{6}\pi\rho A(3\bar{r} + r_i) \end{Bmatrix} \quad (i, j, m) \tag{4-23}$$

(2) 旋转机械的离心力

若旋转机械绕 z 轴旋转的角速度为 ω，则离心力载荷

$$\{p\}=\begin{Bmatrix}P_r\\P_z\end{Bmatrix}=\begin{Bmatrix}\frac{\rho}{g}\omega^2 r\\0\end{Bmatrix}$$

$$\{R_i\}=2\pi\iint_A N_i\begin{Bmatrix}\frac{\rho}{g}\omega^2 r\\0\end{Bmatrix}r\,\mathrm{d}r\,\mathrm{d}z \qquad (i,j,m) \tag{4-24}$$

式中：积分

$$\begin{aligned}\iint_A N_i r^2\mathrm{d}r\mathrm{d}z&=\iint_A L_i(r_iL_i+r_jL_j+r_mL_m)^2\mathrm{d}r\mathrm{d}z\\&=\frac{A}{30}[(r_i+r_j+r_m)^2+2r_i^2-r_jr_m]\\&=\frac{A}{30}(9\bar{r}^2+2r_i^2-r_jr_m)\qquad(i,j,m)\end{aligned} \tag{4-25}$$

代入(4-24)式得到离心力的等效结点载荷

$$\{R_i\}=\begin{Bmatrix}\frac{\pi\rho\,\omega^2 A}{15g}(9\bar{r}^2+2r_i^2-r_jr_m)\\0\end{Bmatrix}\qquad(i,j,m) \tag{4-26}$$

(3) 均布侧压

假设单元的 im 边作用有均布侧压 q，以压向单元边界为正，如图 4-4 所示面积力为

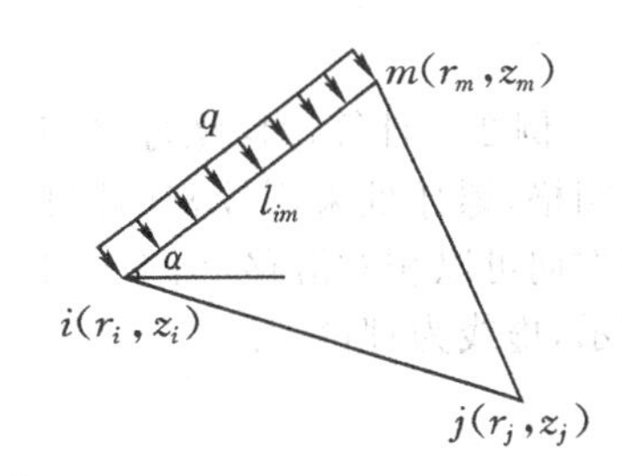

图 4-4　均布侧压载荷

$$\{\bar{p}\}=\begin{Bmatrix}\bar{R}\\\bar{Z}\end{Bmatrix}=\begin{Bmatrix}q\sin\alpha\\-q\cos\alpha\end{Bmatrix}=\begin{Bmatrix}q\,\frac{z_m-z_i}{l_{im}}\\q\,\frac{r_i-r_m}{l_{im}}\end{Bmatrix} \tag{4-27}$$

式中：r_i，z_i，r_m，z_m 为结点 i 和结点 m 的坐标，l_{im} 为 im 边的边长.根据(4-18)式的第二式

$$\{R_i\}=2\pi\int N_i\begin{bmatrix}q\,\frac{z_m-z_i}{l_{im}}\\q\,\frac{r_i-r_m}{l_{im}}\end{bmatrix}r\,\mathrm{d}s \tag{4-28}$$

式中：积分

$$\int N_i r\,\mathrm{d}s=\int L_i(r_iL_i+r_jL_j+r_mL_m)\mathrm{d}s$$

注意到沿边界 im 积分时 $L_j=0$，上式积分有

$$\int N_i r\,\mathrm{d}s=\frac{1}{6}(2r_i+r_m)l_{im} \tag{4-29}$$

代入(4-28)式得到

$$\{R_i\}=\begin{Bmatrix}R_{ir}\\R_{iz}\end{Bmatrix}=\frac{1}{3}\pi q(2r_i+r_m)\begin{Bmatrix}z_m-z_i\\r_i-r_m\end{Bmatrix} \tag{4-30}$$

同理可得

$$\{R_m\}=\begin{Bmatrix}P_{mr}\\P_{mz}\end{Bmatrix}=\frac{1}{3}\pi q(r_i+2r_m)\begin{Bmatrix}z_m-z_i\\r_i-r_m\end{Bmatrix} \tag{4-31}$$

由于沿 im 边 $L_j=0$，所以

$$\{R_j\}=0$$

例 1　厚壁圆球受外压，圆球外壁半径 $R_0=10.4\text{cm}$，内壁半径 $R_1=9.1\text{cm}$，外压 $p=1\ 500\text{N/cm}^2$.由于对称可取 1/4 球体进行计算，网格划分及对称面条件表示方式见图 4-5(a).沿球壁厚度划分 8 个三角形单元，全部共计 160 个单元.计算结果见图 4-5(b).取相邻单元的平均值则达到相当满意的计算精度，对于主要应力 σ_θ 最大相对误差小于 2%.

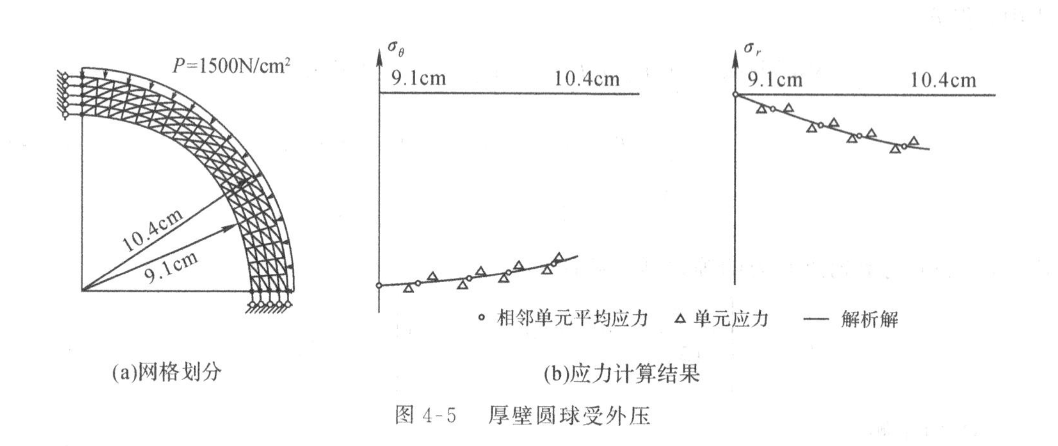

图 4-5　厚壁圆球受外压

例 2　计算螺栓螺母之间的受力分布.如图 4-6 所示，将螺栓与螺母子午面划分为三角形网格，螺牙处采用较密的网格.给螺栓一个轴向位移作为外载荷，假定相接触的螺牙沿斜面方向可以相对滑移，而垂直于斜面方向有相等的位移.求得轴向各螺牙受力分布如图 4-7 所示，虚线为理论解.

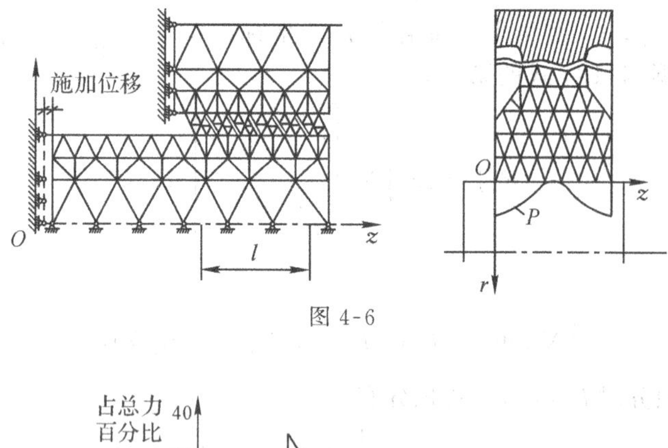

图 4-6

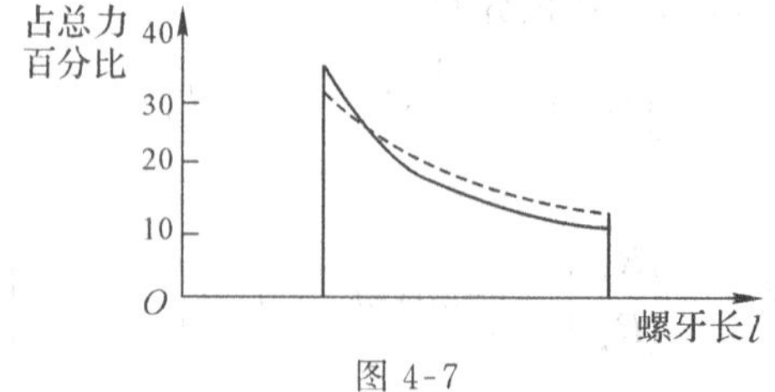

图 4-7

§4-2　空间问题常应变四面体单元

在前面几章，我们说明了弹性力学平面问题和轴对称问题的解法．但在实际工程中，有些结构由于形体复杂，难以简化为平面问题或轴对称问题，必须按空间问题求解．对于实际工程中所提出的空间问题，古典弹性力学是无能为力的，过去多依靠模型试验，目前应用有限单元法，这些问题都可迎刃而解．

在平面问题中，最简单、也比较实用的单元是三角形．在空间问题中，相应的单元是具有四个角点的四面体，如图 4-8 所示．从这一节开始，先介绍常应变四面体单元，然后介绍高次四面体单元及六面体单元．

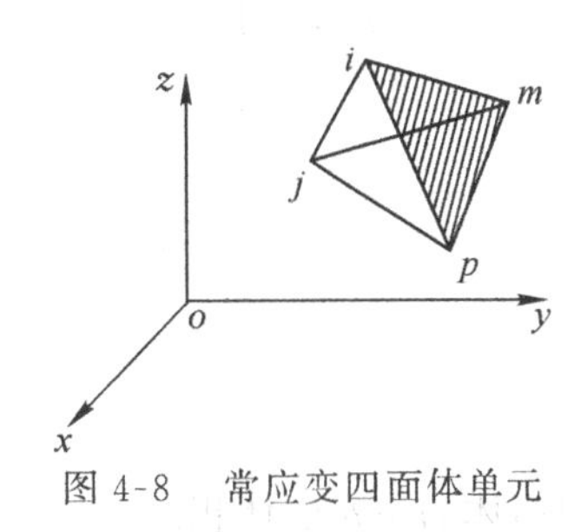

图 4-8　常应变四面体单元

在图 4-8 中表示了一个四面体单元，以四个角点 i、j、m、p 为结点，这是最早提出的，也是最简单的空间单元，目前仍在应用．

1. 位移模式

每个结点有三个位移分量：

$$\{\delta_i\}=\begin{Bmatrix}u_i\\v_i\\w_i\end{Bmatrix} \tag{4-32}$$

每单元四个结点，共有 12 个结点位移分量，单元结点位移分量为：

$$\{\delta\}^e=[\{\delta_i\}^T \quad \{\delta_j\}^T \quad \{\delta_m\}^T \quad \{\delta_p\}^T]^T \tag{4-33}$$

假定单元内任一点的位移分量是坐标的线性函数：

$$\begin{cases}u=\alpha_1+\alpha_2x+\alpha_3y+\alpha_4z\\v=\alpha_5+\alpha_6x+\alpha_7y+\alpha_8z\\w=\alpha_9+\alpha_{10}x+\alpha_{11}y+\alpha_{12}z\end{cases} \tag{a}$$

以 i、j、m、p 四个结点的坐标代入上式中的第一式，得到

$$\begin{cases}u_i=\alpha_1+\alpha_2x_i+\alpha_3y_i+\alpha_4z_i\\u_j=\alpha_1+\alpha_2x_j+\alpha_3y_j+\alpha_4z_j\\u_m=\alpha_1+\alpha_2x_m+\alpha_3y_m+\alpha_4z_m\\u_p=\alpha_1+\alpha_2x_p+\alpha_3y_p+\alpha_4z_p\end{cases} \tag{b}$$

由式(b) 求出系数 α_1、α_2、α_3、α_4，再代入式(a)，得到

$$u=N_iu_i+N_ju_j+N_mu_m+N_pu_p$$

同样

$$\begin{aligned}v&=N_iv_i+N_jv_j+N_mv_m+N_pv_p\\w&=N_iw_i+N_jw_j+N_mw_m+N_pw_p\end{aligned} \tag{4-34}$$

式中：

$$\begin{cases} N_i = \dfrac{(a_i + b_i x + c_i y + d_i z)}{6V} & (i, m) \\ N_j = -\dfrac{(a_j + b_j x + c_j y + d_j z)}{6V} & (j, p) \end{cases} \tag{4-35}$$

其中：

$$a_i = \begin{vmatrix} x_j & y_j & z_j \\ x_m & y_m & z_m \\ x_p & y_p & z_p \end{vmatrix}, \quad b_i = -\begin{vmatrix} 1 & y_j & z_j \\ 1 & y_m & z_m \\ 1 & y_p & z_p \end{vmatrix}$$

$$c_i = \begin{vmatrix} 1 & x_j & z_j \\ 1 & x_m & z_m \\ 1 & x_p & z_p \end{vmatrix}, \quad d_i = -\begin{vmatrix} 1 & x_j & y_j \\ 1 & x_m & y_m \\ 1 & x_p & y_p \end{vmatrix} \quad (i, j, m, p) \tag{4-36}$$

而

$$V = \frac{1}{6}\begin{vmatrix} 1 & x_i & y_i & z_i \\ 1 & x_j & y_j & z_j \\ 1 & x_m & y_m & z_m \\ 1 & x_p & y_p & z_p \end{vmatrix} \tag{4-37}$$

为四面体 $ijmp$ 的体积.

为了使四面体的体积 V 不致成为负值，单元结点的标号 i、j、m、p 必须依照一定的顺序，在右手坐标系中，当按照 $i \to j \to m$ 的方向转动时，右手螺旋应向 p 的方向前进，如图4-8所示.

由式(4-34)，单元位移可用结点位移向量表示如下：

$$\{u\} = \begin{Bmatrix} u \\ v \\ w \end{Bmatrix} = [N]\{\delta\}^e = [IN_i \quad IN_j \quad IN_m \quad IN_p]\{\delta\}^e \tag{4-38}$$

式中：I 是三阶的单位阵.

由于位移模式是线性的，在相邻单元的接触面上，位移显然是连续的.

2.单元应变

在空间应力问题中，每点具有六个应变分量.由空间问题几何方程(2-3)式写出其向量表达为：

$$\begin{aligned} \{\varepsilon\} &= [\varepsilon_x \quad \varepsilon_y \quad \varepsilon_z \quad \gamma_{xy} \quad \gamma_{yz} \quad \gamma_{zx}]^{\mathrm{T}} \\ &= \left[\frac{\partial u}{\partial x} \quad \frac{\partial v}{\partial y} \quad \frac{\partial w}{\partial z} \quad \frac{\partial u}{\partial y} + \frac{\partial v}{\partial x} \quad \frac{\partial v}{\partial z} + \frac{\partial w}{\partial y} \quad \frac{\partial w}{\partial x} + \frac{\partial u}{\partial z}\right]^{\mathrm{T}} \end{aligned} \tag{4-39}$$

将式(4-34)代入上式，得到

$$\{\varepsilon\} = [B]\{\delta\}^e = [B_i \quad -B_j \quad B_m \quad -B_p]\{\delta\}^e \tag{4-40}$$

其中：几何矩阵$[B]$的子矩阵$[B_i]$等于如下的 6×3 矩阵：

$$[B_i]=\frac{1}{6V}\begin{bmatrix} b_i & 0 & 0 \\ 0 & c_i & 0 \\ 0 & 0 & d_i \\ c_i & b_i & 0 \\ 0 & d_i & c_i \\ d_i & 0 & b_i \end{bmatrix} \qquad (i,j,m,p) \tag{4-41}$$

显然,应变矩阵是常数矩阵,单元应变分量为常量,四面体单元是常应变单元.

由式(a) 和式(4-39) 可知,式(a) 中系数 α_1、α_5、α_9 代表刚体平移,系数 α_2、α_7、α_{12} 代表常量正应变;其余 6 个系数反映了常量剪应变和刚体转动.因此式(a) 中 12 个系数充分反映了单元的刚体位移和常量应变.另外,由于位移模式是线性的,可以保证相邻单元之间位移的连续性,所以位移模式(a) 满足了收敛条件.

3. 单元应力

单元应力

$$\{\sigma\}=[\sigma_x \quad \sigma_y \quad \sigma_z \quad \tau_{xy} \quad \tau_{yx} \quad \tau_{zx}]^{\mathrm{T}}$$

可用结点位移表示如下:

$$\{\sigma\}=[D][B]\{\delta\}^e \tag{4-42}$$

弹性矩阵$[D]$用(2-7) 式计算:

$$[D]=\frac{E(1-\mu)}{(1+\mu)(1-2\mu)}\begin{bmatrix} 1 & \frac{\mu}{1-\mu} & \frac{\mu}{1-\mu} & 0 & 0 & 0 \\ & 1 & \frac{\mu}{1-\mu} & 0 & 0 & 0 \\ & & 1 & 0 & 0 & 0 \\ & 对 & & \frac{1-2\mu}{2(1-\mu)} & 0 & 0 \\ & & 称 & & \frac{1-2\mu}{2(1-\mu)} & 0 \\ & & & & & \frac{1-2\mu}{2(1-\mu)} \end{bmatrix}$$

在这种单元中,由于应变是常量,应力自然也是常量.

4.单元刚度矩阵

类似于平面问题中的分析,将$\{\varepsilon^*\}=[B]\{\delta\}^e$ 与$\{\sigma\}=[D][B]\{\delta\}^e$ 代入空间问题的虚功方程(2-30) 式

$$\{\delta^*\}^{\mathrm{T}}\{F\}=\iiint\{\varepsilon^*\}^{\mathrm{T}}\{\sigma\}\mathrm{d}x\,\mathrm{d}y\,\mathrm{d}z$$

得到

$$[K]^e\{\delta\}^e=\{F\}^e$$

其中单元刚度矩阵

$$[K]^e=\iiint[B]^T[D][B]\mathrm{d}x\,\mathrm{d}y\,\mathrm{d}z \tag{4-43}$$

由于矩阵$[B]$的元素是常量，计算是简单的：

$$[K]^e=[B]^T[D][B]V \tag{4-44}$$

或

$$[K]^e=\begin{bmatrix} K_{ii} & -K_{ij} & K_{im} & -K_{ip} \\ -K_{ji} & K_{jj} & -K_{jm} & K_{jp} \\ K_{mi} & -K_{mj} & K_{mm} & -K_{mp} \\ -K_{pi} & K_{pj} & -K_{pm} & K_{pp} \end{bmatrix} \tag{4-45}$$

式中：子矩阵$[k_{rs}]$由下式计算

$$[K_{rs}]=[B_r]^T[D][B_s]V$$

展开即

$$[K_{rs}]=\frac{E(1-\mu)}{36(1+\mu)(1-2\mu)V}\begin{bmatrix} b_rb_s+A_2(c_rc_s+d_rd_s) & A_1b_rc_s+A_2c_rb_s & A_1b_rd_s+A_2d_rb_s \\ A_1c_rb_s+A_2b_rc_s & c_rc_s+A_2(b_rb_s+d_rd_s) & A_1c_rd_s+A_2d_rc_s \\ A_1d_rb_s+A_2b_rd_s & A_1d_rc_s+A_2c_rd_s & d_rd_s+A_2(b_rb_s+c_rc_s) \end{bmatrix}$$

$$(r,\ s=i,\ j,\ m,\ p)$$

其中：$A_1=\mu/(1-\mu)$，$A_2=(1-2\mu)/2(1-\mu)$

5. 结点载荷

通过与平面问题中同样的推导得到类似的结点载荷计算公式

(1) 集中力 $\{P\}=[P_x \quad P_y \quad P_z]^T$ 的移置

$$\{R\}^e=[N]^T\{P\} \tag{4-46}$$

(2) 体力 $\{p\}=[X \quad Y \quad Z]^T$ 的移置

$$\{R\}^e=\iiint[N]^T\{p\}\mathrm{d}V \tag{4-47}$$

(3) 面力 $\{\bar{p}\}=[\bar{X} \quad \bar{Y} \quad \bar{Z}]^T$ 的移置

$$\{R\}^e=\iint[N]^T\{\bar{p}\}\mathrm{d}A \tag{4-48}$$

以上是普遍适用的计算式，对于四结点四面体单元的线性位移模式，可以按照静力学中力的分解原理直接求出等效结点载荷.

§4-3 体积坐标

空间问题的高次四面体单元，如果采用体积坐标，计算公式的推导与表达都可得到简化.如图 4-9 所示，在四面体单元 1234 中，任意一点 P 的位置可用下列四个比值来确定：

$$L_1=\frac{V_1}{V},\quad L_2=\frac{V_2}{V},\quad L_3=\frac{V_3}{V},\quad L_4=\frac{V_4}{V} \tag{4-49}$$

其中：V 为四面体 1234 的体积：

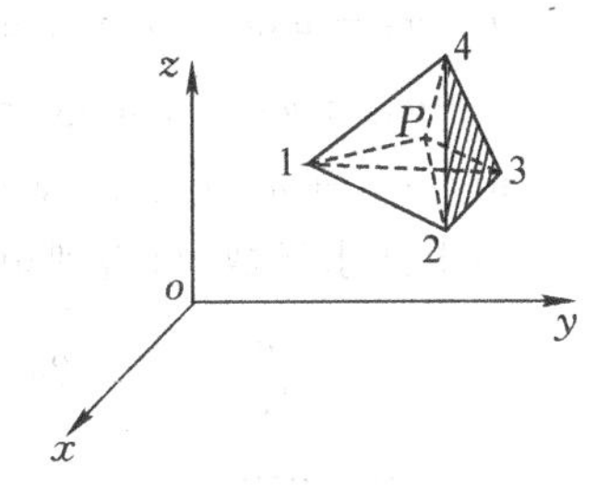

图 4-9　体积坐标

$$V=\frac{1}{6}\begin{vmatrix}1 & 1 & 1 & 1\\ x_1 & x_2 & x_3 & x_4\\ y_1 & y_2 & y_3 & y_4\\ z_1 & z_2 & z_3 & z_4\end{vmatrix} \tag{a}$$

而 V_1、V_2、V_3、V_4 分别是四面体 $P234$、$P341$、$P412$、$P123$ 的体积，这四个比值称为 P 点的体积坐标.由于 $V_1+V_2+V_3+V_4=V$，因此

$$L_1+L_2+L_3+L_4=1 \tag{b}$$

直角坐标与体积坐标之间，符合下列关系：

$$\begin{Bmatrix}1\\ x\\ y\\ z\end{Bmatrix}=\begin{bmatrix}1 & 1 & 1 & 1\\ x_1 & x_2 & x_3 & x_4\\ y_1 & y_2 & y_3 & y_4\\ z_1 & z_2 & z_3 & z_4\end{bmatrix}\begin{Bmatrix}L_1\\ L_2\\ L_3\\ L_4\end{Bmatrix} \tag{4-50}$$

对上式求逆，可用直角坐标表示体积坐标如下：

$$\begin{Bmatrix}L_1\\ L_2\\ L_3\\ L_4\end{Bmatrix}=\frac{1}{6V}\begin{bmatrix}a_1 & b_1 & c_1 & d_1\\ a_2 & b_2 & c_2 & d_2\\ a_3 & b_3 & c_3 & d_3\\ a_4 & b_4 & c_4 & d_4\end{bmatrix}\begin{Bmatrix}1\\ x\\ y\\ z\end{Bmatrix} \tag{c}$$

式中 a_r、b_r、c_r、d_r 的定义类似(4-36)式.显然，体积坐标即常应变四面体单元的形函数：

$$N_1=L_1,\quad N_2=L_2,\quad N_3=L_3,\quad N_4=L_4$$

§4-4　高次四面体单元

实际工程结构中的应力场，往往是随着坐标而急剧变化的，常应变四面体单元中的应力分量都是常量，难以适应急剧变化的应力场，为了保证必要的计算精度，必须采用密集的计算网格.这样一来，结点数量将很多，方程组十分庞大.如果采用高次位移模式，单元中的应力是变化的，就可以用较少的单元、较少的自由度而得到要求的计算精度，从而降低方程组的规模.当然，高次单元的刚度矩阵比较复杂，形成刚度矩阵要花费较多的计算时间.但在保持同样计算精度的条件下，采用高次单元，在总的计算时间上还是节省的.

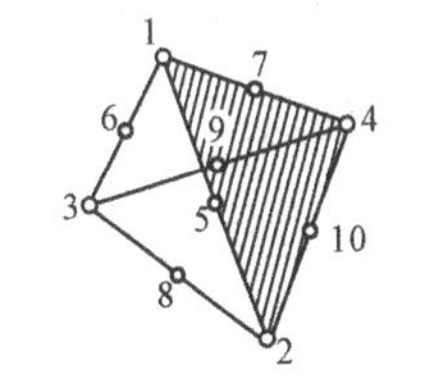

图 4-10　10 结点线性应变四面体单元

1. 10 结点线性应变四面体单元

用直角坐标表示的完全二次多项式共有 10 项，依此将四面体单元位移模式取为

$$u=\alpha_1+\alpha_2x+\alpha_3y+\alpha_4z+\alpha_5x^2+\alpha_6y^2+\alpha_7z^2+\alpha_8xy+\alpha_9yz+\alpha_{10}zx$$
$$v=\alpha_{11}+\alpha_{12}x+\alpha_{13}y+\alpha_{14}z+\alpha_{15}x^2+\alpha_{16}y^2+\alpha_{17}z^2+\alpha_{18}xy+\alpha_{19}yz+\alpha_{20}zx$$
$$w=\alpha_{21}+\alpha_{22}x+\alpha_{23}y+\alpha_{24}z+\alpha_{25}x^2+\alpha_{26}y^2+\alpha_{27}z^2+\alpha_{28}xy+\alpha_{29}yz+\alpha_{30}zx$$

由上式求导数，可得到单元中的应变分量：

$$\varepsilon_x=\frac{\partial u}{\partial x}=\alpha_2+2\alpha_5x+\alpha_8y+\alpha_{10}z$$

…………

$$\gamma_{xy}=\frac{\partial u}{\partial y}+\frac{\partial v}{\partial x}=(\alpha_3+\alpha_{12})+(\alpha_8+2\alpha_{15})x+(2\alpha_6+\alpha_{18})y+(\alpha_9+\alpha_{20})z$$

…………

可见，单元中应变分量是坐标的线性函数.位移模式中包含 30 个系数，为确定这些系数，需要 30 个自由度.今取 10 个结点，即四个角点，加上六条棱边的中点，每个结点有 3 个位移分量作为参数，正好可以决定位移模式中的系数.

对于高次单元，改用体积坐标，单元位移模式取为

$$u=\sum_{i=1}^{10}N_iu_i,\quad v=\sum_{i=1}^{10}N_iv_i\quad w=\sum_{i=1}^{10}N_iw_i$$

其中：u_i、v_i、w_i 为结点 i 的位移分量，N_i 为用体积坐标表示的二次形函数：

角　点：　$N_1=(2L_1-1)L_1$　(1, 2, 3, 4)

边中点：　$N_5=4L_1L_2$　(5, 6, 7, 8, 9, 10) (1, 2, 3, 4)　　(4-51)

由(4-43) 式以及(4-46)、(4-47)、(4-48) 式不难求出单元刚度矩阵及结点载荷的算式.

2. 20 结点四面体单元

在直角坐标系中，完全的三次多项式共有 20 项，四面体单元的位移模式如取完全的三次多项式，也有 20 项，因此需要 20 个结点.今取为四个角点，六条棱边的三分点及四个表面的形心，如图 4-11 所示.由于位移模式是三次多项式，单元应变和应力将是坐标的二次函数.

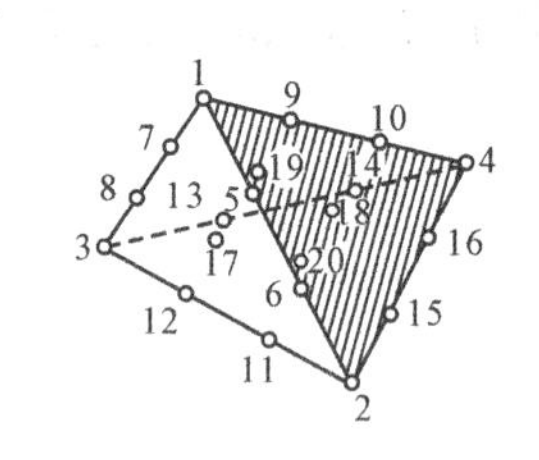

图 4-11　20 结点四面体单元

用体积坐标表示的形函数为

角点：　$N_1=\frac{1}{2}(3L_1-1)(3L_1-2)L_1$　(1, 2, 3, 4)

边三分点：　$N_5=\frac{9}{2}L_1L_2(3L_1-1)$　(5, 6, …, 16)　　(4-52)

表面形心：　$N_{18}=27L_1L_2L_3$　(17, 18, 19, 20)

§ 4-5　六面体单元

如在平面问题中采用矩形单元一样，在空间问题中也可以采用六面体单元.

1. 24 自由度的六面体单元

图 4-12(a) 表示了以八个角点为结点的六面体单元，每个结点有 u、v、w 三个自由度，一个单元共有 24 个自由度.位移函数用多项式表示，可包含下列各项：

$1, x, y, z, xy, xz, yz, xyz$

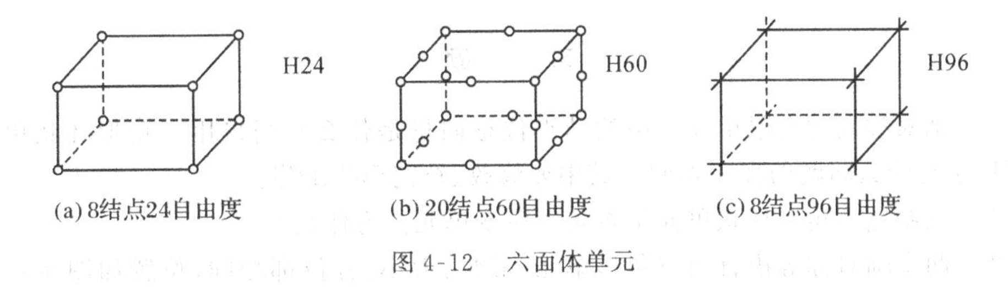

图 4-12　六面体单元

2. 60 自由度的六面体单元

除了角点之外，如再在棱边的中点引入结点，就得到图 4-12(b) 所示的 20 结点六面体单元，在每个结点以三个位移分量作为结点自由度，一个单元共有 60 个自由度，位移模式采用多项式，包括下列各项：

$1, x, y, z, x^2, xy, xz, y^2, yz, z^2, x^2y, x^2z,$

$xy^2, xyz, xz^2, y^2z, yz^2, x^2yz, xy^2z, xyz^2$

3. 96 自由度的六面体单元

仍以八个角点为结点，每个结点取 12 个自由度，就得到图 4-12(c) 所示 8 结点 96 自由度六面体单元，位移函数应包括下列各项：

$1, x, y, z, x^2, xy, xz, y^2, yz, z^2, x^3, x^2y, x^2z, xy^2,$

$xyz, xz^2, y^3, y^2z, yz^2, z^3, x^2yz, xy^2z, xyz^2, x^3y, x^3z, xy^3,$

$y^3z, xz^3, yz^3, x^3yz, xy^3z, xyz^3$

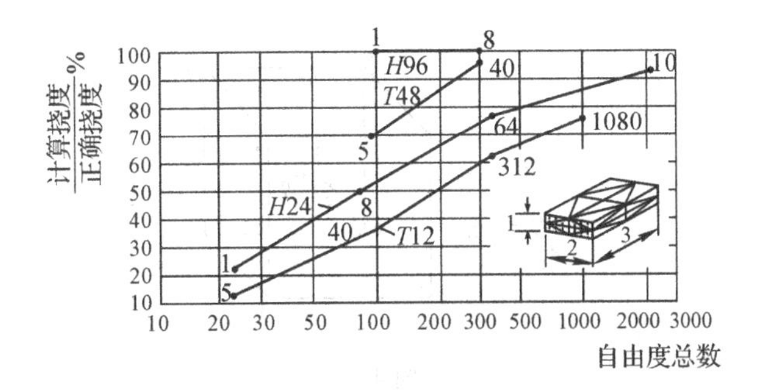

图 4-13　空间单元计算悬臂梁结果比较

在图 4-13 中表示了用几种不同空间单元计算一个悬臂梁弯曲问题的结果.所用的单元是 $T12$(四面体 12 自由度)、$T48$(四面体 48 自由度)、$H24$(六面体 24 自由度) 及 $H96$(六面体96自由度).该图以结构总自由度数为横坐标,以计算挠度与正确挠度的比值为纵坐标,在每个点旁边注明了所用的单元数目.由此图可见,高次单元的精度优于简单单元,而且六面体单元的精度优于四面体单元.但必须注意,在结构自由度总数相同的条件下,高次单元刚度矩阵的计算要花费较多的时间.另外,六面体单元由于体形过于规则,在应用上受到较多限制.任意六面体单元不受这种限制,在等参数单元一章中介绍.

习　　题

4-1　轴对称问题有限单元法中的结点位移向量是什么?当采用三角形环状单元时,其分析程序与什么问题的程序相同?其中要修改、补充哪些矩阵?

4-2　三结点三角形环状单元是否是常应变单元?为什么?

4-3　两个轴对称等边直角三角形单元,形状、大小、方位都相同,位置如图所示,弹性模量 E,泊松比 $\mu=0.15$,试分别计算它们的单元刚度矩阵.

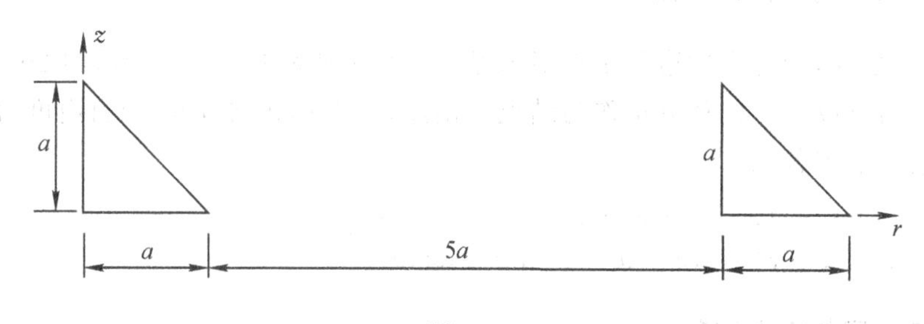

题 4-3

4-4　试验证四面体单元中二次多项式插值的形函数为

$N_1=(2L_1-1)L_1$　(1, 2, 3, 4)

$N_5=4L_1L_2$　(5, 6, 7, 8, 9, 10)

(1, 2, 3, 4)

4-5　图示八结点空间单元,各棱边长2个单位,在 $\zeta=1$ 的表面沿铅直方向作用均布载荷 q,求等效结点载荷.

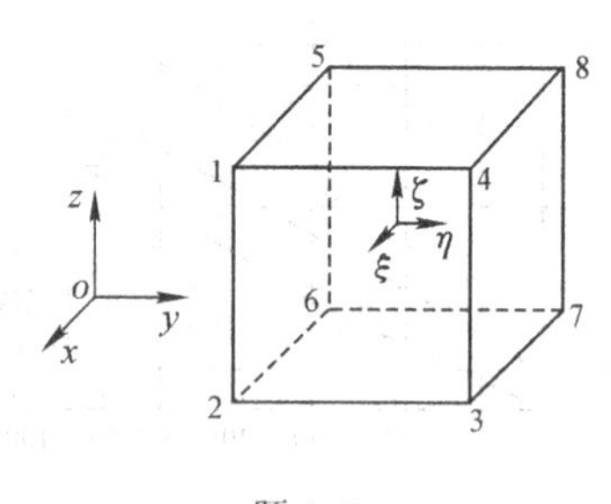

题 4-5

第五章　等参数单元和数值积分

前面讨论了常用的一些单元形式，可以看到，单元插值函数的方次随单元结点数目增加而增加，其代数精确度也随之提高. 用它们构造有限元模型时，用较少的单元就能获得较高精度的解答. 但前面给出的高精度单元的几何形状多很规则，对复杂边界的适应性差，不能期望用较少的形状规则的单元来离散复杂几何形状的结构. 那么，能否构造出本身形状任意、边界适应性强的高精度单元呢？构造这样的单元存在两个方面的困难：一是难以构造出满足连续性条件的单元插值函数；二是单元分析中出现的积分难以确定积分限. 于是希望另辟蹊径，利用形状规则的高次单元通过某种演化来实现这一目标.

数学上，可以通过解析函数给出的变换关系，将一个坐标系下形状复杂的几何边界映射到另一个坐标系下，生成形状简单的几何边界，反过来也一样. 那么，将满足收敛条件的形状规则的高精度单元作为基本单元，定义于局部坐标系（取自然坐标系），通过坐标变换映射到总体坐标系（取笛卡儿坐标系）中生成几何边界任意的单元，作为实际单元. 只要变换使实际单元与基本单元之间的点一一对应，即满足坐标变换的相容性，实际单元同样满足收敛条件. 这样构造的单元具有双重特性：作为实际单元，其几何特性、受力情况、力学性能都来自真实结构，充分反映了它的属性；作为基本单元，其形状规则，便于计算与分析.

有限单元法中最普遍采用的变换方法是等参数变换，即坐标变换和单元内的场函数采用相同数目的结点参数及相同的插值函数，这种变换方式能满足坐标变换的相容性. 采用等参数变换的单元称之为等参数单元. 借助于等参数单元可以对于一般的任意几何形状的工程问题和物理问题方便地进行有限元离散. 因此，等参数单元的提出为有限单元法成为现代工程实际领域最有效的数值分析方法迈出了极为重要的一步.

由于等参数变换的采用使等参数单元的各种特性矩阵计算在规则域内进行，因此不管各积分形式的矩阵中的被积函数如何复杂，都可以方便地采用标准化的数值积分方法计算，从而使各类不同工程实际问题的有限元分析纳入了统一的通用化程序的轨道，现在的有限元分析大多采用等参数单元.

§5-1　等参数变换的概念和单元矩阵的变换

1.等参数变换

为将局部坐标中几何形状规则的单元转换成总体坐标中几何形状复杂的单元，使用坐标变换

$$\begin{Bmatrix} x \\ y \\ z \end{Bmatrix} = f\left(\begin{Bmatrix} \xi \\ \eta \\ \zeta \end{Bmatrix}\right)$$

图 5-1 和图 5-2 表示这种变换的某些例子.

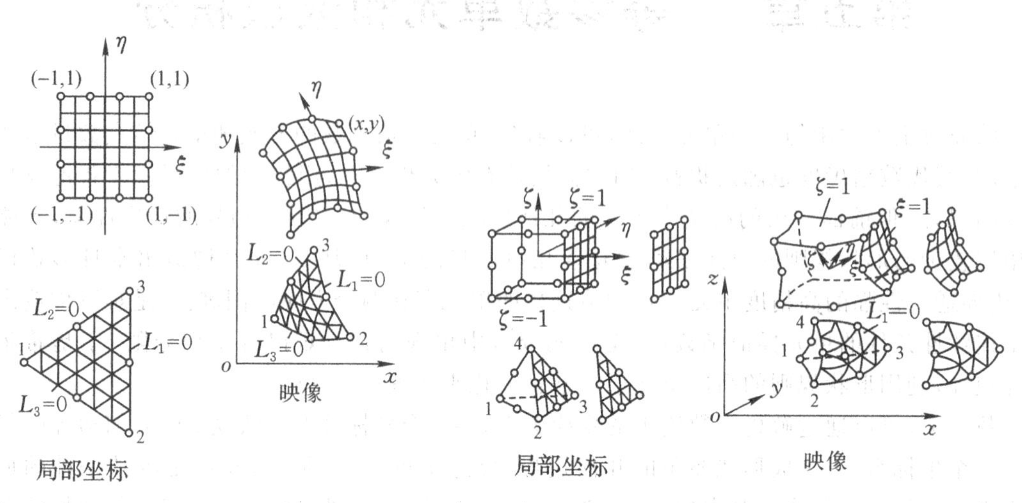

图 5-1　某些二维单元的变换　　　　图 5-2　某些三维单元的变换

为建立前面所述的变换,最方便的方法是将坐标变换式也表示成插值函数的形式

$$x=\sum_{i=1}^{n}N_i(\xi,\eta,\zeta)x_i,\ y=\sum_{i=1}^{n}N_i(\xi,\eta,\zeta)y_i,\ z=\sum_{i=1}^{n}N_i(\xi,\eta,\zeta)z_i \tag{5-1}$$

其中：n 是用以进行坐标变换的单元结点数,x_i,y_i,z_i 是这些结点在总体坐标内的坐标值,N_i 也称为形状函数,实际上是用局部坐标表示的插值基函数.

通过上式建立起两个坐标系之间的变换,从而将局部坐标内的形状规则的单元(基本单元)变换为笛卡儿坐标内的形状扭曲的单元(实际单元).

我们还可以看到坐标变换关系式(5-1)和函数的插值表示式

$$u=\sum_{i=1}^{n}N_i(\xi,\eta,\zeta)u_i,\ v=\sum_{i=1}^{n}N_i(\xi,\eta,\zeta)v_i,\ w=\sum_{i=1}^{n}N_i(\xi,\eta,\zeta)w_i \tag{5-2}$$

在形式上是相同的. 由于坐标变换和函数插值采用相同的结点,并且采用相同的插值函数,故称这种变换为等参数变换.

2.单元矩阵的变换

有限元分析中,为建立求解方程,需要进行各个单元体积内和面积上的积分,去描述在 x、y、z 坐标系下出现的物理量,它们的一般形式可表示为

$$\iiint_{V_e} G(x,y,z)\mathrm{d}x\,\mathrm{d}y\,\mathrm{d}z \tag{5-3}$$

$$\iint_{S_e} g(x,y,z)\mathrm{d}S \tag{5-4}$$

但实际单元是由局部坐标下的基本单元映射生成,位移模式(5-2)式是局部坐标的函

数，单元列式的推导是在局部坐标 ξ、η、ζ 下进行的. 由于从坐标变换式(5-1) 不能获得 $\xi=\xi(x,y,z)$、$\eta=\eta(x,y,z)$、$\zeta=\zeta(x,y,z)$ 的显式，$G(x,y,z)$ 与 $g(x,y,z)$ 作为 x、y、z 的函数也就只能是某种隐含的关系，不存在显式表达，所以只能在局部坐标 ξ、η、ζ 下完成前面的积分. 为此需要建立两个坐标系内体积微元、面积微元之间的变换关系. 而被积函数 G 和 g 中还常包含着场函数对于总体坐标 x、y、z 的导数，因此还要建立两个坐标系内导数之间的变换关系.

(1) 导数之间的变换

按照通常的偏微分规则，函数 N_i 对 ξ 的偏导数可表示成

$$\frac{\partial N_i}{\partial \xi}=\frac{\partial N_i}{\partial x}\frac{\partial x}{\partial \xi}+\frac{\partial N_i}{\partial y}\frac{\partial y}{\partial \xi}+\frac{\partial N_i}{\partial z}\frac{\partial z}{\partial \xi}$$

对于其他两个坐标 η、ξ，可写出类似的表达式. 将它们集合成矩阵形式，则有

$$\begin{Bmatrix}\dfrac{\partial N_i}{\partial \xi}\\ \dfrac{\partial N_i}{\partial \eta}\\ \dfrac{\partial N_i}{\partial \zeta}\end{Bmatrix}=\begin{bmatrix}\dfrac{\partial x}{\partial \xi} & \dfrac{\partial y}{\partial \xi} & \dfrac{\partial z}{\partial \xi}\\ \dfrac{\partial x}{\partial \eta} & \dfrac{\partial y}{\partial \eta} & \dfrac{\partial z}{\partial \eta}\\ \dfrac{\partial x}{\partial \zeta} & \dfrac{\partial y}{\partial \zeta} & \dfrac{\partial z}{\partial \zeta}\end{bmatrix}\begin{Bmatrix}\dfrac{\partial N_i}{\partial x}\\ \dfrac{\partial N_i}{\partial y}\\ \dfrac{\partial N_i}{\partial z}\end{Bmatrix}=[J]\begin{Bmatrix}\dfrac{\partial N_i}{\partial x}\\ \dfrac{\partial N_i}{\partial y}\\ \dfrac{\partial N_i}{\partial z}\end{Bmatrix} \tag{5-5}$$

上式中$[J]$称为 Jacobi 矩阵，可记作 $\partial(x,y,z)/\partial(\xi,\eta,\zeta)$，利用(5-1) 式，$[J]$可以显式地表示为局部坐标的函数

$$[J]\equiv\frac{\partial(x,y,z)}{\partial(\xi,\eta,\zeta)}=\begin{bmatrix}\sum\limits_{i=1}^{m}\dfrac{\partial N_i}{\partial \xi}x_i & \sum\limits_{i=1}^{m}\dfrac{\partial N_i}{\partial \xi}y_i & \sum\limits_{i=1}^{m}\dfrac{\partial N_i}{\partial \xi}z_i\\ \sum\limits_{i=1}^{m}\dfrac{\partial N_i}{\partial \eta}x_i & \sum\limits_{i=1}^{m}\dfrac{\partial N_i}{\partial \eta}y_i & \sum\limits_{i=1}^{m}\dfrac{\partial N_i}{\partial \eta}z_i\\ \sum\limits_{i=1}^{m}\dfrac{\partial N_i}{\partial \zeta}x_i & \sum\limits_{i=1}^{m}\dfrac{\partial N_i}{\partial \zeta}y_i & \sum\limits_{i=1}^{m}\dfrac{\partial N_i}{\partial \zeta}z_i\end{bmatrix}$$

$$=\begin{bmatrix}\dfrac{\partial N_1}{\partial \xi} & \dfrac{\partial N_2}{\partial \xi} & \cdots & \dfrac{\partial N_m}{\partial \xi}\\ \dfrac{\partial N_1}{\partial \eta} & \dfrac{\partial N_2}{\partial \eta} & \cdots & \dfrac{\partial N_m}{\partial \eta}\\ \dfrac{\partial N_1}{\partial \zeta} & \dfrac{\partial N_2}{\partial \zeta} & \cdots & \dfrac{\partial N_m}{\partial \zeta}\end{bmatrix}\begin{bmatrix}x_1 & y_1 & z_1\\ x_2 & y_2 & z_2\\ \vdots & \vdots & \vdots\\ x_m & y_m & z_m\end{bmatrix} \tag{5-6}$$

这样一来，N_i 对于 x，y，z 的偏导数可用局部坐标显式地表示为

$$\begin{Bmatrix}\dfrac{\partial N_i}{\partial x}\\ \dfrac{\partial N_i}{\partial y}\\ \dfrac{\partial N_i}{\partial z}\end{Bmatrix}=[J]^{-1}\begin{Bmatrix}\dfrac{\partial N_i}{\partial \xi}\\ \dfrac{\partial N_i}{\partial \eta}\\ \dfrac{\partial N_i}{\partial \zeta}\end{Bmatrix} \tag{5-7}$$

其中$[J]^{-1}$ 是$[J]$ 的逆矩阵，它可按下式计算得到

$$[J]^{-1}=\frac{1}{|J|}[J^{*}] \tag{5-8}$$

$|J|$ 是 $[J]$ 的行列式，称为Jacobi行列式，$[J^{*}]$ 是 $[J]$ 的伴随矩阵，它的元素 J_{ij}^{*} 是 $[J]$ 的元素 J_{ji} 的代数余子式.

(2) 体积微元、面积微元的变换

从图5-2可以看到 $\mathrm{d}\boldsymbol{\xi}$、$\mathrm{d}\boldsymbol{\eta}$、$\mathrm{d}\boldsymbol{\zeta}$ 在笛卡儿坐标系内所形成的体积微元是

$$\mathrm{d}V=\mathrm{d}\boldsymbol{\xi}\cdot(\mathrm{d}\boldsymbol{\eta}\times\mathrm{d}\boldsymbol{\zeta}) \tag{5-9}$$

而

$$\begin{cases}\mathrm{d}\boldsymbol{\xi}=\dfrac{\partial x}{\partial\xi}\mathrm{d}\xi\boldsymbol{i}+\dfrac{\partial y}{\partial\xi}\mathrm{d}\xi\boldsymbol{j}+\dfrac{\partial z}{\partial\xi}\mathrm{d}\xi\boldsymbol{k}\\ \mathrm{d}\boldsymbol{\eta}=\dfrac{\partial x}{\partial\eta}\mathrm{d}\eta\boldsymbol{i}+\dfrac{\partial y}{\partial\eta}\mathrm{d}\eta\boldsymbol{j}+\dfrac{\partial z}{\partial\eta}\mathrm{d}\eta\boldsymbol{k}\\ \mathrm{d}\boldsymbol{\zeta}=\dfrac{\partial x}{\partial\zeta}\mathrm{d}\zeta\boldsymbol{i}+\dfrac{\partial y}{\partial\zeta}\mathrm{d}\zeta\boldsymbol{j}+\dfrac{\partial z}{\partial\zeta}\mathrm{d}\zeta\boldsymbol{k}\end{cases} \tag{5-10}$$

其中 $\boldsymbol{i}$、$\boldsymbol{j}$ 和 $\boldsymbol{k}$ 是笛卡儿坐标 x、y 和 z 方向的单位向量. 将(5-10)式代入(5-9)式，得到

$$\mathrm{d}V=\begin{vmatrix}\dfrac{\partial x}{\partial\xi}&\dfrac{\partial y}{\partial\xi}&\dfrac{\partial z}{\partial\xi}\\ \dfrac{\partial x}{\partial\eta}&\dfrac{\partial y}{\partial\eta}&\dfrac{\partial z}{\partial\eta}\\ \dfrac{\partial x}{\partial\zeta}&\dfrac{\partial y}{\partial\zeta}&\dfrac{\partial z}{\partial\zeta}\end{vmatrix}\mathrm{d}\xi\mathrm{d}\eta\mathrm{d}\zeta=|J|\mathrm{d}\xi\mathrm{d}\eta\mathrm{d}\zeta \tag{5-11}$$

关于面积微元，例如在 $\xi=c$（常数）的面上

$$\begin{aligned}\mathrm{d}A&=|\mathrm{d}\boldsymbol{\eta}\times\mathrm{d}\boldsymbol{\zeta}|_{\xi=c}\\ &=\left[\left(\frac{\partial y}{\partial\eta}\frac{\partial z}{\partial\zeta}-\frac{\partial y}{\partial\zeta}\frac{\partial z}{\partial\eta}\right)^{2}+\left(\frac{\partial z}{\partial\eta}\frac{\partial x}{\partial\zeta}-\frac{\partial z}{\partial\zeta}\frac{\partial x}{\partial\eta}\right)^{2}+\left(\frac{\partial x}{\partial\eta}\frac{\partial y}{\partial\zeta}-\frac{\partial x}{\partial\zeta}\frac{\partial y}{\partial\eta}\right)^{2}\right]^{\frac{1}{2}}\mathrm{d}\eta\mathrm{d}\zeta\\ &=A\,\mathrm{d}\eta\mathrm{d}\zeta\end{aligned} \tag{5-12}$$

在有了以上几种坐标变换时的关系式以后，积分(5-3)式和(5-4)式最终可以在局部坐标的规则化域内进行，它们可分别表示成

$$\int_{-1}^{1}\int_{-1}^{1}\int_{-1}^{1}G^{*}(\xi,\eta,\zeta)\mathrm{d}\xi\mathrm{d}\eta\mathrm{d}\zeta \tag{5-13}$$

和

$$\int_{-1}^{1}\int_{-1}^{1}g^{*}(c,\eta,\zeta)\mathrm{d}\eta\mathrm{d}\zeta\quad 等$$
$$(\xi=\pm 1\ 的面上,c=\pm 1) \tag{5-14}$$

其中：
$$G^{*}(\xi,\eta,\zeta)=G(x(\xi,\eta,\zeta),y(\xi,\eta,\zeta),z(\xi,\eta,\zeta))|J|$$
$$g^{*}(c,\eta,\zeta)=g(x(c,\eta,\zeta),y(c,\eta,\zeta),z(c,\eta,\zeta))A$$

对于二维情况，以上各式将相应蜕化，这时Jacobi矩阵是

$$[J]=\frac{\partial(x,y)}{\partial(\xi,\eta)}=\begin{bmatrix}\sum\limits_{i=1}^{m}\dfrac{\partial N_i}{\partial\xi}x_i&\sum\limits_{i=1}^{m}\dfrac{\partial N_i}{\partial\xi}y_i\\ \sum\limits_{i=1}^{m}\dfrac{\partial N_i}{\partial\eta}x_i&\sum\limits_{i=1}^{m}\dfrac{\partial N_i}{\partial\eta}y_i\end{bmatrix}$$

$$=\begin{bmatrix}\frac{\partial N_1}{\partial\xi} & \frac{\partial N_1}{\partial\xi} & \cdots & \frac{\partial N_m}{\partial\xi}\\ \frac{\partial N_1}{\partial\eta} & \frac{\partial N_1}{\partial\eta} & \cdots & \frac{\partial N_m}{\partial\eta}\end{bmatrix}\begin{bmatrix}x_1 & y_1\\ x_2 & y_2\\ \vdots & \vdots\\ x_m & y_m\end{bmatrix} \tag{5-15}$$

两个坐标之间的偏导数关系为

$$\begin{Bmatrix}\frac{\partial N_i}{\partial x}\\ \frac{\partial N_i}{\partial y}\end{Bmatrix}=[J]^{-1}\begin{Bmatrix}\frac{\partial N_i}{\partial\xi}\\ \frac{\partial N_i}{\partial\eta}\end{Bmatrix} \tag{5-16}$$

$\mathrm{d}\boldsymbol{\xi}$ 和 $\mathrm{d}\boldsymbol{\eta}$ 在笛卡儿坐标内形成的面积微元是

$$\mathrm{d}A=|J|\,\mathrm{d}\xi\mathrm{d}\eta \tag{5-17}$$

$\xi=c$ 的曲线上,$\mathrm{d}\eta$ 在笛卡儿坐标内的线段微元的长度是

$$\mathrm{d}s=\left[\left(\frac{\partial x}{\partial\eta}\right)^2+\left(\frac{\partial y}{\partial\eta}\right)^2\right]^{\frac{1}{2}}\mathrm{d}\eta=s\,\mathrm{d}\eta \tag{5-18}$$

(3) 面积(或体积) 坐标与笛卡儿坐标之间的变换

以上关于$[J]$,$\mathrm{d}V$,$\mathrm{d}A$,$\mathrm{d}s$ 等的公式原则上对于任何坐标和笛卡儿坐标之间的变换都是适用的,但是当局部坐标是面积或体积坐标时要注意两点:

(i) 面积或体积坐标都不是完全独立的,分别存在关系式:$L_1+L_2+L_3=1$,

$L_1+L_2+L_3+L_4=1$. 因此可以重新定义新的局部坐标,例如对于三维情况,可令

$$\xi=L_1,\ \eta=L_2,\ \zeta=L_3 \tag{5-19}$$

且有
$$1-\xi-\eta-\zeta=L_4$$

这样一来,(5-5) ~ (5-12) 式形式上都保持不变,N_i 也保持它的原来形式,只是它对ξ,η,ζ的导数应作如下替换:

$$\begin{aligned}&\frac{\partial N_i}{\partial\xi}=\frac{\partial N_i}{\partial L_1}\frac{\partial L_1}{\partial\xi}+\frac{\partial N_i}{\partial L_2}\frac{\partial L_2}{\partial\xi}+\frac{\partial N_i}{\partial L_3}\frac{\partial L_3}{\partial\xi}+\frac{\partial N_i}{\partial L_4}\frac{\partial L_4}{\partial\xi}=\frac{\partial N_i}{\partial L_1}-\frac{\partial N_i}{\partial L_4}\\ &\frac{\partial N_i}{\partial\eta}=\frac{\partial N_i}{\partial L_2}-\frac{\partial N_i}{\partial L_4}\\ &\frac{\partial N_i}{\partial\zeta}=\frac{\partial N_i}{\partial L_3}-\frac{\partial N_i}{\partial L_4}\end{aligned} \tag{5-20}$$

对于二维情况,则因为可令

$$\xi=L_1,\ \eta=L_2,\ 1-\zeta-\eta=L_3 \tag{5-21}$$

所以
$$\frac{\partial N_i}{\partial\xi}=\frac{\partial N_i}{\partial L_1}-\frac{\partial N_i}{\partial L_3}\qquad\frac{\partial N_i}{\partial\eta}=\frac{\partial N_i}{\partial L_2}-\frac{\partial N_i}{\partial L_3} \tag{5-22}$$

(ii)(5-13)、(5-14) 等式的积分限应根据体积坐标和面积坐标特点,作必要的改变,这样一来,上述各式将成为

$$\int_0^1\int_0^{1-L_2}\int_0^{1-L_2-L_3}G^*(L_1,L_2,L_3)\mathrm{d}L_1\mathrm{d}L_2\mathrm{d}L_3 \tag{5-23}$$

和
$$\int_0^1\int_0^{1-L_3}g^*(0,L_2,L_3)\mathrm{d}L_2\mathrm{d}L_3\ \text{等}. \tag{5-24}$$

(5-24) 式用于 $L_1=0$ 的表面,类似也可以得到用于 $L_2=0$,$L_3=0$ 和 $L_4=0$ 表面的表

达式. 应注意的是,由于 L_4 可以不以显式出现,对于 $L_4=0$ 面上的积分,可以表示成

$$\int_0^1\int_0^{1-L_3} g^*((1-L_2-L_3),L_2,L_3)\mathrm{d}L_2\mathrm{d}L_3 \tag{5-25}$$

由前述过程可知,利用关系式(5-6)、(5-8) 可以将一切计算都转化到局部坐标系(ξ, η, ζ) 下进行. 显然,由此得到的被积函数往往具有复杂的构造,必须应用数值积分手段,通常采用高斯积分.

*§5-2 等参数变换的条件和等参数单元的收敛性

1.等参数变换的条件

从微积分学知识已知,两个坐标之间一对一变换的条件是Jacobi行列式 $|J|$ 不得为0,等参数变换作为一种坐标变换也必须服从此条件. 这点从上小节各个关系式中的意义也清楚看出. 首先从(5-11) 式和(5-17) 式可见,如 $|J|=0$,则表明笛卡儿坐标中体积微元(或面积微元) 为0,即在局部坐标中的体积微元 $\mathrm{d}\xi\mathrm{d}\eta\mathrm{d}\zeta$(或面积微元 $\mathrm{d}\xi\mathrm{d}\eta$) 对应笛卡儿坐标中的一个点,这种变换显然不是一一对应的. 另外因为 $|J|=0$,$[J]^{-1}$ 将不成立,所以两个坐标之间偏导数的变换(5-7) 式和(5-16) 式就不可能实现.

现在着重研究在实际的有限元分析中如何防止出现 $|J|=0$ 的情况. 为简单起见,先讨论二维情况,从(5-17) 式已知 $\mathrm{d}A=|J|\mathrm{d}\xi\mathrm{d}\eta$,另方面笛卡儿坐标中的面积微元可直接表示成

$$\mathrm{d}A=|\mathrm{d}\boldsymbol{\xi}\times\mathrm{d}\boldsymbol{\eta}|=|\mathrm{d}\boldsymbol{\xi}||\mathrm{d}\boldsymbol{\eta}|\sin(\mathrm{d}\boldsymbol{\xi},\mathrm{d}\boldsymbol{\eta}) \tag{5-26}$$

所以

$$|J|=\frac{|\mathrm{d}\boldsymbol{\xi}||\mathrm{d}\boldsymbol{\eta}|\sin(\mathrm{d}\boldsymbol{\xi},\mathrm{d}\boldsymbol{\eta})}{\mathrm{d}\xi\mathrm{d}\eta} \tag{5-27}$$

从上式可见,只要以下三种情况之一成立,即

$$|\mathrm{d}\boldsymbol{\xi}|=0\text{ ,或 }|\mathrm{d}\boldsymbol{\eta}|=0\text{ ,或 }\sin(\mathrm{d}\boldsymbol{\xi},\mathrm{d}\boldsymbol{\eta})=0 \tag{5-28}$$

就将出现 $|J|=0$ 的情况,因此在笛卡儿坐标内划分单元时,要注意防止以上所列举情况的发生. 图 5-3 (a) 所示单元是正常情况,而(b) ~ (d) 都属于应防止出现的不正常情况.

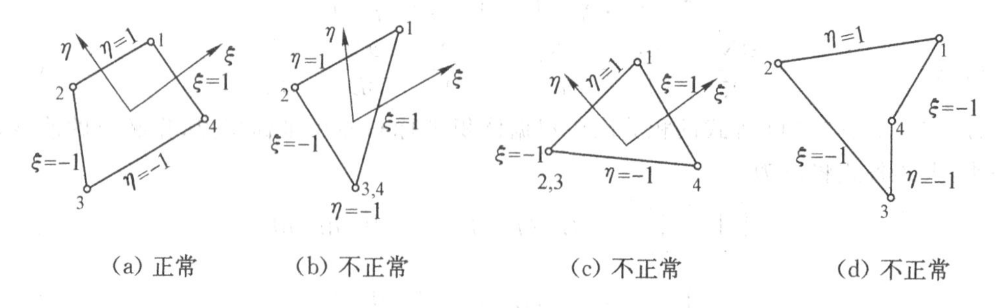

图 5-3 单元划分的正常与不正常情况

(b) 所示单元结点 3、4 退化为一个结点，在该点 $|d\eta|=0$，(c) 所示单元结点 2、3 退化为一个结点，在该点 $|d\xi|=0$，(d) 所示单元在结点 1、2、3，$\sin(d\xi,d\eta)>0$，而在结点 4，$\sin(d\xi,d\eta)<0$. 因为 $\sin(d\xi,d\eta)$ 在单元内连续变化，所以单元内肯定会存在 $\sin(d\xi,d\eta)=0$，即 $d\xi$ 和 $d\eta$ 共线的情况. 这是由于单元过分歪曲而发生的. 以上讨论可以推广到三维情况，即为保证变换的一一对应，应防止因任意的两个结点退化为一个结点而导致 $|d\xi|$，$|d\eta|$，$|d\zeta|$ 中的任一个为 0，还应防止因单元过分歪曲而导致 $d\xi$、$d\eta$、$d\zeta$ 中的任何两个发生共线的情况.

2.等参数单元的收敛性

研究单元集合体的连续性，需要考虑单元之间的公共边界. 为了保证位移连续，相邻单元在这些公共边界上应有完全相同的结点，同时每一单元沿这些边界的坐标和未知函数应采用相同的插值函数加以确定. 显然，只要适当划分网格和选择单元，等参数单元是完全能满足连续性条件的，图 5-4(a) 所示正是这种情况，而(b) 所示是不满足连续性条件的.

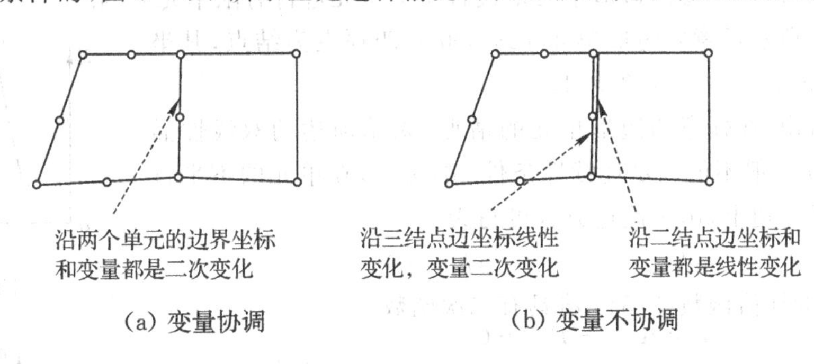

图 5-4　单元交界面上变量协调和不协调的情况

关于单元的完备性，对于前面介绍的 C_0 型单元，要求插值函数中包含完全的线性项(即一次完全多项式). 这样的单元可以表现函数及其一次导数为常数的情况. 显然，本章讨论的所有单元在局部坐标中是满足此要求的. 现在要研究经等参数变换后，在笛卡儿坐标中此要求是否仍然满足.

考查一个三维等参数单元，坐标和函数的插值表示是

$$x=\sum_{i=1}^{n}N_i x_i,\ y=\sum_{i=1}^{n}N_i y_i,\ z=\sum_{i=1}^{n}N_i z_i \tag{5-29}$$

$$u=\sum_{i=1}^{n}N_i(\xi,\eta,\zeta)u_i,\ v=\sum_{i=1}^{n}N_i(\xi,\eta,\zeta)v_i,\ w=\sum_{i=1}^{n}N_i(\xi,\eta,\zeta)w_i \tag{5-30}$$

现在给各个结点参数以和线性变化位移函数(以 u 位移为例)

$$u=a+bx+cy+dz \tag{5-31}$$

相对应的值

$$u_i=a+bx_i+cy_i+dz_i\quad(i=1,2,\cdots,n) \tag{5-32}$$

代入(5-30) 式并利用(5-29) 式，就得到单元内的函数表示式

$$u=a\sum_{i=1}^{n}N_i+bx+cy+dz \tag{5-33}$$

只要

$$\sum_{i=1}^{n}N_i=1 \tag{5-34}$$

则(5-33)式与(5-31)式完全一致,说明在单元内确实得到了原来给予各个结点的线性变化的位移函数,也就是单元能够表示线性变化的位移函数,亦即满足完备性要求.

在构造插值函数时,条件(5-34)是确实满足了的.由此还可进一步看到等参数单元的好处,在基本单元内只要满足条件(5-34),则实际单元可以满足更严格的完备性要求.

§5-3 平面问题等参数单元

1.四结点四边形等参数单元

(1) 位移模式

第三章介绍的矩形双线性单元虽然有较高的计算精度,但只能适用于规则区域,对于不规则的区域,必须用任意四边形单元来代替矩形单元进行有限单元分割.

如图 5-5 所示任意四边形单元 1234,取其四顶点为结点,其坐标分别记为$(x_i, y_i)(i=1,2,3,4)$.

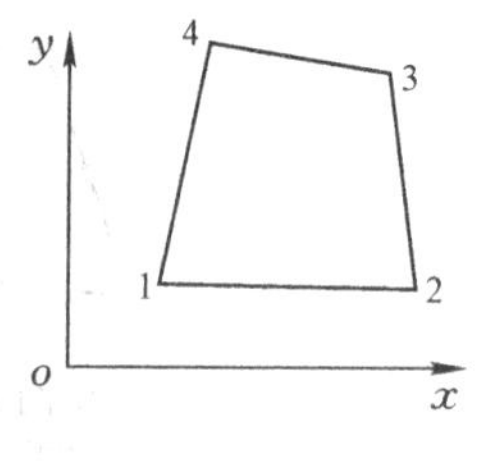

图 5-5

很容易看出,在任意四边形单元的情形,采用前述的双线性插值公式(3-51)一般不能满足连续性条件.事实上,在单元的不平行于坐标轴的任一边上,由于此边方程可写为

$$y = kx + b \qquad (k \neq 0)$$

的形式,其上的插值函数(3-51)将具有二次函数

$$u = Ax^2 + Bx + C$$

的形状,而不再是线性变化的.因此,这条边上的插值函数不能由该边两结点的函数值所唯一决定,从而在相邻二单元的公共边上将不能保证插值函数为连续,即连续性条件得不到满足.因此,我们不能直接在四结点任意四边形单元上采用双线性插值的方式来构造插值函数.由于双线性插值构造的位移插值函数对矩形单元是可行的,故将任意四边形单元转化为如图 5-6 在(ξ,η)平面上以原点为中心、边长为 2 的正方形区域,而(x, y)平面上的结点 1、2、3、4 分别对应于(ξ,η)平面上的结点 1、2、3、4.这里(x, y)为整体坐标,适用于所有单元,即适用于整个求解区域;而(ξ,η)为局部坐标,只适用于某一个单元.

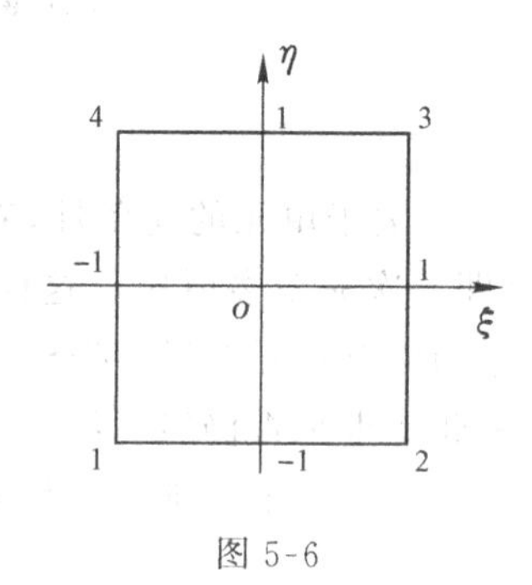

图 5-6

由于在局部坐标(ξ,η)下的单元是前面介绍过的矩形单元,于是由(3-52)式、(3-53)式给出局部坐标(ξ,η)下的插值函数为

$$\begin{cases} u = \sum_{i=1}^{4} N_i(\xi,\eta) u_i \\ v = \sum_{i=1}^{4} N_i(\xi,\eta) v_i \end{cases} \tag{5-35}$$

其中:形状函数

$$N_i(\xi,\eta)=\frac{(1+\xi_i\xi)(1+\eta_i\eta)}{4}\quad(i=1,2,3,4)\tag{5-36}$$

而(ξ_i,η_i)为结点 i 的局部坐标：

$$(\xi_1,\eta_1)=(-1,-1),\qquad(\xi_2,\eta_2)=(1,-1),$$
$$(\xi_3,\eta_3)=(1,1),\qquad(\xi_4,\eta_4)=(-1,1).$$

(5-35) 式也可改写为

$$\{u\}=[N]\{\delta\}^e$$

其中：
$$[N]=\begin{bmatrix}N_1 & 0 & N_2 & 0 & N_3 & 0 & N_4 & 0\\ 0 & N_1 & 0 & N_2 & 0 & N_3 & 0 & N_4\end{bmatrix}^{\mathrm{T}}\tag{5-37}$$

双线性位移模式在局部坐标下是完备的，而这里不难验证(5-34) 式成立，即

$$\sum_{i=1}^{n}N_i=1$$

由前节的分析可知，这种单元能表达线性变化的位移函数，故满足收敛的完备性条件.

由于(5-35) 式是 ξ,η 的双线性函数，在单元的每一边上它是 ξ(或 η) 的线性函数，其值由此边上二结点的变量值所完全决定，因此，在局部坐标系下插值函数满足连续性条件.

(5-35) 仅是插值函数 u 对局部坐标 ξ,η 的表达式，而实际计算(例如由位移求应变与应力) 所需要的是插值函数对整体坐标 x，y 的表达式，因此，必须给出整体坐标 x，y 与局部坐标 ξ,η 之间的坐标变换式，考虑等参数变换，应有

$$\begin{cases}x=\sum\limits_{i=1}^{4}N_i(\xi,\eta)x_i\\[2ex] y=\sum\limits_{i=1}^{4}N_i(\xi,\eta)y_i\end{cases}\tag{5-38}$$

变换是否成立，只需说明变换 (5-38) 将(ξ,η) 平面上平行于坐标轴的直线变为图 5-7 中整体坐标(x,y) 下的相应直线就可以了. 以(ξ,η) 平面上的直线 $\xi=1/2$ 为例. 由于 $N_i(\xi,\eta)$ 是双线性函数，直线 $\xi=1/2$ 通过(5-38) 式表达的变换，一定变为(x,y) 平面上的直线，此直线的端点分别为$(\xi,\eta)=(1/2,1)$ 与$(\xi,\eta)=(1/2,-1)$ 在变换(5-38) 下的对应点. 则只需再证明这两个端点就是图 5-7 中两对边 12 与 34 上的相应等分点. 同样由于 $N_i(\xi,\eta)$ 是双线性函数，在直线 $\eta=\pm1$ 通过变换(5-38) 所对应的直线上，整体坐标 x，y 都是 ξ 的线性函数，因此上面这两个对应点一定就是相应的等分点. 这就证明了(5-38) 的确就是上述坐标变换的解析表达式.

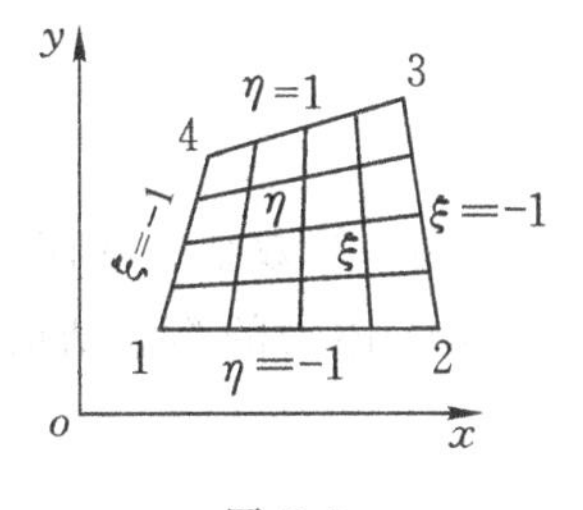

图 5-7

这种四结点的任意四边形单元称为四结点四边形等参数单元，简称为四结点等参数单元.

由插值函数(5-35) 在局部坐标下的连续性，可以推得坐标变换(5-38) 的连续性，即在两个相邻的任意四边形单元的公共边上坐标变换是连续的，两单元公共边上的公共点在变换下仍保持为公共点，不会出现重叠或破缺的现象. 由此，就可得出插值函数(5-35) 在整体坐标下也满足连续性条件的结论. 也就是说，插值函数(5-35) 在局部坐标下的连续性自

然保证了坐标变换(5-38)的合理性以及插值函数在整体坐标下的连续性.

(2) 单元特性矩阵

(ⅰ) 应变矩阵与应力矩阵

应变矩阵

$$[B]=[B_1 \quad B_2 \quad B_3 \quad B_4]$$

子块

$$[B_i]=\begin{bmatrix}\dfrac{\partial N_i}{\partial x} & 0 \\ 0 & \dfrac{\partial N_i}{\partial y} \\ \dfrac{\partial N_i}{\partial y} & \dfrac{\partial N_i}{\partial x}\end{bmatrix} \quad (i=1,2,3,4)$$

其中元素 $\partial N_i/\partial x$、$\partial N_i/\partial y$ 由(5-16)式确定,使应变矩阵表达成 ξ、η、ζ 的函数矩阵.

应力矩阵

$$[S]=[D][B]=[S_1 \quad S_2 \quad S_3 \quad S_4] \quad (i=1,2,3,4)$$

子块

$$[S_i]=[D][B_i]$$

(ⅱ) 单元刚度矩阵

$$[K]^e=\iint_{\Omega_e}[B]^{\mathrm{T}}[D][B]t\,\mathrm{d}x\,\mathrm{d}y$$
$$=\int_{-1}^{1}\int_{-1}^{1}[B]^{\mathrm{T}}[D][B]t\,|J|\,\mathrm{d}\xi\,\mathrm{d}\eta$$

式中 $|J|$ 为(5-15)式的行列式

$$|J|=\begin{vmatrix}\sum_{i=1}^{m}\dfrac{\partial N_i}{\partial \xi}x_i & \sum_{i=1}^{m}\dfrac{\partial N_i}{\partial \xi}y_i \\ \sum_{i=1}^{m}\dfrac{\partial N_i}{\partial \eta}x_i & \sum_{i=1}^{m}\dfrac{\partial N_i}{\partial \eta}y_i\end{vmatrix}$$

(ⅲ) 等效结点载荷

(a) 体力的等效结点载荷

$$\{R\}^e=\iint_{\Omega_e}[N]^{\mathrm{T}}\{p\}t\,\mathrm{d}x\,\mathrm{d}y$$
$$=\int_{-1}^{1}\int_{-1}^{1}[N]^{\mathrm{T}}\{p\}t\,|J|\,\mathrm{d}\xi\,\mathrm{d}\eta$$

其中:

$$\{p\}=\{X \quad Y\}^{\mathrm{T}}$$

(b) 面力的等效结点载荷

$$\{R\}^e=\int_{s_\sigma}[N]^{\mathrm{T}}\{\bar{p}\}t\,\mathrm{d}s$$

其中:

$$\{\bar{p}\}=\{\bar{X} \quad \bar{Y}\}^{\mathrm{T}}$$

设面力沿 $\xi=c$ 的边界作用,则

$$\{R\}^e=\int_{-1}^{1}[N]^{\mathrm{T}}\{\bar{p}\}ts\,\mathrm{d}\eta$$

其中 s 由(5-18)式给出

$$s=\left[\left(\frac{\partial x}{\partial \eta}\right)^2+\left(\frac{\partial y}{\partial \eta}\right)^2\right]^{\frac{1}{2}}$$

2.八结点曲边四边形等参数单元

如果认为四结点等参数单元的计算精度还不够理想，可以再增加结点，提高插值多项式的次数，进一步提高精度，通常多采用八结点四边形等参数单元.

首先在局部坐标(ξ,η)下考察边长为 2 的八结点正方形单元(图 5-8)，四个顶点与四边的中点为单元结点.

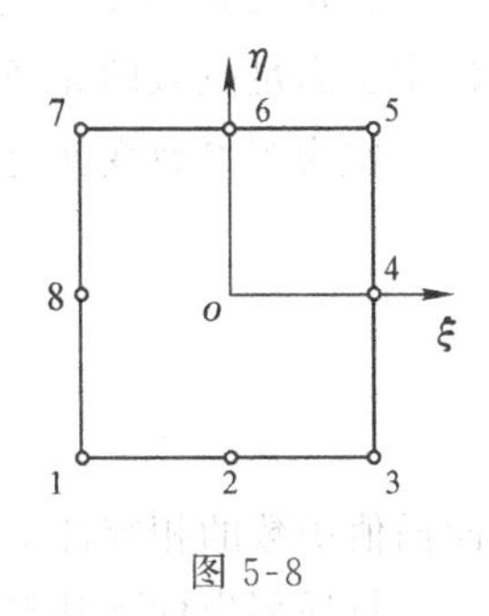

图 5-8

取位移模式为

$$\begin{cases}u=\alpha_1+\alpha_2\xi+\alpha_3\eta+\alpha_4\xi^2+\alpha_5\xi\eta+\alpha_6\eta^2+\alpha_7\xi^2\eta+\alpha_8\xi\eta^2\\ v=\alpha_9+\alpha_{10}\xi+\alpha_{11}\eta+\alpha_{12}\xi^2+\alpha_{13}\xi\eta+\alpha_{14}\eta^2+\alpha_{15}\xi^2\eta+\alpha_{16}\xi\eta^2\end{cases} \tag{5-39}$$

为不完全三次多项式. 当ξ固定时为η的二次函数，而当η固定时是ξ的二次函数，在每一边上，u、v是ξ(或η)的二次函数，称为双二次函数，可完全由这条边上的三个结点所唯一确定. 显然，局部坐标下位移模式满足连续性条件.

将位移模式写成插值函数形式

$$\begin{cases}u=\sum_{i=1}^{8}N_i(\xi,\eta)u_i\\ v=\sum_{i=1}^{8}N_i(\xi,\eta)v_i\end{cases} \tag{5-40}$$

其中，形函数$N_i(\xi,\eta)$可由下述两条件所唯一决定：

(1) 为形如位移模式(5-39)的双二次函数；

(2) $N_i(\xi,\eta)$在结点i的值为 1，而在其余结点$j(j\neq i)$的值为 0，即

$$N_i(\xi_i,\eta_i)=1,\quad N_i(\xi_j,\eta_j)=0 \qquad (j\neq i\quad j=1,2,\cdots,8)$$

下面分析形状函数.

以$N_1(\xi,\eta)$为例说明. 在结点 1 其值为 1，在结点 2 ～ 8 其值为 0. 直线 35、57 与 28 通过 2 ～ 8 这 7 个结点，它们的方程分别为

$$\xi-1=0,\quad \eta-1=0,\quad \xi+\eta+1=0$$

因式$(\xi-1)(\eta-1)(\xi+\eta+1)$为形如(5-39)的双二次函数，且在结点 2 ～ 8 的值为 0，再注意到$N_1(\xi,\eta)$在结点 1$(-1,-1)$的值应为 1 的要求，可知

$$N_1(\xi,\eta)=\frac{(\xi-1)(\eta-1)(\xi+\eta+1)}{[(\xi-1)(\eta-1)(\xi+\eta+1)]_{(-1,-1)}}=\frac{1}{4}(1-\xi)(1-\eta)(-\xi-\eta-1)$$

其余分析类似，最后整理得到形状函数的表达式

$$N_i(\xi,\eta)=\begin{cases}\frac{1}{4}(1+\xi_i\xi)(1+\eta_i\eta)(\xi_i\xi+\eta_i\eta-1) & (i=1,3,5,7)\\ \frac{1}{2}(1-\xi^2)(1+\eta_i\eta) & (i=2,6)\\ \frac{1}{2}(1-\eta^2)(1+\xi_i\xi) & (i=4,8)\end{cases} \tag{5-41}$$

位移模式(5-39)包含有完全的一次多项式,且不难验证(5-34)式成立,可知在整体坐标中也满足收敛的完备性条件.

作为等参数变换,坐标变换式取插值函数(5-40)同样的形式

$$\begin{cases}x=\sum_{i=1}^{8}N_i(\xi,\eta)x_i\\ y=\sum_{i=1}^{8}N_i(\xi,\eta)y_i\end{cases} \tag{5-42}$$

而插值函数的相容性就保证了坐标变换的相容性.

将局部坐标下基本单元的边界方程代入(5-42)就得到整体坐标中实际单元的边界方程. 比如 345 边在整体坐标下的参数式方程为

$$\begin{cases}x=a\eta^2+b\eta+c\\ y=d\eta^2+e\eta+d\end{cases}$$

消去参数 η 后就得到二次抛物线方程,实际单元为四条抛物线围成的曲边四边形,如图 5-9 所示.

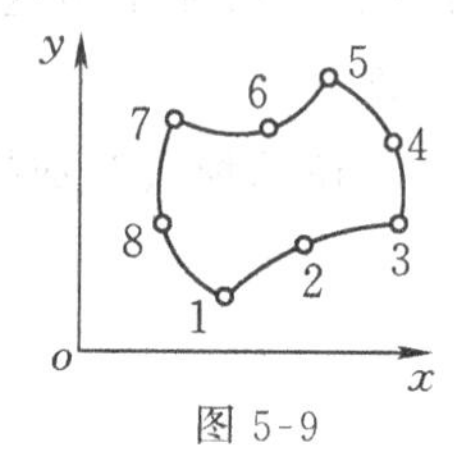

图 5-9

八结点等参数单元的引进,不仅可提高内部插值的精度,还可较好地处理曲线边界.

§5-4 空间问题等参数单元

§4-2 中介绍的空间问题四结点四面体线性单元,除去和三角形线性单元一样具有精度差、不能很好处理弯曲边界的缺点外,还有一个致命的缺点,就是使相应的空间有限单元分割变得十分困难. 如果用六面体来进行有限单元分割,就要方便得多,各个单元位置之间的相互关系也变得比较清楚. 对于不规则的区域,这种六面体不可能都取成正六面体,而必须建立任意六面体的单元,这可以通过相应的等参数单元得到实现.

1.八结点六面体等参数单元

先在局部坐标(ξ,η,ζ)下考察八结点的正六面体单元,此正六面体的边长为 2,中心在原点,取八个顶点为结点,如图 5-10 所示.

取位移模式为如下形式

$$\begin{cases}u=\alpha_1+\alpha_2\xi+\alpha_3\eta+\alpha_4\zeta+\alpha_5\xi\eta+\alpha_6\eta\zeta+\alpha_7\xi\zeta+\alpha_8\xi\eta\zeta\\ v=\alpha_9+\alpha_{10}\xi+\alpha_{11}\eta+\alpha_{12}\zeta+\alpha_{13}\xi\eta+\alpha_{14}\eta\zeta+\alpha_{15}\xi\zeta+\alpha_{16}\xi\eta\zeta\\ w=\alpha_{17}+\alpha_{18}\xi+\alpha_{19}\eta+\alpha_{20}\zeta+\alpha_{21}\xi\eta+\alpha_{22}\eta\zeta+\alpha_{23}\xi\zeta+\alpha_{24}\xi\eta\zeta\end{cases} \tag{5-43}$$

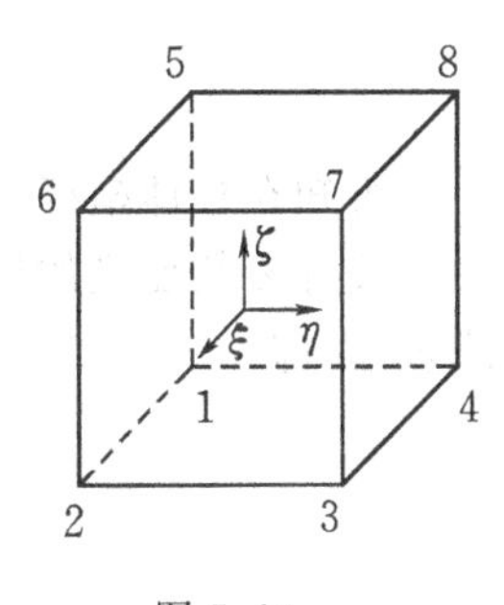

图 5-10

其中待定常数 $\alpha_1\sim\alpha_{24}$ 将由结点上的位移分量值唯一决定.

当一个自变量固定时,位移模式(5-43)是另外两个自变量的双线性函数.因此,在立方体单元的每一侧面上,位移模式完全由侧面上的四个结点的位移分量值所唯一决定.这样,在相邻单元的公共面上,只要在其四结点上有相同的函数值,插值函数就能满足连续性的要求,因此,在局部坐标下的连续性成立.

将位移模式(5-43)写成

$$\begin{cases}u=\sum_{i=1}^{8}N_i(\xi,\eta,\zeta)u_i\\ v=\sum_{i=1}^{8}N_i(\xi,\eta,\zeta)v_i\\ w=\sum_{i=1}^{8}N_i(\xi,\eta,\zeta)w_i\end{cases} \tag{5-44}$$

的形式,其中形状函数 $N_i(\xi,\eta,\zeta)(i=1,2,\cdots,8)$ 由下述两条件所唯一决定:

(1)$N_i(\xi,\eta,\zeta)$ 是形如(5-43)的多项式函数;

(2)$N_i(\xi,\eta,\zeta)$ 在结点 i 的值为 1,而在其余结点 $j(j\neq i)$ 的值为 0,即

$$N_i(\xi_i,\eta_i,\zeta_i)=1;\quad N_i(\xi_j,\eta_j,\zeta_j)=0\qquad (j\neq i\quad j=1,2,\cdots,8).$$

各结点的局部坐标为

$$\begin{cases}(\xi_1,\eta_1,\zeta_1)=(-1,-1,-1) & (\xi_5,\eta_5,\zeta_5)=(-1,-1,1)\\ (\xi_2,\eta_2,\zeta_2)=(1,-1,-1) & (\xi_6,\eta_6,\zeta_6)=(1,-1,1)\\ (\xi_3,\eta_3,\zeta_3)=(1,1,-1) & (\xi_7,\eta_7,\zeta_7)=(1,1,1)\\ (\xi_4,\eta_4,\zeta_4)=(-1,1,-1) & (\xi_8,\eta_8,\zeta_8)=(-1,1,1)\end{cases} \tag{5-45}$$

下面具体分析形状函数 $N_i(\xi,\eta,\zeta)\ (i=1,2,\cdots,8)$.

以 $N_1(\xi,\eta,\zeta)$ 为例来说明.它在结点 1 取值为 1,而在结点 2～8 取值为 0.注意到平面 2376、3487 与 5678 分别通过这些结点,其方程分别为

$$\xi-1=0,\quad \eta-1=0,\quad \zeta-1=0$$

容易求得

$$\begin{aligned}N_1(\xi,\eta,\zeta)&=\frac{(\xi-1)(\eta-1)(\zeta-1)}{[(\xi-1)(\eta-1)(\zeta-1)]_{(-1,-1,-1)}}\\ &=\frac{1}{8}(1-\xi)(1-\eta)(1-\zeta)\end{aligned}$$

类似地,可得 N_2 至 $N_8(\xi,\eta,\zeta)$ 的表达式.注意到(5-45)式,可知可将这些形状函数的表达式统一写成

$$N_i(\xi,\eta,\zeta)=\frac{1}{8}(1+\xi_i\xi)(1+\eta_i\eta)(1+\zeta_i\zeta)\quad (i=1,2,\cdots,8) \tag{5-46}$$

位移模式(5-43)包含有完全的一次多项式,且不难验证(5-34)式成立,即

$$\sum_{i=1}^{8} N_i = 1 \tag{5-47}$$

可知在整体坐标下满足收敛的完备性条件.

按等参数变换的思想,由局部坐标到整体坐标的坐标变换将用与(5-44)完全类似的公式表达,即

$$\begin{cases} x = \sum_{i=1}^{8} N_i(\xi,\eta,\zeta)x_i \\ y = \sum_{i=1}^{8} N_i(\xi,\eta,\zeta)y_i \\ z = \sum_{i=1}^{8} N_i(\xi,\eta,\zeta)z_i \end{cases} \tag{5-48}$$

由插值公式(5-44)的相容性,同样可以保证坐标变换(5-48)的相容性,同时可保证在整体坐标下插值函数的相容性.

利用坐标变换(5-48)式,就可以具体看到局部坐标下的立方体单元经过变换后在整体坐标下具有怎样的形状.

由形函数 N_i 的性质可知,局部坐标下的结点1至8在经过变换(5-48)后一定变为整体坐标下的对应结点.

至于棱边,以37边为例,它在局部坐标系下的方程为 $\xi=1, \eta=1$. 由(5-48)式可知 x、y、z 沿此棱边都是 ζ 的线性函数,因而它在整体坐标下表示一条直线. 这说明经过变换在局部坐标下的直棱边37对应于整体坐标下以结点3、7为端点的直线. 因此,在整体坐标系下的单元也具有直的棱边.

但是在局部坐标下的每一侧面经过变换后在整体坐标下不一定表示为平面. 这是因为按照上述类似的理由,在局部坐标下,对位于同一侧面上的二对边,其对应等分点的连线也必对应于整体坐标下相应二棱边上对应等分点的连线,如图5-11所示. 因此,局部坐标下的每一侧面经过变换在整体坐标下变为由两族直线所组成的直纹面,此直纹面可由四结点在整体坐标中的位置所完全决定. 只有在此四个结点共面时,此直纹面才退化为平面.

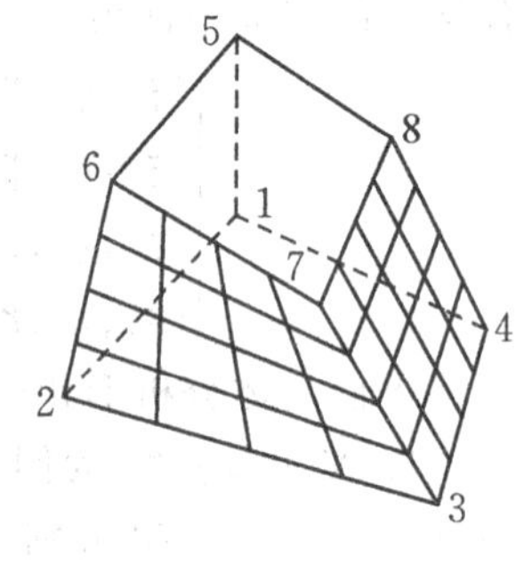

图 5-11

这样,我们看到在整体坐标下,八结点六面体等参数单元的形状完全由其八结点的位置或坐标所决定,其棱边是直线,其侧面是由两族直线所构成的直纹面(双曲抛物面). 当然,为使等参数的方法可行,单元的形状不能过分歪斜.

2.二十结点六面体等参数单元

前节所述的八结点六面体等参数单元,在计算空间问题时是经常采用的,但其计算精度有时还嫌不够,而且还不能很好地迫近物体的弯曲边界,因而在应用上还常采用20结点的曲六面体等参数单元,简称为20结点空间等参数单元.

仍首先在局部坐标下进行考察. 在局部坐标 (ξ,η,ζ) 下,考察一中心在原点、边长为2

的立方体单元，不仅其八个顶点取为结点，而且其 12 条棱边的中点都取为结点，共有 20 个结点，如图 5-12 所示.

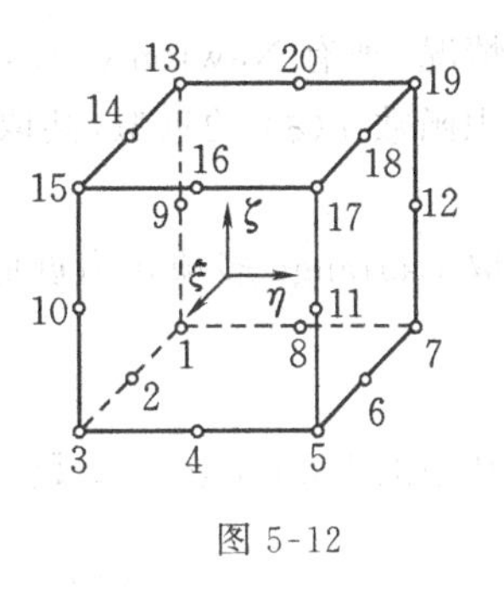

图 5-12

以 u 为例说明位移模式的形式

$$u=\alpha_1+\alpha_2\xi+\alpha_3\eta+\alpha_4\zeta+\alpha_5\xi^2+\alpha_6\eta^2+\alpha_7\zeta^2+\alpha_8\xi\eta+\alpha_9\eta\zeta$$
$$+\alpha_{10}\xi\zeta+\alpha_{11}\xi^2\eta+\alpha_{12}\xi^2\zeta+\alpha_{13}\eta^2\xi+\alpha_{14}\eta^2\zeta+\alpha_{15}\zeta^2\xi$$
$$+\alpha_{16}\zeta^2\eta+\alpha_{17}\xi\eta\zeta+\alpha_{18}\xi^2\eta\zeta+\alpha_{19}\eta^2\xi\zeta+\alpha_{20}\zeta^2\xi\eta \tag{5-49}$$

其中待定常数 α_1 至 α_{20} 将由结点函数值 $u_i(i=1,2,\cdots,20)$ 所唯一决定.

位移模式仍取(5-44)式所示形式为

$$\begin{cases} u=\sum_{i=1}^{20}N_i(\xi,\eta,\zeta)u_i \\ v=\sum_{i=1}^{20}N_i(\xi,\eta,\zeta)v_i \\ w=\sum_{i=1}^{20}N_i(\xi,\eta,\zeta)w_i \end{cases} \tag{5-50}$$

其中的形函数为

$$\begin{cases} N_i=\frac{1}{8}(1+\xi_0)(1+\eta_0)(1+\zeta_0)(\xi_0+\eta_0+\zeta_0-2) & (i=1,3,5,7,13,15,17,19) \\ N_i=\frac{1}{4}(1-\xi^2)(1+\eta_0)(1+\zeta_0) & (i=2,6,14,18) \\ N_i=\frac{1}{4}(1-\eta^2)(1+\zeta_0)(1+\xi_0) & (i=4,8,16,20) \\ N_i=\frac{1}{4}(1-\zeta^2)(1+\xi_0)(1+\eta_0) & (i=9,10,11,12) \end{cases} \tag{5-51}$$

其中：$\xi_0=\xi_i\xi$，　$\eta_0=\eta_i\eta$，　$\zeta_0=\zeta_i\zeta$.

§5-5　数 值 积 分

工程中经常遇到计算定积分 $\int_a^b f(x)\mathrm{d}x=F(b)-F(a)$ 的问题，只要找到被积函数 $f(x)$ 的原函数 $F(x)$，计算过程是顺理成章的. 但工程实际中提出的问题往往不像公式表述的这么简单. 原函数可能相当复杂而不方便使用公式，或者不能用初等函数的有限形式表达原函数，而有的工程问题甚至并没有赋予被积函数 $f(x)$ 具体的解析表达式，仅仅给出一些试验观测数据. 上述情况都必须使用数值积分方法.

1. Newton-Cotes 积分

常用的梯形与抛物线(Simpson) 积分公式就是 Newton-Cotes 型数值积分的两种简单

情况. 所有 Newton-Cotes 积分的积分点(基点)都是等间距布置. 设以多项式 $\Psi(\xi)$ 作为被积函数 $f(\xi)$ 的近似,共取 n 个积分基点,要求在积分点上满足

$$\Psi(\xi_i)=f(\xi_i) \quad (i=1,2,\cdots,n)$$

取 Lagrange 多项式为近似多项式 $\Psi(\xi)$,可满足这些条件,则

$$\Psi(\xi)=\sum_{i=1}^{n} l_i^{(n-1)}(\xi)f(\xi_i)$$

其中的 Lagrange 基函数

$$\begin{aligned}l_i^{(n-1)}(\xi)&=\prod_{j=1,j\neq i}^{n}\frac{(\xi-\xi_j)}{(\xi_i-\xi_j)}\\&=\frac{(\xi-\xi_1)(\xi-\xi_2)\cdots(\xi-\xi_{i-1})(\xi-\xi_{i+1})\cdots(\xi-\xi_n)}{(\xi_i-\xi_1)(\xi_i-\xi_2)\cdots(\xi_i-\xi_{i-1})(\xi_i-\xi_{i+1})\cdots(\xi_i-\xi_n)}\end{aligned}$$

显然

$$l_i^{(n-1)}(\xi_j)=\delta_{ij}=\begin{cases}1 & (i=j)\\0 & (i\neq j)\end{cases}$$

将原积分近似表达为函数 $\Psi(\xi)$ 的积分

$$\begin{aligned}\int_a^b\Psi(\xi)\mathrm{d}\xi&=\int_a^b\sum_{i=1}^{n}l_i^{(n-1)}(\xi)f(\xi_i)\mathrm{d}\xi\\&=\sum_{i=1}^{n}\left(\int_a^b l_i^{(n-1)}(\xi)\mathrm{d}\xi\right)f(\xi_i)\end{aligned}$$

记

$$H_i=\int_a^b l_i^{(n-1)}(\xi)\mathrm{d}\xi$$

称为 Cotes 系数

则

$$\int_a^b\Psi(\xi)\mathrm{d}\xi=\sum_{i=1}^{n}H_i f(\xi_i)$$

显然 Newton-Cotes 积分的代数精确度为 $n-1$ 阶

原积分的精确表述为

$$\int_a^b f(\xi)\mathrm{d}\xi=\sum_{i=1}^{n}H_i f(\xi_i)+R_{n-1}$$

除代数精确度不甚高外,Newton-Cotes 积分的收敛性有时也不一定得到保证,当基点过多(超过 8) 时,Cotes 系数可能出现负值,增大误差.

2. 高斯(Gauss) 积分

Newton-Cotes 积分总是在积分区间取等间距基点,如果采用不等间距基点,适当选择基点的位置,可使同样形式求积公式的代数精确度提高到 $2n-1$ 阶,这就是高斯积分.

首先构造一个多项式 $P(\xi)$

$$P(\xi)=\prod_{j=1}^{n}(\xi-\xi_j) \tag{5-52}$$

选择基点位置,使 $P(\xi)$ 在积分区间$[a,b]$上与不高于 $n-1$ 次的多项式序列 $\xi^i(i=0,1,2,\cdots,n-1)$ 正交, 即 $P(\xi)$ 的构造应使得积分

$$\int_a^b\xi^i P(\xi)\mathrm{d}\xi=0 \quad (i=0,1,2,\cdots,n-1) \tag{5-53}$$

然后再构造 $2n-1$ 次多项式 $\Psi(\xi)$

$$\Psi(\xi)=\sum_{i=1}^{n}l_i^{(n-1)}(\xi)f(\xi_i)+\sum_{i=0}^{n-1}\beta_i\xi^i P(\xi) \tag{5-54}$$

显然,用此多项式的积分$\int_a^b\Psi(\xi)\mathrm{d}\xi$代替原积分$\int_a^b f(\xi)\mathrm{d}\xi$的代数精确度为 $2n-1$ 阶.

以多项式 $P(\xi)$ 的零点 $\xi_j(j=1,2,\cdots,n-1)$ 作为基点,称为高斯基点,原积分写成

$$\begin{aligned}\int_a^b f(\xi)\mathrm{d}\xi &= \int_a^b \Psi(\xi)\mathrm{d}\xi + R_{2n-1}\\ &=\sum_{i=1}^{n}\left(\int_a^b l_i^{(n-1)}(\xi)\mathrm{d}\xi\right)f(\xi_i)+\sum_{i=0}^{n-1}\beta_i\int_a^b\xi^i P(\xi)\mathrm{d}\xi+R_{2n-1}\\ &=\sum_{i=1}^{n}\left(\int_a^b l_i^{(n-1)}(\xi)\mathrm{d}\xi\right)f(\xi_i)+R_{2n-1}\end{aligned}$$

仍记

$$H_i=\int_a^b l_i^{(n-1)}(\xi)\mathrm{d}\xi \tag{5-55}$$

则上式为

$$\int_a^b f(\xi)\mathrm{d}\xi=\sum_{i=1}^{n}H_i f(\xi_i)+R_{2n-1} \tag{5-56}$$

取数值积分

$$\int_a^b f(\xi)\mathrm{d}\xi=\sum_{i=1}^{n}H_i f(\xi_i) \tag{5-57}$$

称为高斯积分.

高斯积分虽然具有与 Newton-Cotes 积分完全相同的形式,但有着本质上的区别:采用的近似多项式是 $2n-1$ 次多项式;使用不等间距基点.

二维与三维的高斯积分分别为

$$\int_{-1}^{1}\int_{-1}^{1}f(\xi,\eta)\mathrm{d}\xi\mathrm{d}\eta=\sum_{j=1}^{n}\sum_{i=1}^{n}H_iH_jf(\xi_i,\eta_j)$$

与

$$\int_{-1}^{1}\int_{-1}^{1}\int_{-1}^{1}f(\xi,\eta,\zeta)\mathrm{d}\xi\mathrm{d}\eta\mathrm{d}\zeta=\sum_{m=1}^{n}\sum_{j=1}^{n}\sum_{i=1}^{n}H_iH_jH_mf(\xi_i,\eta_j,\zeta_m)$$

3. 关于高斯积分点的讨论

由前面的推导可知,取 n 个积分点时,对于 m 次多项式被积函数,如果 $m\leqslant 2n-1$,一维的高斯求积公式(5-57)是完全精确的. 反之,对于 m 次多项式被积函数,为了积分值完全精确,积分点的数目必须取为 $n\geqslant(m+1)/2$.

以二十结点六面体等参数单元常体力$\{p\}$的结点载荷计算为例

$$\{R\}^e=\int_{-1}^{1}\int_{-1}^{1}\int_{-1}^{1}[N]^{\mathrm{T}}\{p\}\mid J\mid \mathrm{d}\xi\mathrm{d}\eta\mathrm{d}\zeta \tag{5-58}$$

由(5-51)式可知,形函数 N_i 对每个局部坐标而言一般为二次式;由坐标变换式(5-29)可知,在整体坐标的表达式中,各局部坐标也可能以 2 次幂出现;而对于 Jacobi 行列式(5-6)来说,每个局部坐标又可能以 5 次幂出现. 显然,(5-58)积分式的被积函数中,局部坐标的最高幂次为 $m=2+5$. 要使一维积分值获得完全的精确度,积分点数目应该取为 $n\geqslant(m+1)/2=4$. 为此,进行(5-58)式的三维高斯积分应取积分点数目为 $4^3=64$.

当然,积分点的数目可以低于上述要求,譬如优化积分依据插值函数中完全多项式的最高阶数确定高斯积分点数目.

表 5-1 列出了高斯积分中部分积分点坐标与加权系数值.

表 5-1　高斯积分中的积分点坐标与加权系数

n	$\pm\xi_i$	H_i
2	0.577,350,229,189,626	1.000,000,000,000,000
3	0.774,596,669,241,483 0.000,000,000,000,000	0.555,555,555,555,556 0.888,888,888,888,889
4	0.861,136,311,594,053 0.339,981,043,584,856	0.347,854,845,137,454 0.652,145,154,862,546
5	0.906,179,845,938,664 0.538,469,310,105,683 0.000,000,000,000,000	0.236,926,885,056,189 0.478,628,670,499,366 0.568,888,888,888,889

习　　题

5-1　实现等参数变换的基本条件是什么？哪些情况会使等参数变换不成立？划分等参数单元时应注意哪些问题？

5-2　有限元分析中，采用等参数单元的主要优点是什么？

5-3　应用等参数单元时，为什么要采用高斯积分？高斯积分点的数目如何确定？

5-4　图示平面应力问题，取 $t=1\text{m}$，$\mu=0$，试用一个 4 结点等参数单元计算其位移.

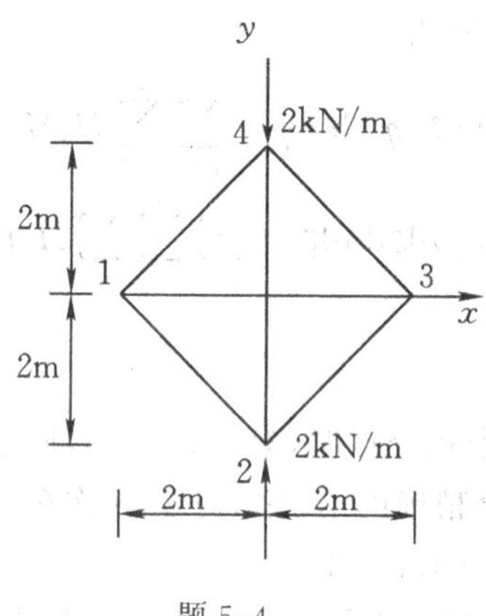

题 5-4

5-5　平面八结点等参数单元的位移模式取为

$$a_1+a_2\xi+a_3\eta+a_4\xi^2+a_5\xi\eta+a_6\eta^2+a_7\xi^2\eta+a_8\xi\eta^2$$

不研究其形函数，能否推断单元的协调性质？给出解释.

第六章　杆梁问题有限单元法

杆梁结构是长度远大于其横截面尺寸的构件组成的杆件系统，例如机床中的传动轴，刚架与桁梁结构中的梁杆等.单根的杆梁作为杆梁结构的基本成分，材料力学与结构力学中已给出了其典型构件的解析解答.用有限单元法分析杆梁结构已得到广泛应用，由于杆梁单元本身具有解析解答，无须使用近似函数作为位移模式，杆梁问题有限元分析得到的是精确解.

§6-1　杆梁单元的单元刚度矩阵

1.空间梁单元的刚度矩阵

直接应用材料力学与结构力学的有关结论分析空间梁单元的单元刚度矩阵.

图 6-1 所示空间梁单元，单元结点位移向量

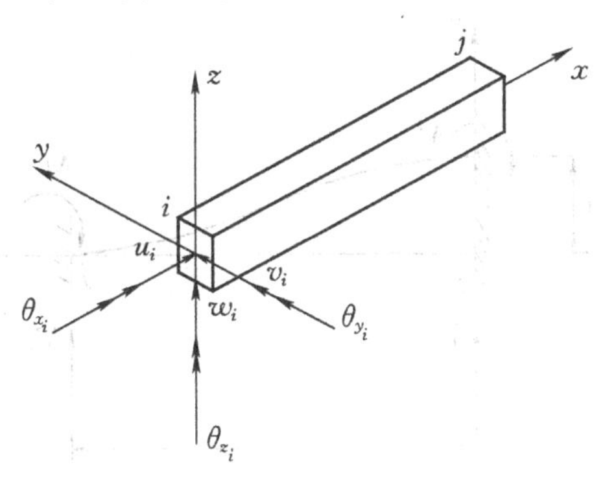

图 6-1

$$\{\delta\}^e = \begin{Bmatrix} \{\delta\}_i \\ \{\delta\}_j \end{Bmatrix} \tag{a}$$

其中：$\{\delta\}_i = [u_i \quad v_i \quad w_i \quad \theta_{x_i} \quad \theta_{y_i} \quad \theta_{z_i}]^T$　(b)

单元结点载荷向量为

$$\{F\}^e = \begin{Bmatrix} \{F\}_i \\ \{F\}_j \end{Bmatrix} \tag{c}$$

其中：
$$\{F\}_i = [U_i \quad V_i \quad W_i \quad M_{x_i} \quad M_{y_i} \quad M_{z_i}]^{T} \tag{d}$$

单元刚度方程为

$$[K]^e\{\delta\}^e = \{F\}^e \tag{e}$$

其中：单元刚度矩阵

$$[K]^e = \begin{bmatrix} k_{1,1} & k_{1,2} & \cdots & k_{1,12} \\ k_{2,1} & k_{2,2} & \cdots & k_{2,12} \\ \vdots & \vdots & & \vdots \\ k_{12,1} & k_{12,2} & \cdots & k_{12,12} \end{bmatrix} \tag{f}$$

单元刚度矩阵元素根据其物理意义分析如下：

(1) $u_i = 1$，其他结点自由度方向位移为 0(图 6-2)，生成单元刚度矩阵的第一列元素.

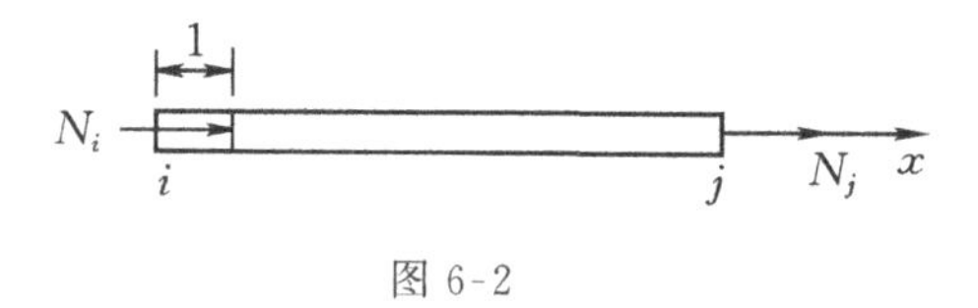

图 6-2

为拉伸压缩基本变形情况，有

$$k_{1,1} = N_i = \frac{EA}{l} \qquad K_{7,1} = N_j = -\frac{EA}{l}$$

单元刚度矩阵第一列的其他元素为 0.

(2) $v_i = 1$，其他结点自由度方向位移为 0(图 6-3)，生成第二列元素.

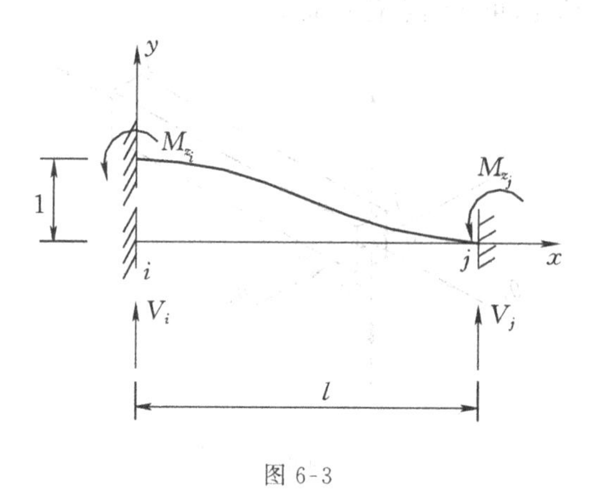

图 6-3

为单跨超静定梁因杆端位移产生杆端力的基本情况之一，查阅由转角位移公式推导的单跨超静定梁杆端弯矩和杆端剪力表格得到：

$$k_{2,2} = V_i = \frac{12EI_z}{l^3} \qquad k_{8,2} = V_j = -\frac{12EI_z}{l^3}$$

$$k_{6,2} = M_{z_i} = \frac{6EI_z}{l^2} \qquad k_{12,2} = M_{z_j} = \frac{6EI_z}{l^2}$$

单元刚度矩阵第二列的其他元素为 0.

(3) $w_i=1$,其他结点位移为 0(图 6-4),生成第三列元素.查表得到

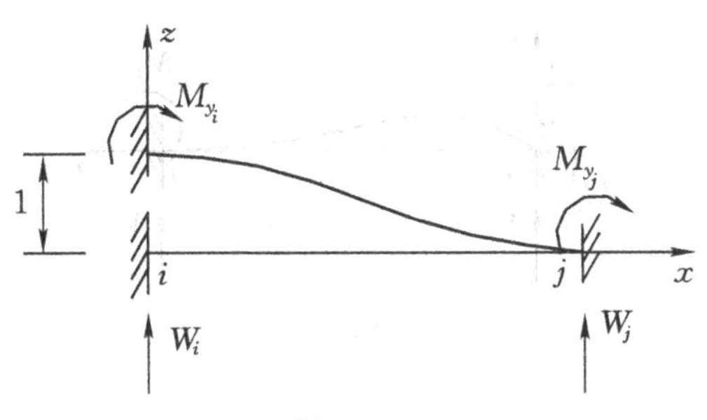

图 6-4

$$k_{3,3}=W_i=\frac{12EI_y}{l^3} \qquad k_{9,3}=W_j=\frac{12EI_y}{l^3}$$

$$k_{5,3}=M_{y_i}=-\frac{6EI_y}{l^2} \qquad k_{11,3}=M_{y_j}=-\frac{6EI_y}{l^2}$$

单元刚度矩阵第三列的其他元素为 0.

(4) $\theta_{x_i}=1$,其他结点位移为 0(图 6-5),生成第四列元素.

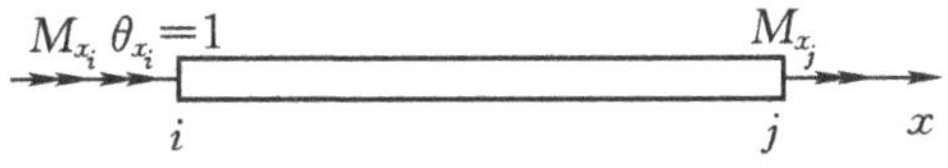

图 6-5

为杆件的扭转基本变形情况(图 6-5),由材料力学公式有

$$k_{4,4}=M_{x_i}=\frac{GJ}{l} \qquad k_{10,4}=M_{x_j}=-\frac{GJ}{l}$$

单元刚度矩阵第四列的其他元素为 0.

(5) $\theta_{y_i}=1$,其他结点位移为 0(图 6-6),生成第五列元素.

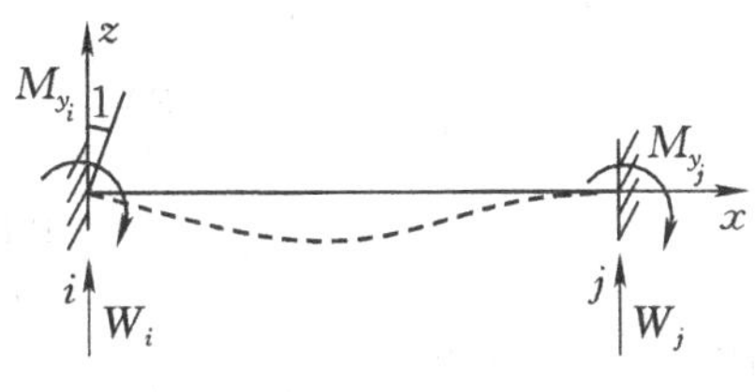

图 6-6

为单跨超静定梁因杆端位移产生杆端力的基本情况之一,查表得到

$$k_{3,5}=W_i=-\frac{6EI_y}{l^2} \qquad k_{9,5}=W_j=\frac{6EI_y}{l^2}$$

$$k_{5,5}=M_{y_i}=\frac{4EI_y}{l} \qquad k_{11,5}=M_{y_j}=\frac{2EI_y}{l}$$

单元刚度矩阵第五列的其他元素为 0.

(6) $\theta_{z_i}=1$,其他结点位移为 0(图 6-7),生成第六列元素.

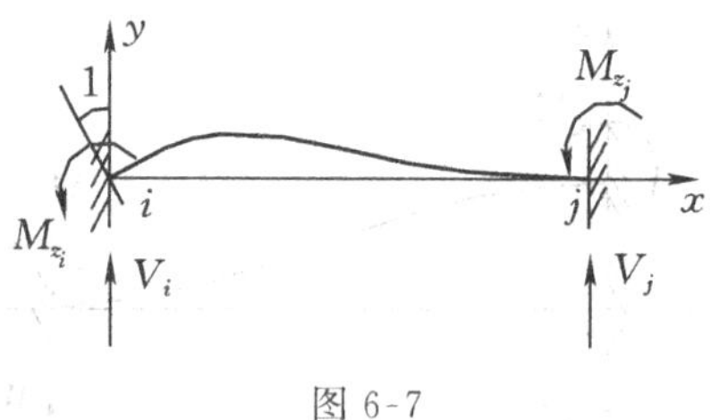

图 6-7

为单跨超静定梁因杆端位移产生杆端力的基本情况之一,查表得到

$$k_{2,6}=V_i=\frac{6EI_z}{l^2} \qquad k_{8,6}=V_j=-\frac{6EI_z}{l^2}$$

$$k_{6,6}=M_{z_i}=\frac{4EI_z}{l} \qquad k_{12,6}=M_{z_j}=\frac{2EI_z}{l}$$

单元刚度矩阵第六列的其他元素为 0.

j 结点各自由度分别出现单位位移而生成的单元刚度矩阵元素的分析类似,最后得到空间梁单元的单元刚度矩阵为

$$[K]^e=\begin{bmatrix}
\frac{EA}{l} & & & & & & & & & & & \\
0 & \frac{12EI_z}{l^3} & & & & & & & & & & \\
0 & 0 & \frac{12EI_y}{l^3} & & & & & & \text{对} & & & \\
0 & 0 & 0 & \frac{GJ}{l} & & & & & & & \text{称} & \\
0 & 0 & -\frac{6EI_y}{l^2} & 0 & \frac{4EI_y}{l} & & & & & & & \\
0 & \frac{6EI_z}{l^2} & 0 & 0 & 0 & \frac{4EI_z}{l} & & & & & & \\
-\frac{EA}{l} & 0 & 0 & 0 & 0 & 0 & \frac{EA}{l} & & & & & \\
0 & -\frac{12EI_z}{l^3} & 0 & 0 & 0 & -\frac{6EI_z}{l^2} & 0 & \frac{12EI_z}{l^3} & & & & \\
0 & 0 & -\frac{12EI_y}{l^3} & 0 & \frac{6EI_y}{l^2} & 0 & 0 & 0 & \frac{12EI_y}{l^3} & & & \\
0 & 0 & 0 & -\frac{GJ}{l} & 0 & 0 & 0 & 0 & 0 & \frac{GJ}{l} & & \\
0 & 0 & -\frac{6EI_y}{l^2} & 0 & \frac{2EI_y}{l} & 0 & 0 & 0 & \frac{6EI_y}{l^2} & 0 & \frac{4EI_y}{l} & \\
0 & \frac{6EI_z}{l^2} & 0 & 0 & 0 & \frac{2EI_z}{l} & 0 & -\frac{6EI_z}{l^2} & 0 & 0 & 0 & \frac{4EI_z}{l}
\end{bmatrix} \tag{6-1}$$

2.其他梁单元的刚度矩阵

(1) 轴力杆单元(图 6-8)

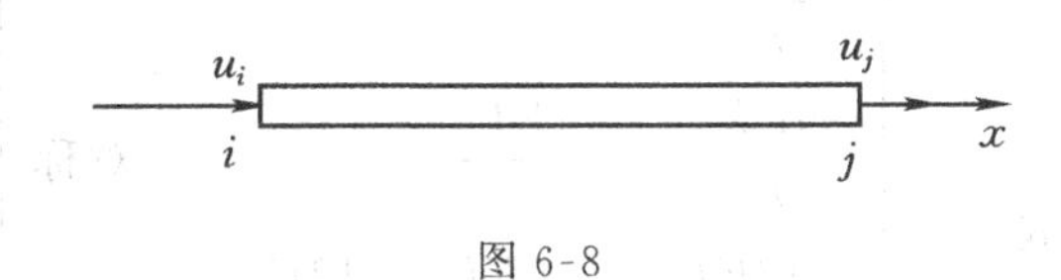

图 6-8

单元结点位移向量为

$$\{\delta\}^e=\begin{Bmatrix}u_i\\u_j\end{Bmatrix}\tag{g}$$

由空间梁单元刚度矩阵(6-1)式中取出对应自由度的元素 $k_{1,1}$，$k_{6,1}$，$k_{1,6}$，$k_{6,6}$ 得到

$$[K]^e=\begin{bmatrix}\dfrac{EA}{l} & -\dfrac{EA}{l}\\ -\dfrac{EA}{l} & \dfrac{EA}{l}\end{bmatrix}\tag{6-2}$$

(2) 扭转杆单元(图 6-9)

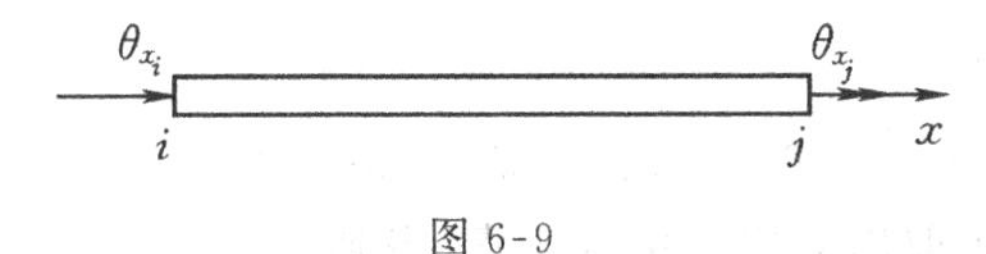

图 6-9

单元结点位移向量为

$$\{\delta\}^e=\begin{Bmatrix}\theta_{x_i}\\ \theta_{x_j}\end{Bmatrix}\tag{h}$$

由空间梁单元刚度矩阵中取出对应自由度的元素 $k_{4,4}$，$k_{10,4}$，$k_{4,10}$，$k_{10,10}$ 得到

$$[K]^e=\begin{bmatrix}\dfrac{GJ}{l} & -\dfrac{GJ}{l}\\ -\dfrac{GJ}{l} & \dfrac{GJ}{l}\end{bmatrix}\tag{6-3}$$

(3) 平面弯曲梁单元

(i)xOy 坐标面内平面弯曲(图 6-10)

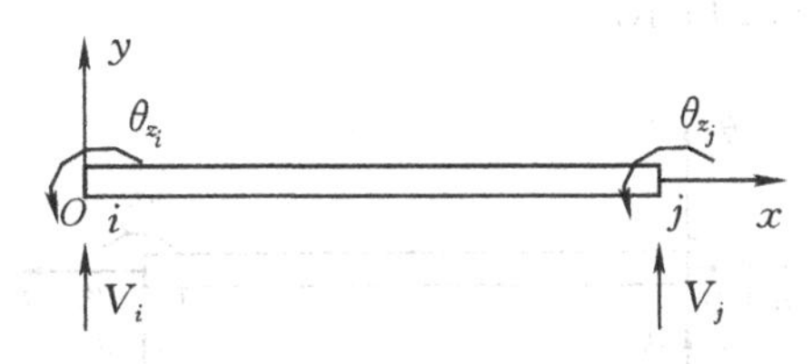

图 6-10

单元结点位移向量为

$$\{\delta\}^e=[v_i \quad \theta_{z_i} \quad v_j \quad \theta_{z_j}]^{\mathrm{T}} \tag{i}$$

由空间梁单元刚度矩阵中取出对应自由度元素，得到

$$[K]^e=\begin{bmatrix} \frac{12EI_z}{l^3} & & & \\ \frac{6EI_z}{l^2} & \frac{4EI_z}{l} & & \text{对称} \\ -\frac{12EI_z}{l^3} & -\frac{6EI_z}{l^2} & \frac{12EI_z}{l^3} & \\ \frac{6EI_z}{l^2} & \frac{2EI_z}{l} & -\frac{6EI_z}{l^2} & \frac{4EI_z}{l} \end{bmatrix} \tag{6-4}$$

(ii) xOz 坐标面内的平面弯曲(图 6-11)

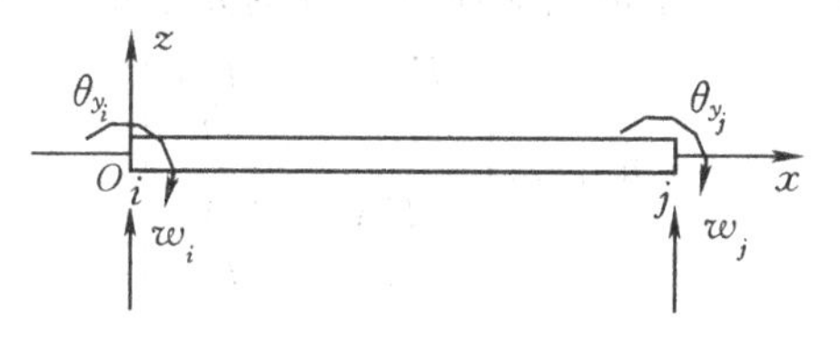

图 6-11

单元结点位移向量为

$$\{\delta\}^e=[w_i \quad \theta_{y_i} \quad w_j \quad \theta_{y_j}]^{\mathrm{T}} \tag{j}$$

由空间梁单元刚度矩阵中取出对应自由度元素，得到

$$[K]^e=\begin{bmatrix} \frac{12EI_y}{l^3} & & \text{对} & \\ -\frac{6EI_y}{l^2} & \frac{4EI_y}{l} & & \text{称} \\ -\frac{12EI_y}{l^3} & \frac{6EI_y}{l^2} & \frac{12EI_y}{l^3} & \\ -\frac{6EI_y}{l^2} & \frac{2EI_y}{l} & \frac{6EI_y}{l^2} & \frac{4EI_y}{l} \end{bmatrix} \tag{6-5}$$

(iii) 平面刚架梁单元

单纯的平面弯曲梁单元只在连续梁这类型结构的分析中才出现，工程中常见的平面刚架与桁梁混合结构中的梁单元，除平面弯曲状态外，还包括拉压状态变形形式，每个结点有三个自由度，取坐标如图 6-12 所示.

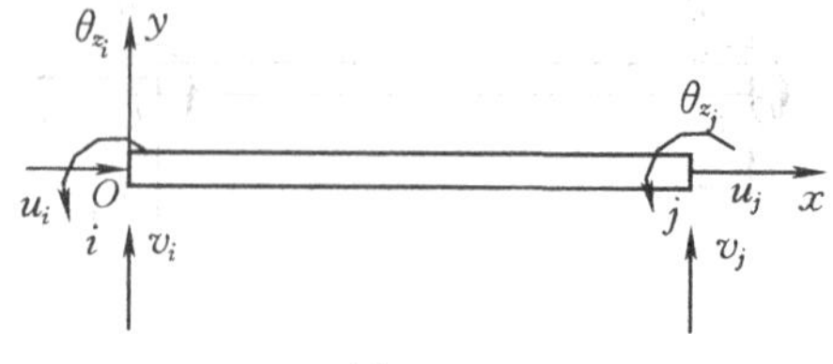

图 6-12

单元结点位移向量为

$$\{\delta\}^e = [\, u_i \quad v_i \quad \theta_{z_i} \quad u_j \quad v_j \quad \theta_{z_j} \,]^{\mathrm{T}} \tag{k}$$

$$[K]^e = \begin{bmatrix} \frac{EA}{l} & & & & & \\ 0 & \frac{12EI_z}{l^3} & & & & \\ 0 & \frac{6EI_z}{l^2} & \frac{4EI_z}{l} & & & \\ -\frac{EA}{l} & 0 & 0 & \frac{EA}{l} & & \\ 0 & -\frac{12EI_z}{l^3} & -\frac{6EI_z}{l^2} & 0 & \frac{12EI_z}{l^3} & \\ 0 & \frac{6EI_z}{l^2} & \frac{2EI_z}{l} & 0 & -\frac{6EI_z}{l^2} & \frac{4EI_z}{l} \end{bmatrix} \tag{6-6}$$

§6-2　坐 标 变 换

前面介绍的杆梁单元结点位移、结点力以及单元刚度矩阵都是在单元的局部坐标系中确定的，整体分析必须在统一的整体坐标下进行，而杆梁问题中局部坐标系与整体坐标系的差别不仅仅在于原点位置，坐标轴的方位一般也是不同的，这使得结点位移向量、结点载荷向量与单元刚度矩阵在整体坐标系下与在局部坐标系下具有不同形式，只有通过坐标变换，将所有的单元刚度矩阵与结点载荷向量从局部坐标系转换到统一的整体坐标系下，才能组集整体刚度方程，进行整体分析.

在此前的分析中已经用 xyz 表示局部坐标系，用$\{\delta\}^e$、$\{F\}^e$、$[K]^e$ 表示局部坐标系下的单元结点位移向量、单元结点力向量与单元刚度矩阵，下面就用 $\bar{x}\bar{y}\bar{z}$ 表示整体坐标系，用$\{\bar{\delta}\}^e$，$\{\bar{F}\}^e$，$[\bar{K}]^e$ 表示整体坐标系下的单元结点位移向量、单元结点力向量与单元刚度矩阵.

单元在局部坐标系下的单元刚度方程为

$$\{F\}^e = [K]^e\{\delta\}^e \tag{6-7}$$

单元在整体坐标系下的单元刚度方程为

$$\{\bar{F}\}^e = [\bar{K}]^e\{\bar{\delta}\}^e \tag{6-8}$$

同一个单元的结点位移向量，在局部坐标系下的表达与在整体坐标系下的表达之间存在某种转换关系，用一个转换矩阵$[T]$来表示它，于是有

$$\{\delta\}^e = [T]\{\bar{\delta}\}^e \tag{6-9}$$

同样的转换关系也存在于单元结点力的表达中，即

$$\{F\}^e = [T]\{\bar{F}\}^e \tag{6-10}$$

将(6-9)、(6-10)两式代入局部坐标系下的单元刚度方程(6-7)式中得

$$[T]\{\bar{F}\}^e=[K]^e[T]\{\bar{\delta}\}^e$$

两边同时左乘逆阵$[T]^{-1}$,得到

$$\{\bar{F}\}^e=[T]^{-1}[K]^e[T]\{\bar{\delta}\}^e$$

对照(6-8)式可知

$$[\bar{K}]^e=[T]^{-1}[K]^e[T] \tag{6-11}$$

这就是局部坐标系下的单元刚度矩阵向整体坐标系转换的公式.

下面推导坐标转换矩阵.

(1) 空间梁单元的坐标转换矩阵

考察位移矢量在整体坐标系下的表达向局部坐标系的转换.

先考察整体坐标系下 i 结点的位移向量$[\bar{u}_i,\bar{v}_i,\bar{w}_i]^T$ 如何转换为局部坐标系下 i 结点的位移向量$[u_i,v_i,w_i]^T$.

如图 6-13 所示,先分析 u_i 的表达式.将 i 结点在总体坐标系下的位移分量$\bar{u}_i$、$\bar{v}_i$、$\bar{w}_i$ 分别向局部坐标轴 ox 投影并叠加就得到 u_i,由图不难看出

$$u_i=\bar{u}_i\cos(x,\bar{x})+\bar{v}_i\cos(x,\bar{y})+\bar{w}_i\cos(x,\bar{z})$$

同样

$$v_i=\bar{u}_i\cos(y,\bar{x})+\bar{v}_i\cos(y,\bar{y})+\bar{w}_i\cos(y,\bar{z})$$

$$w_i=\bar{u}_i\cos(z,\bar{x})+\bar{v}_i\cos(z,\bar{y})+\bar{w}_i\cos(z,\bar{z})$$

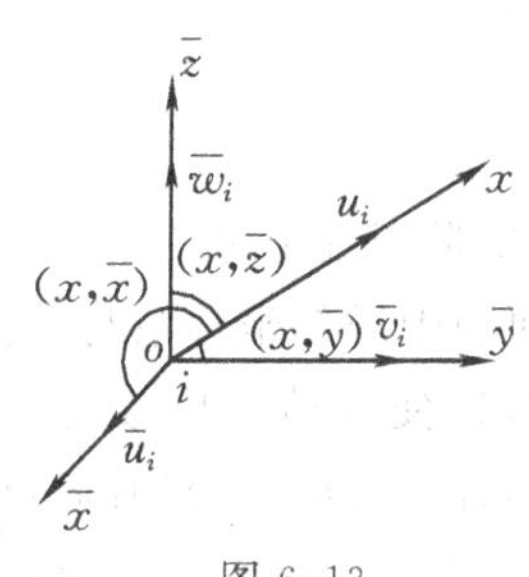

图 6-13

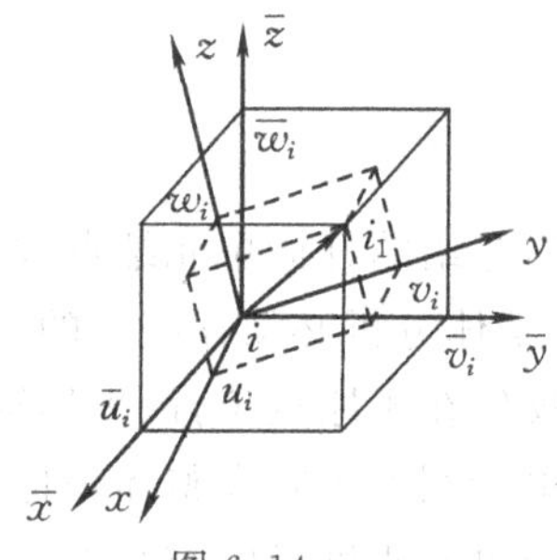

图 6-14

这种转换关系如图 6-14 所示,写成矩阵形式,即

$$\begin{Bmatrix}u_i\\v_i\\w_i\end{Bmatrix}=\begin{bmatrix}\cos(x,\bar{x}) & \cos(x,\bar{y}) & \cos(x,\bar{z})\\\cos(y,\bar{x}) & \cos(y,\bar{y}) & \cos(y,\bar{z})\\\cos(z,\bar{x}) & \cos(z,\bar{y}) & \cos(z,\bar{z})\end{bmatrix}\begin{Bmatrix}\bar{u}_i\\\bar{v}_i\\\bar{w}_i\end{Bmatrix} \tag{6-12}$$

将此式所含转换矩阵记为

$$[t]=\begin{bmatrix}l_1 & m_1 & n_1\\l_2 & m_2 & n_2\\l_3 & m_3 & n_3\end{bmatrix} \tag{6-13}$$

其中:l_1,m_1,n_1 为 x 轴在整体坐标系中的方向余弦;l_2,m_2,n_2 为 y 轴在整体坐标系中的方向余弦;l_3,m_3,n_3 为 z 轴在整体坐标系中的方向余弦.

i 结点角位移向量的转换矩阵显然也是(6-13)表达式.

对空间梁单元而言,每单元两个结点,则

$$\{\delta\}^e=\begin{Bmatrix}\{\delta\}_i\\\{\delta\}_j\end{Bmatrix}$$

其中：

$$\{\delta\}_i=[u_i\quad v_i\quad w_i\quad \theta_{x_i}\quad \theta_{y_i}\quad \theta_{z_i}]^T$$

可知单元的坐标转换矩阵应为

$$[T]=\begin{bmatrix}[t] & 0 & 0 & 0\\0 & [t] & 0 & 0\\0 & 0 & [t] & 0\\0 & 0 & 0 & [t]\end{bmatrix}\tag{6-14}$$

下面再说明坐标转换矩阵的正交性.

$$[t][t]^T=\begin{bmatrix}l_1 & m_1 & n_1\\l_2 & m_2 & n_2\\l_3 & m_3 & n_3\end{bmatrix}\begin{bmatrix}l_1 & l_2 & l_3\\m_1 & m_2 & m_3\\n_1 & n_2 & n_3\end{bmatrix}$$

$$=\begin{bmatrix}(l_1^2+m_1^2+n_1^2) & (l_1l_2+m_1m_2+n_1n_2) & (l_1l_3+m_1m_3+n_1n_3)\\(l_1l_2+m_1m_2+n_1n_2) & (l_2^2+m_2^2+n_2^2) & (l_2l_3+m_2m_3+n_2n_3)\\(l_1l_3+m_1m_3+n_1n_3) & (l_2l_3+m_2m_3+n_2n_3) & (l_3^2+m_3^2+n_3^2)\end{bmatrix}$$

由于(l_1,m_1,n_1)，(l_2,m_2,n_2)与(l_3,m_3,n_3)实际上是用整体坐标表示的沿局部坐标系三个坐标轴方向的三个单位矢量，它们两两相互垂直，由矢量数量积的性质可知

$$[t][t]^T=\begin{bmatrix}1 & 0 & 0\\0 & 1 & 0\\0 & 0 & 1\end{bmatrix}=I$$

则
$$[t][t]^T=[t][t]^{-1}$$

故$[t]$为正交矩阵.显然，由此又可得出转换矩阵$[T]$也为正交矩阵的结论：

$$[T]^T=[T]^{-1}\tag{6-15}$$

则(6-11)式成为

$$[\overline{K}]^e=[T]^T[K]^e[T]\tag{6-16}$$

(2) 平面杆单元的坐标转换矩阵

先考察结点线位移的坐标转换，由$[\bar{u}_i\bar{v}_i]^T$转换为$[u_iv_i]^T$. 显然，由空间问题的转换矩阵可知，这里的$[t]$矩阵为

$$[t]=\begin{bmatrix}\cos(x,\bar{x}) & \cos(x,\bar{y})\\\cos(y,\bar{x}) & \cos(y,\bar{y})\end{bmatrix}$$

由于是平面问题，由图 6-15 可知必然有

$$(x,\bar{x})=(y,\bar{y})=\alpha$$

为方便计，引用三角函数关系

$$\cos(x,\bar{y})=\sin\alpha,\ \cos(y,\bar{x})=-\sin\alpha$$

于是
$$[t]=\begin{bmatrix}\cos\alpha & \sin\alpha\\-\sin\alpha & \cos\alpha\end{bmatrix}\tag{6-17}$$

而平面杆单元中

$$\theta_i = \bar{\theta}_i$$

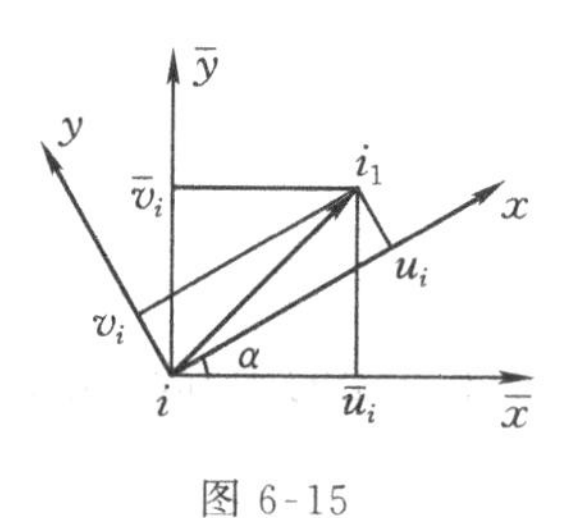

图 6-15

记
$$[t_0] = \begin{bmatrix} \cos\alpha & \sin\alpha & 0 \\ -\sin\alpha & \cos\alpha & 0 \\ 0 & 0 & 1 \end{bmatrix} \tag{6-18}$$

则单元的坐标转换矩阵

$$[T] = \begin{bmatrix} [t_0] & 0 \\ 0 & [t_0] \end{bmatrix} \tag{6-19}$$

显然也是正交矩阵.

§6-3 等效结点载荷

§3-3 中曾介绍过单元上的非结点载荷向结点移置时应遵循的静力等效原则，而静力等效移置的结果是唯一的，载荷移置后的结构与载荷移置前相比，所有结点位移无变化，且除进行过载荷移置的单元外，其他单元的内力分布不受影响.本章虽然没有构造形函数设定位移模式，不便于依前述静力等效的定义进行非结点载荷的移置，仍可以根据上述等效移置应获得的效果方便地构造出等效结点载荷.

图 6-16(a) 所示平面刚架，第 3 单元作用有非结点载荷，该单元相应的杆端力和杆端力矩如图 6-16(b) 所示，为 V_1、V_2 与 M_1、M_2. 构造图 6-16(c) 所示的两种受力状态，这两种状态的组合显然构成原结构的受力状态，其中 Ⅰ 状态的载荷是平衡力系，除在原载荷作用的第 3 单元产生内力外，不引起结点位移与其他单元的内力，可见 Ⅱ 状态的位移与内力同原结构对比，结点位移一致，其他单元内力一致，所以 Ⅱ 状态的结点载荷就是所要求的等效结点载荷.

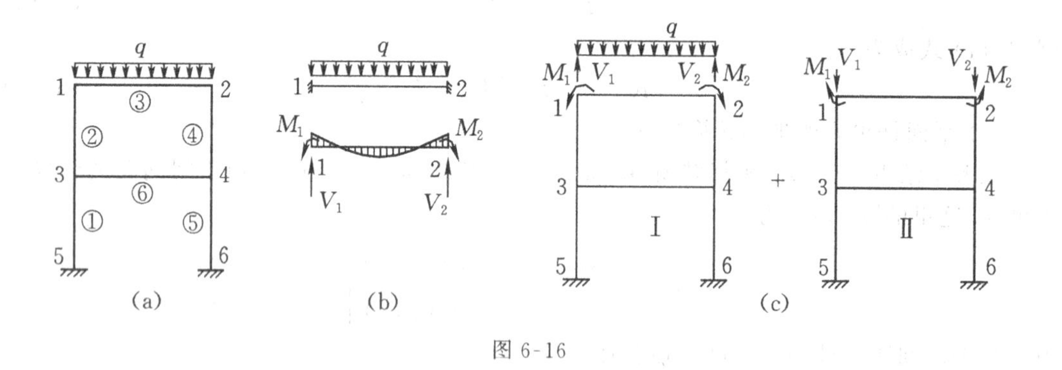

图 6-16

求等效结点载荷的具体方法归结为：按结构力学位移法解题思想求出该单元的固端力与固端力矩(参考结构力学相关内容)，将这些固端力与固端力矩反方向作用于结构的对应结点，即该单元非结点载荷的等效结点载荷.

上述分析虽然在平面刚架中进行，对空间刚架也是同样适用的.此外，对于桁梁混合结构及刚架中的铰结点与刚铰混合结点，为了简化刚度矩阵的分析过程，可以统一使用刚架的单元刚度矩阵(6-6)，对铰结点或刚铰混合结点则应作相应的处理.

§ 6-4　铰结点的处理

前面分析杆系结构时，只考虑了单元结点刚接的情况，而杆件系统中还会出现铰结点.如图 6-17 所示平面刚架中的结点 4，杆件 ③、④、⑥ 均刚结于结点 4，而杆件 ② 与结点 4 铰接，则杆件 ② 在结点 4 具有与其他杆件不同的角位移，且铰接的杆端不承受弯矩，显然，杆件 ② 不参与结点 4 的力矩平衡(铰接端的杆端弯矩为零).

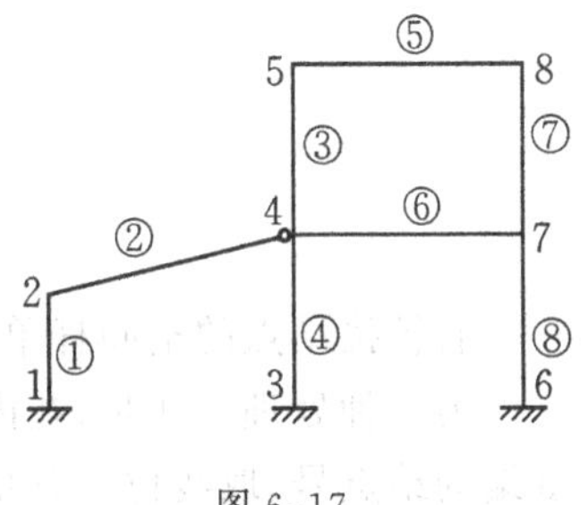

图 6-17

对于单元 ② 的铰结点来说，它的角位移自由度属于内部自由度，可以在单元层次上将此自由度凝聚掉.

记单元中应凝聚掉的自由度为 $\{\delta_c\}$，其他自由度为 $\{\delta_o\}$，则单元刚度方程可以写成：

$$\begin{bmatrix} K_o & K_{oc} \\ K_{co} & K_{cc} \end{bmatrix}^e \begin{Bmatrix} \{\delta_o\} \\ \{\delta_c\} \end{Bmatrix}^e = \begin{Bmatrix} \{R_o\} \\ \{R_c\} \end{Bmatrix}^e \tag{6-20}$$

由此得到

$$\{\delta_c\} = [K_{cc}]^{-1}(\{R_c\} - [K_{co}]\{\delta_o\}) \tag{6-21}$$

再代回上式可得到凝聚后的单元刚度方程

$$[K]^*\{\delta_o\} = \{R_o\}^* \tag{6-22}$$

其中：

$$[K]^* = [K_o] - [K_{oc}][K_{cc}]^{-1}[K_{co}] \tag{6-23}$$

$$\{R_o\}^* = \{R_o\} - [K_{oc}][K_{cc}]^{-1}\{R_c\} \tag{6-24}$$

依此式得到的图 6-17 中单元 ② 凝聚后的单元刚度矩阵为

$$[K]^* = \begin{bmatrix} \frac{EA}{l} & 0 & 0 & -\frac{EA}{l} & 0 & 0 \\ 0 & \frac{3EI}{l^3} & \frac{3EI}{l^2} & 0 & -\frac{3EI}{l^3} & 0 \\ 0 & \frac{3EI}{l^2} & \frac{3EI}{l} & 0 & -\frac{3EI}{l^2} & 0 \\ -\frac{EA}{l} & 0 & 0 & \frac{EA}{l} & 0 & 0 \\ 0 & -\frac{3EI}{l^3} & -\frac{3EI}{l^2} & 0 & \frac{3EI}{l^3} & 0 \\ 0 & 0 & 0 & 0 & 0 & 0 \end{bmatrix} \tag{6-25}$$

凝聚前的单元刚度矩阵$[K]^e$ 是 6×6 阶矩阵，凝聚后的单元刚度矩阵$[K]^*$ 是 5×5 阶矩阵，为编程计仍可保留原来的阶数 6×6，在$[K]^*$ 中增加零元素组成的第 6 行与第 6 列. 同样，由(6-24) 式求得的凝聚后的结点载荷列阵以零元素为其第 6 个元素.

图 6-18

也可使用图 6-18 表示的单跨超静定梁直接应用结构力学结论分析单元 ② 凝聚后的单元刚度矩阵，同样得到(6-25) 式的结论.

两端都铰接的单元系二力构件，依上述方法凝聚后得到的单元刚度矩阵(保留原有阶数) 为

$$[K]^* = \begin{bmatrix} \frac{EA}{l} & 0 & 0 & -\frac{EA}{l} & 0 & 0 \\ 0 & 0 & 0 & 0 & 0 & 0 \\ 0 & 0 & 0 & 0 & 0 & 0 \\ -\frac{EA}{l} & 0 & 0 & \frac{EA}{l} & 0 & 0 \\ 0 & 0 & 0 & 0 & 0 & 0 \\ 0 & 0 & 0 & 0 & 0 & 0 \end{bmatrix} \tag{6-26}$$

有铰接结点的空间杆单元的自由度凝聚类似进行.

另一种处理方式是，在内部铰结点处，对应每一个单铰依次多产生一个结点编号，对于多编的结点号，取线位移分量编号与第一次结点编号中的一致，但具有按顺序递增的角位移分量编号. 这种处理方式要求统一给出所有结点的位移分量编号信息，其中边界约束产生的已知位移分量用零编号，由此得到各单元两端结点位移分量编号组成的所谓单元定位向量.

例如图 6-19 所示结构，结点与结点位移分量编号如图示，各单元的定位向量为：

单元 ①：$[0\quad 0\quad 0\quad 1\quad 2\quad 3]^{T}$

单元 ②：$[0\quad 0\quad 4\quad 5\quad 6\quad 7]^{T}$

单元 ③：$[5\quad 6\quad 7\quad 0\quad 0\quad 8]^{T}$

利用单元定位向量可以确定单元刚度矩阵各元素在总体刚度矩阵中的位置。由于约束对应零编号，这里组合的总体刚度矩阵实际上已经引进了边界约束条件.

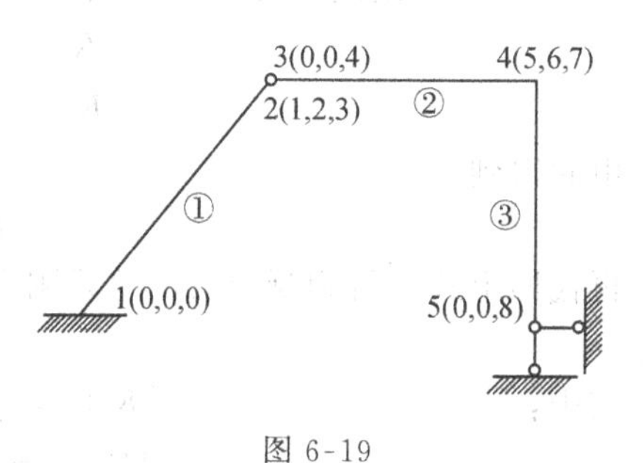

图 6-19

习　　题

6-1　试写出图示连续梁与格栅结构的单元结点位移列阵.

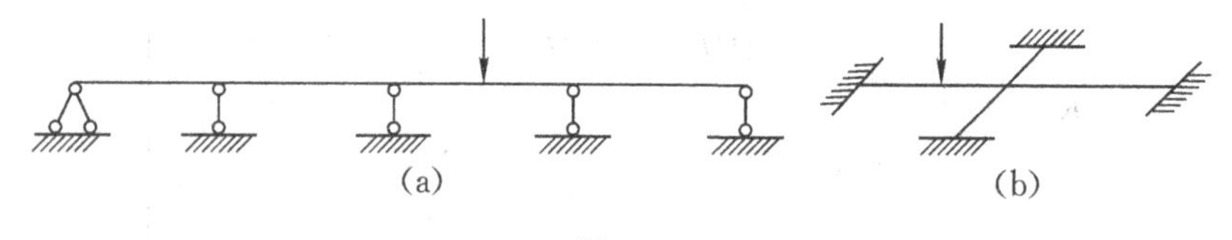

题 6-1

6-2　利用平面梁单元计算图示结构的内力.

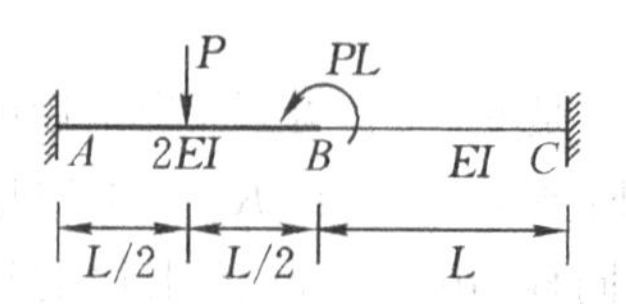

题 6-2

6-3　悬臂梁的自由端有刚度系数为 k 的弹簧支承，求 P 力作用下梁中点的挠度和转角.

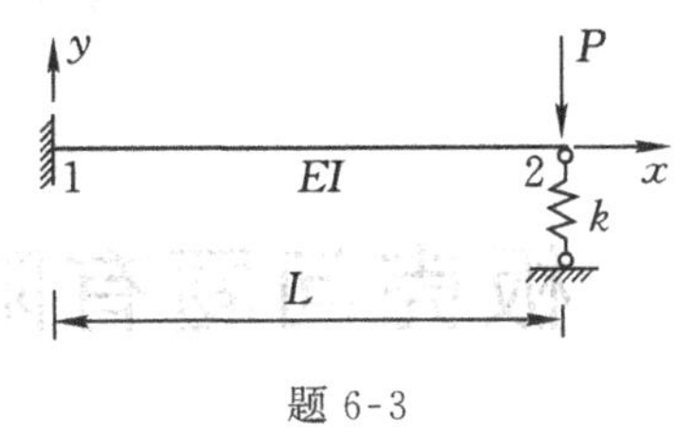

题 6-3

6-4　图示平面刚架，各杆面积 $A=76.3\text{cm}^2$，惯性矩 $I=15\ 760\text{cm}^4$，弹性模量 $E=2\times10^5\text{MPa}$，求内力.

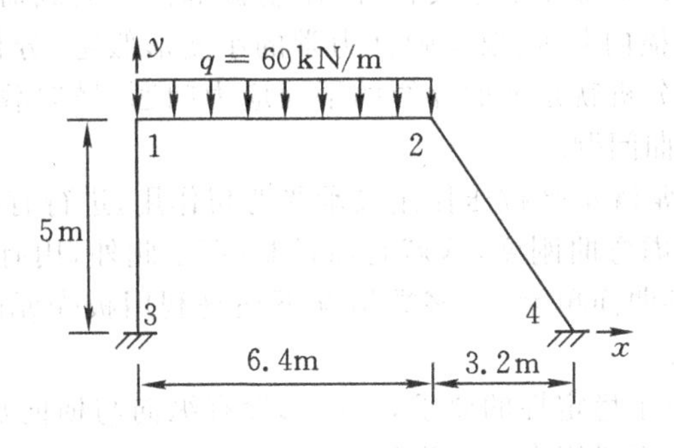

题 6-4

6-5　图示桁架，各杆的拉压刚度 $EA=10^5\text{kN}$，斜杆在制作时比设计尺寸长了 $\delta=0.01\text{m}$，求由此产生的内力.

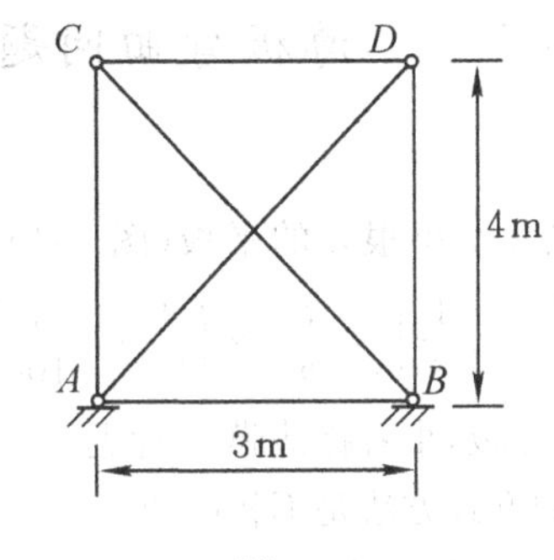

题 6-5

第七章　板壳问题有限单元法

本章介绍薄板弯曲问题的有限元分析、用板壳元解薄壳问题以及板梁组合问题.

薄板是实际工程结构中常见的重要构件,作用在薄板上的载荷总可以分解为沿板面与垂直板面的纵向载荷与横向载荷.根据弹性力学的小变形假定,分析时可以分别加以考虑,纵向载荷作用下的薄板分析就是前面介绍的平面应力问题,横向载荷作用下的薄板分析就是本章要介绍的薄板弯曲问题.

箱形结构中的板通常既承受拉压作用又承受弯扭作用,进行有限元分析时,既要考虑单元的拉、压刚度,又要考虑弯曲刚度,这就是所谓板壳元.此外,用有限单元法分析壳体结构时,虽然壳体离散后得到曲面单元,但多数情况下还是利用板壳元的集合体(折板)近似壳体的几何形状加以分析.

薄壁箱形结构中,由于稳定性的要求,一般都设有纵向与横向加劲肋,为了考虑这些加劲肋的作用,则需要采用板梁组合单元进行分析.

§7-1　薄板弯曲问题

薄板指板厚 t 比板面最小尺寸 b 小很多的平板(图 7-1),一般规定为

$$\left(\frac{1}{5}\sim\frac{1}{8}\right)>\frac{t}{b}>\left(\frac{1}{80}\sim\frac{1}{100}\right)$$

在此范围外,t/b 比值大者称厚板,小者称薄膜.三种类型的力学特性与相应的研究处理的方式方法是不相同的.

薄板中平分板厚的平面称为中面,取为 xoy 坐标面.薄板受横向载荷作用后,中面产生弯扭变形所成的曲面称为弹性曲面.中面各点在垂直中面方向的位移称为薄板的挠度 w.本章的讨论限于薄板的小挠度弯曲问题,此时薄板挠度远小于板厚:$w\ll t$.

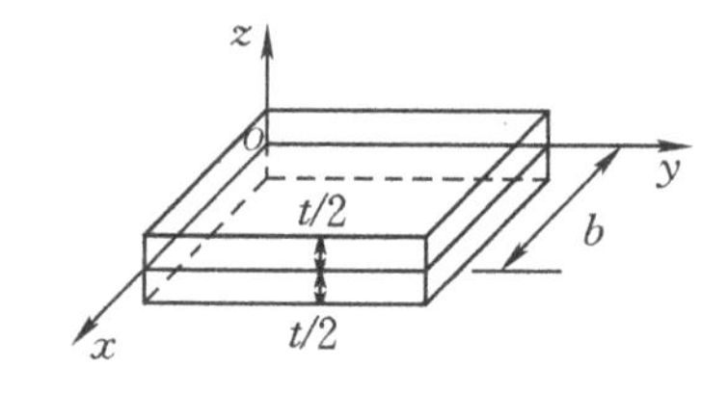

图 7-1

1.基本附加假定

薄板弯曲问题属于应用弹性力学的研究范畴,除弹性力学关于理想弹性体与小变形等基本假定外,为了简化问题,还补充了一些有关变形状态与应力分布的假定.

(1) 直法线假定,薄板中垂直中面的直线在变形后保持为直线且仍与中面(弹性曲面)垂直.则有 $\gamma_{yz}=0$, $\gamma_{zx}=0$.

(2) 薄板的法线没有伸缩，板厚保持不变.这说明 $\varepsilon_z=0$，即 $\dfrac{\partial w}{\partial z}=0$，由此可知 w 位移仅为 x、y 的函数，$w=w(x,y)$.

(3) 薄板中面内各点没有平行于中面的位移，即 $(u)_{z=0}=0$， $(v)_{z=0}=0$.

(4) 忽略挤压应力 σ_z 引起的变形.

2.薄板弯曲问题的基本方程

(1) 几何方程

由假定(1) 有

$$\begin{cases}\dfrac{\partial u}{\partial z}=-\dfrac{\partial w}{\partial x}\\[2mm]\dfrac{\partial v}{\partial z}=-\dfrac{\partial w}{\partial y}\end{cases}$$

积分并注意到假定(2) $w=w(x,y)$,得到

$$\begin{cases}u=-z\dfrac{\partial w}{\partial x}+f_1(x,y)\\[2mm]v=-z\dfrac{\partial w}{\partial y}+f_2(x,y)\end{cases}$$

由假定(3)$(u)_{z=0}=0$ 与$(v)_{z=0}=0$,可知

$$f_1(x,y)=0,\quad f_2(x,y)=0$$

于是

$$\begin{cases}u=-z\dfrac{\partial w}{\partial x}\\[2mm]v=-z\dfrac{\partial w}{\partial y}\end{cases}$$

可以看出,只要确定了 w 位移分量,就确定了所有的位移分量,从而也确定了薄板弯曲问题中所有的物理量,所以将挠度 w 作为薄板弯曲问题的基本未知函数.

由假定(1)、(2) 可知,不为零的应力分量是 ε_x、ε_y、γ_{xy}：

$$\begin{cases}\varepsilon_x=\dfrac{\partial u}{\partial x}=-z\dfrac{\partial^2 w}{\partial x^2}\\[2mm]\varepsilon_y=\dfrac{\partial u}{\partial y}=-z\dfrac{\partial^2 w}{\partial y^2}\\[2mm]\gamma_{xy}=\dfrac{\partial u}{\partial y}+\dfrac{\partial v}{\partial x}=-2z\dfrac{\partial^2 w}{\partial x\partial y}\end{cases}\tag{7-1}$$

由于是小变形情况，$-\dfrac{\partial^2 w}{\partial x^2}$ 与 $-\dfrac{\partial^2 w}{\partial y^2}$ 分别代表薄板弹性曲面在 x 方向和 y 方向的曲率，$-\dfrac{\partial^2 w}{\partial x\partial y}$ 则代表它在 xy 方向的扭率,它们完全确定了薄板内各点的应变分量,记

$$\{\chi\}=\begin{Bmatrix}-\dfrac{\partial^2 w}{\partial x^2}\\[2mm]-\dfrac{\partial^2 w}{\partial y^2}\\[2mm]-2\dfrac{\partial^2 w}{\partial x\partial y}\end{Bmatrix}\tag{7-2}$$

称为薄板的应变，此式也称为薄板弯曲问题的几何方程.(7-1) 式可写成

$$\{\varepsilon\}=z\{\chi\} \tag{7-3}$$

(2) 物理方程

由假定(1)、(4) 可知薄板弯曲问题的物理方程具有与平面应力问题的物理方程(2-15)式相同的形式

$$\begin{cases}\varepsilon_x=\dfrac{1}{E}(\sigma_x-\mu\sigma_y)\\ \varepsilon_y=\dfrac{1}{E}(\sigma_y-\mu\sigma_x)\\ \varepsilon_{xy}=\dfrac{2(1+\mu)}{E}\tau_{xy}\end{cases}$$

或

$$\begin{cases}\sigma_x=\dfrac{E}{1-\mu^2}(\varepsilon_x+\mu\varepsilon_y)\\ \sigma_y=\dfrac{E}{1-\mu^2}(\varepsilon_y+\mu\varepsilon_x)\\ \tau_{xy}=\dfrac{E}{2(1+\mu)}\gamma_{xy}\end{cases} \tag{7-4}$$

将(7-1) 式代入(7-4) 式得到

$$\begin{cases}\sigma_x=-\dfrac{E}{1-\mu^2}z\left(\dfrac{\partial^2 w}{\partial x^2}+\mu\dfrac{\partial^2 w}{\partial y^2}\right)\\ \sigma_y=-\dfrac{E}{1-\mu^2}z\left(\mu\dfrac{\partial^2 w}{\partial x^2}+\dfrac{\partial^2 w}{\partial y^2}\right)\\ \tau_{xy}=-\dfrac{E}{1+\mu}z\dfrac{\partial^2 w}{\partial x\partial y}\end{cases}$$

记为

$$\{\sigma\}=\frac{Ez}{1-\mu^2}\begin{bmatrix}1 & \mu & 0\\ \mu & 1 & 0\\ 0 & 0 & \dfrac{1-\mu}{2}\end{bmatrix}\begin{Bmatrix}-\dfrac{\partial^2 w}{\partial x^2}\\ -\dfrac{\partial^2 w}{\partial y^2}\\ -2\dfrac{\partial^2 w}{\partial x\partial y}\end{Bmatrix}=z[D]\{\chi\} \tag{7-5}$$

其中$[D]$即平面应力问题中的弹性矩阵.

由此式可以看出，薄板弯曲问题中，应力分量σ_x、σ_y、τ_{xy}是z坐标的奇函数，且沿厚度方向线性变化.因为板弯曲问题中应力边界条件无法得到满足，求解时改用内力边界条件，所以还需要给出内力与应变分量之间的关系式.

在薄板中截取如图 7-2 所示微小六面体$t\,dx\,dy$，与x轴垂直的横截面上的应力分量σ_x与τ_{xy}，由于它们是z坐标的奇函数，沿厚度方向只能合成弯矩与扭矩.与y轴垂直的横截面上的应力分量σ_y与τ_{yx}也同样.

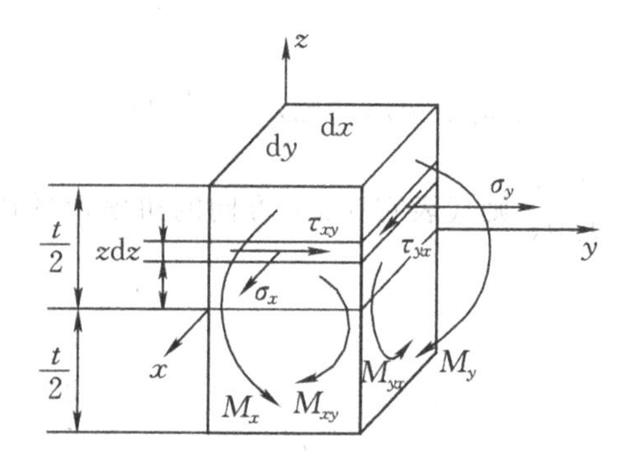

图 7-2

定义σ_x、σ_y、τ_{xy}与τ_{yx}在单位宽度上分别合成弯矩M_x、M_y与扭矩M_{xy}、M_{yx}. 积分得到它们的表达式为

$$M_x=\int_{-\frac{t}{2}}^{\frac{t}{2}} z\sigma_x \mathrm{d}z=-\frac{Et^3}{12(1-\mu^2)}\left(\frac{\partial^2 w}{\partial x^2}+\mu\frac{\partial^2 w}{\partial y^2}\right)$$

$$M_y=\int_{-\frac{t}{2}}^{\frac{t}{2}} z\sigma_y \mathrm{d}z=-\frac{Et^3}{12(1-\mu^2)}\left(\mu\frac{\partial^2 w}{\partial x^2}+\frac{\partial^2 w}{\partial y^2}\right)$$

$$M_{xy}=M_{yx}=\int_{-\frac{t}{2}}^{\frac{t}{2}} z\tau_{xy} \mathrm{d}z=-\frac{Et^3}{12(1+\mu)}\frac{\partial^2 w}{\partial x\partial y}$$

记为

$$\{M\}=\begin{Bmatrix}M_x\\M_y\\M_{xy}\end{Bmatrix}=\frac{Et^3}{12(1-\mu^2)}\begin{Bmatrix}-\dfrac{\partial^2 w}{\partial x^2}-\mu\dfrac{\partial^2 w}{\partial y^2}\\-\mu\dfrac{\partial^2 w}{\partial x^2}-\dfrac{\partial^2 w}{\partial y^2}\\-(1-\mu)\dfrac{\partial^2 w}{\partial x\partial y}\end{Bmatrix} \tag{7-6}$$

即

$$\{M\}=\frac{Et^3}{12(1-\mu^2)}\begin{bmatrix}1&\mu&0\\\mu&1&0\\0&0&\dfrac{1-\mu}{2}\end{bmatrix}\begin{Bmatrix}-\dfrac{\partial^2 w}{\partial x^2}\\-\dfrac{\partial^2 w}{\partial y^2}\\-2\dfrac{\partial^2 w}{\partial x\partial y}\end{Bmatrix}$$

或

$$\{M\}=[D_f]\{\chi\} \tag{7-7}$$

其中：

$$[D_f]=\frac{t^3}{12}[D]=\frac{Et^3}{12(1-\mu^2)}\begin{bmatrix}1&\mu&0\\\mu&1&0\\0&0&\dfrac{1-\mu}{2}\end{bmatrix} \tag{7-8}$$

称为薄板弯曲问题的弹性矩阵.

由于薄板弯曲问题中应力分量τ_{zx}、τ_{zy}与σ_z都为次要应力，一般无须计算. 其中τ_{zx}、τ_{zy}在横截面上合成剪力Q_x、Q_y.

内力的正方向与标记均依应力分量而定，如图7-3所示.

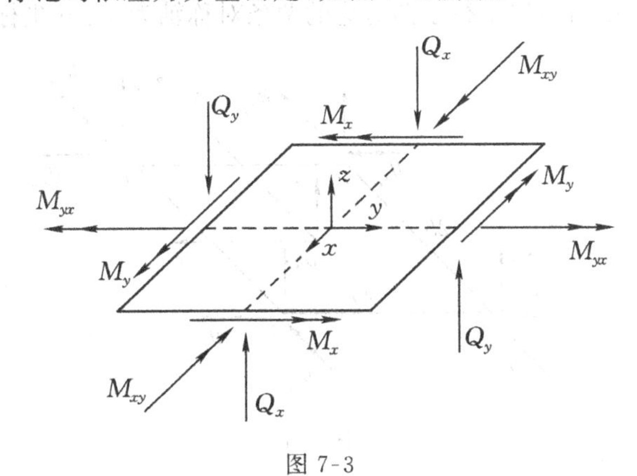

图 7-3

对照(7-5)、(7-7) 与(7-8) 式，有

$$\{\sigma\}=\frac{12}{t^3}z\{M\} \tag{7-9}$$

(3) 虚功方程

一般空间问题的虚功方程(2-30) 式为

$$\{\delta^*\}^{\mathrm{T}}\{F\}=\iiint\{\varepsilon^*\}^{\mathrm{T}}\{\sigma\}\mathrm{d}x\,\mathrm{d}y\,\mathrm{d}z$$

将(7-3)、(7-9) 两式代入得

$$\{\delta^*\}^{\mathrm{T}}\{F\}=\iiint z^2\{\chi^*\}^{\mathrm{T}}\frac{12}{t^3}\{M\}\mathrm{d}x\,\mathrm{d}y\,\mathrm{d}z$$

注意到$\{\chi^*\}$ 与$\{M\}$ 均与 z 坐标无关，则

$$\{\delta^*\}^{\mathrm{T}}\{F\}=\frac{12}{t^3}\int_{-\frac{t}{2}}^{\frac{t}{2}}z^2\mathrm{d}z\iint\{\chi^*\}^{\mathrm{T}}\{M\}\mathrm{d}x\,\mathrm{d}y$$

其中：

$$\int_{-\frac{t}{2}}^{\frac{t}{2}}z^2\mathrm{d}z=\frac{t^3}{12}$$

则得到

$$\{\delta^*\}^{\mathrm{T}}\{F\}=\iint\{\chi^*\}^{\mathrm{T}}\{M\}\mathrm{d}x\,\mathrm{d}y \tag{7-10}$$

称为薄板弯曲问题的虚功方程.

§7-2　矩形薄板单元的位移模式

1.结点位移和结点力

薄板单元依中面划分，由于应力分量沿厚度方向线性分布而合成弯矩与扭矩，相邻单元之间不仅有垂直于中面的法向力的传递，也有弯矩、扭矩的传递，故结点刚接.局部坐标的选择完全与平面问题矩形单元一样，以平行于两对边的两条对称轴为 x 、y 坐标轴(图 7-4).

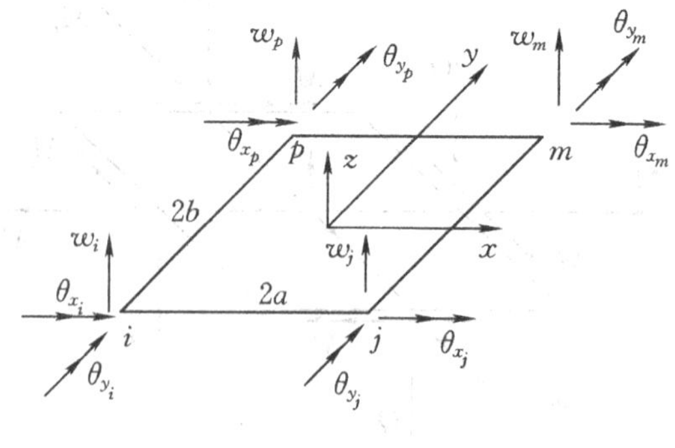

图 7-4

由于单元取在中面，由假定(3) 可知结点只有 w 线位移，角位移则只考虑绕 x 轴与 y 轴

转动的两个结点角位移. 三个结点位移分量以其矢量与坐标轴正向一致者为正(图 7-4),由前节的分析可知,三个位移分量中只有 w 位移是独立的基本未知量.

由小变形假定有

$$|\theta_x|=\left|\frac{\partial w}{\partial y}\right|,\quad |\theta_y|=\left|\frac{\partial w}{\partial x}\right|$$

根据角位移正向规定分析 θ_x 与 θ_y 计算式的正负符号.如图 7-5 所示,由 y 轴逆时针转动为正方向的 θ_x 角位移,此时相应斜率 $\frac{\partial w}{\partial y}$ 也取正值;而图 7-6 表示的正方向 θ_y 角位移是由 x 轴顺时针旋转,此时相应斜率 $\frac{\partial w}{\partial x}$ 取负值,所以

$$\theta_x=\frac{\partial w}{\partial y},\quad \theta_y=-\frac{\partial w}{\partial x} \tag{7-11}$$

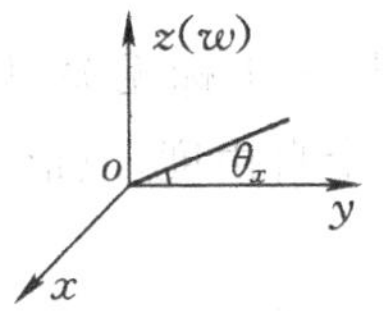

图 7-5

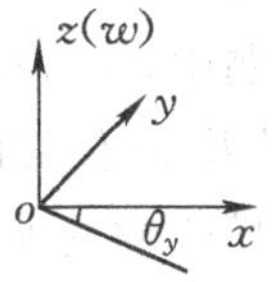

图 7-6

于是 i 结点的位移向量表示为

$$\{\delta_i\}=\begin{Bmatrix} w_i \\ \theta_{x_i} \\ \theta_{y_i} \end{Bmatrix}=\begin{Bmatrix} w_i \\ \left(\frac{\partial w}{\partial y}\right)_i \\ -\left(\frac{\partial w}{\partial x}\right)_i \end{Bmatrix}$$

单元的结点位移向量为

$$\{\delta\}^e=\begin{Bmatrix} \{\delta_i\} \\ \{\delta_j\} \\ \{\delta_m\} \\ \{\delta_p\} \end{Bmatrix}$$

共 12 个自由度.

对应地, i 结点的结点力向量为(图 7-7)

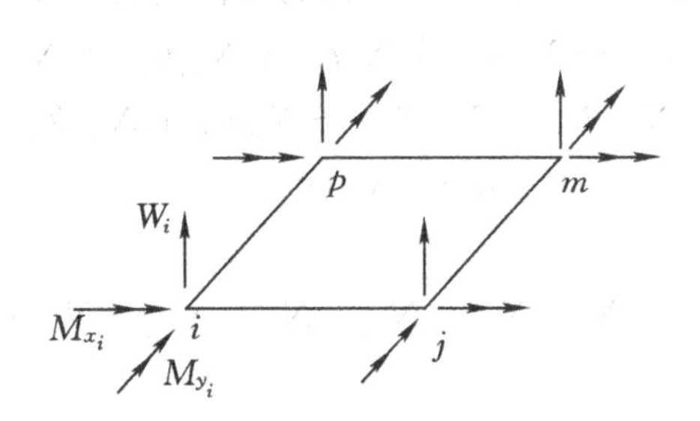

图 7-7

$$\{F_i\} = \begin{Bmatrix} W_i \\ M_{x_i} \\ M_{y_i} \end{Bmatrix}$$

单元结点力向量为

$$\{F\}^e = \begin{Bmatrix} \{F_i\} \\ \{F_j\} \\ \{F_m\} \\ \{F_p\} \end{Bmatrix}$$

2. 薄板矩形单元的位移模式

(1) 位移模式

薄板弯曲问题中，w 位移是唯一的一个基本未知量，它与 z 坐标无关，只是 x、y 的函数，位移模式只涉及 w 位移的表达形式，矩形薄板单元共 12 个自由度，故依照 Passcal 三角形及多项式位移模式的选项原则(§3-1) 取如下模式

$$\begin{aligned} w = &\alpha_1 + \alpha_2 x + \alpha_3 y + \alpha_4 x^2 + \alpha_5 xy + \alpha_6 y^2 + \alpha_7 x^3 \\ &\alpha_8 x^2 y + \alpha_9 xy^2 + \alpha_{10} y^3 + \alpha_{11} x^3 y + \alpha_{12} xy^3 \end{aligned} \tag{7-12}$$

由(7-11) 式得到另两个位移分量为

$$\begin{cases} \theta_x = \dfrac{\partial w}{\partial y} = \alpha_3 + \alpha_5 x + 2\alpha_6 y + \alpha_8 x^2 + 2\alpha_9 xy + 3\alpha_{10} y^2 + \alpha_{11} x^3 + 3\alpha_{12} xy^2 \\ \theta_y = -\dfrac{\partial w}{\partial x} = -(\alpha_2 + 2\alpha_4 x + \alpha_5 y + 3\alpha_7 x^2 + 2\alpha_8 xy + \alpha_9 y^2 + 3\alpha_{11} x^2 y + \alpha_{12} y^3) \end{cases} \tag{7-13}$$

依次将单元各结点坐标代入上述三式，得到 12 个方程：

$$\begin{cases} w_r = \alpha_1 + \alpha_2 x_r + \alpha_3 y_r + \alpha_4 x_r^2 + \alpha_5 x_r y_r + \alpha_6 y_r^2 + \alpha_7 x_r^3 \\ \qquad + \alpha_8 x_r^2 y_r + \alpha_9 x_r y_r^2 + \alpha_{10} y_r^3 + \alpha_{11} x_r^3 y_r + \alpha_{12} x_r y_r^3 \\ \theta_{x_r} = \alpha_3 + \alpha_5 x_r + 2\alpha_6 y_r + \alpha_8 x_r^2 + 2\alpha_9 x_r y_r + 3\alpha_{10} y_r^2 + \alpha_{11} x_r^3 + 3\alpha_{12} x_r y_r^2 \\ \theta_{y_r} = -(\alpha_2 + 2\alpha_4 x_r + \alpha_5 y_r + 3\alpha_7 x_r^2 + 2\alpha_8 x_r y_r + \alpha_9 y_r^2 + 3\alpha_{11} x_r^2 y_r + \alpha_{12} y_r^3) \end{cases}$$

$$(r = i, j, m, p)$$

解出参数 α_1, α_2, …, α_{12} 再代回(7-12) 式，整理为插值函数形式

$$\begin{aligned} w = &N_i w_i + N_{x_i}\theta_{x_i} + N_{y_i}\theta_{y_i} + N_j w_j + N_{x_j}\theta_{x_j} + N_{y_j}\theta_{y_j} \\ &+ N_m w_m + N_{x_m}\theta_{x_m} + N_{y_m}\theta_{y_m} + N_p w_p + N_{x_p}\theta_{x_p} + N_{y_p}\theta_{y_p} \end{aligned} \tag{7-14}$$

记为

$$w = [N]\{\delta\}^e \tag{7-15}$$

其中：

$$[N] = [N_i \quad N_{x_i} \quad N_{y_i} \quad N_j \quad N_{x_j} \quad N_{y_j} \quad N_m \quad N_{x_m} \quad N_{y_m} \quad N_p \quad N_{x_p} \quad N_{y_p}] \tag{7-16}$$

为形函数矩阵，形函数为 x 和 y 的四次多项式：

$$\begin{cases} N_r=\dfrac{1}{8}\left(1+\dfrac{x}{x_r}\right)\left(1+\dfrac{y}{y_r}\right)\left[2+\dfrac{x}{x_r}\left(1-\dfrac{x}{x_r}\right)+\dfrac{y}{y_r}\left(1-\dfrac{y}{y_r}\right)\right] \\ N_{xr}=-\dfrac{1}{8}y_r\left(1+\dfrac{x}{x_r}\right)\left(1+\dfrac{y}{y_r}\right)^2\left(1-\dfrac{y}{y_r}\right) \quad (r=i,\ j,\ m,\ p) \\ N_{yr}=\dfrac{1}{8}x_r\left(1+\dfrac{x}{x_r}\right)^2\left(1+\dfrac{y}{y_r}\right)\left(1-\dfrac{x}{x_r}\right) \end{cases} \tag{7-17}$$

(2) 位移模式的收敛性分析

由(7-12)、(7-13) 式可以直接看出，位移模式(7-12) 式中的常数项与一次项反映了单元的刚体位移，系数 α_1 代表刚体移动，$-\alpha_2$ 与 α_3 代表绕 y 轴与 x 轴的刚体转动.由(7-2) 式不难得知，位移模式(7-12) 式中的二次项反映了单元的常量应变.

再考察位移连续性.变形后单元如图 7-8 所示.以 ij 边为例，先分析公共边界上挠度的连续性.将该边方程 $y=-b$ 代入位移模式(7-12) 式中，整理后得到

$$w=c_1+c_2x+c_3x^2+c_4x^3$$

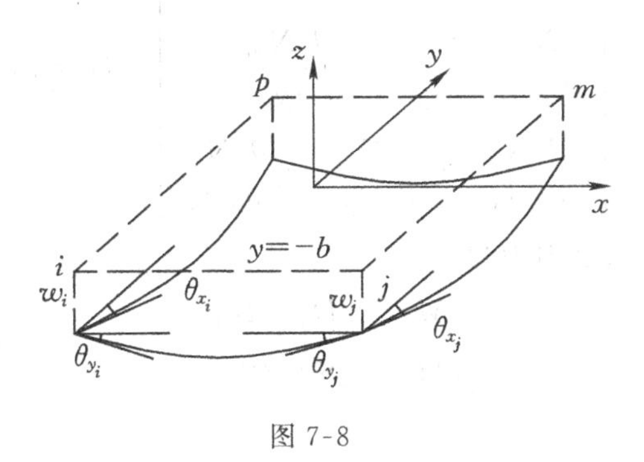

图 7-8

ij 边端部共给出六个边界条件 w_i、θ_{x_i}、θ_{y_i} 与 w_j、θ_{x_j}、θ_{y_j}，由图可以看出，考虑 ij 边挠度时，端部条件 θ_{x_i} 及 θ_{x_j} 与之无关，相关的条件为 w_i、θ_{y_i} 与 w_j、θ_{y_j}，这 4 个条件完全确定上式中的 4 个待定系数，可知相邻单元在公共边界上的挠度是一致的.与平面问题不同的是，由于变形后产生了挠曲面，连续条件还包括相邻单元在公共边界的法向转角应该一致，这要求一阶导数连续，称为 C_1 连续.将 ij 边方程 $y=-b$ 代入(7-13) 式中的 θ_x 表达式，整理后得到

$$\theta_x=d_1+d_2x+d_3x^2+d_4x^3$$

由还可资利用的两个端点条件 θ_{x_i} 与 θ_{x_j} 无法确定式中的 4 个待定系数，说明相邻单元在公共边界法向转角的连续性是不保证的，薄板矩形单元仅具有 C_0 连续.

可见此位移模式虽然满足解答收敛的必要条件，但并不完全满足收敛的充分条件，不过可以证明，这种单元可以通过所谓“分片检验”，只要计算中控制舍入误差，随着单元的细分，其解答是收敛的.这种非协调元也可能收敛的特性归功于分片插值的影响.分片插值是人为设定位移场，必然使计算模型具有较实际结构更高的刚性，而非协调元允许单元间的某些分离与重叠，降低了有限元结构的刚性.

§7-3 矩形薄板单元刚度矩阵

1. 应变矩阵[B]与内力矩阵[S]

将位移插值函数表达式(7-15)代入(7-2)式求薄板单元的应变,整理后得到

$$\{\chi\}=[B]\{\delta\}^e \tag{7-18}$$

其中:应变矩阵

$$[B]=[B_i \quad B_j \quad B_m \quad B_p] \tag{7-19}$$

子矩阵

$$[B_r]=-\begin{bmatrix} \dfrac{\partial^2 N_r}{\partial x^2} & \dfrac{\partial^2 N_{xr}}{\partial x^2} & \dfrac{\partial^2 N_{yr}}{\partial x^2} \\ \dfrac{\partial^2 N_r}{\partial y^2} & \dfrac{\partial^2 N_{xr}}{\partial y^2} & \dfrac{\partial^2 N_{yr}}{\partial y^2} \\ 2\dfrac{\partial^2 N_r}{\partial x\partial y} & 2\dfrac{\partial^2 N_{xr}}{\partial x\partial y} & 2\dfrac{\partial^2 N_{yr}}{\partial x\partial y} \end{bmatrix} \quad (r=i,j,m,p) \tag{7-20}$$

将(7-18)式代入(7-7)式求内力得

$$\{M\}=[D_f][B]\{\delta\}^e$$

即

$$\{M\}=[S]\{\delta\}^e \tag{7-21}$$

其中:内力矩阵

$$[S]=[D_f][B]=[D_f][B_i \quad B_j \quad B_m \quad B_p]$$

记为

$$[S]=[S_i \quad S_j \quad S_m \quad S_p] \tag{7-22}$$

子阵

$$[S_r]=[D_f][B_r]$$

依(7-8)、(7-20)式求出对应于各结点的应力子矩阵为:

i 结点

$$[S_i]=\frac{Et^3}{48ab(1-\mu^2)}\begin{bmatrix} 6\left(\dfrac{b}{a}+\mu\dfrac{a}{b}\right) & 8\mu a & -8b & -6\dfrac{b}{a} & 0 & -4b & 0 & 0 & 0 & -6\mu\dfrac{a}{b} & 4\mu a & 0 \\ 6\left(\dfrac{a}{b}+\mu\dfrac{b}{a}\right) & 8a & -8\mu b & -6\mu\dfrac{b}{a} & 0 & -4\mu b & 0 & 0 & 0 & -6\dfrac{a}{b} & 4a & 0 \\ 1-\mu & 2(1-\mu)b & -2(1-\mu)a & -(1-\mu) & -2(1-\mu)b & 0 & 1-\mu & 0 & 0 & -(1-\mu) & 0 & 2(1-\mu)a \end{bmatrix} \tag{7-23}$$

j 结点

$$
[S_j]=\frac{Et^3}{48ab(1-\mu^2)}\begin{bmatrix}
-6\dfrac{b}{a} & 0 & 4b & 6\left(\dfrac{b}{a}+\mu\dfrac{a}{b}\right) & 8\mu a & 8b & -6\mu\dfrac{a}{b} & 4\mu a & 0 & 0 & 0 & 0 \\
-6\mu\dfrac{b}{a} & 0 & 4\mu b & 6\left(\dfrac{a}{b}+\mu\dfrac{b}{a}\right) & 8a & 8\mu b & -6\dfrac{a}{b} & 4a & 0 & 0 & 0 & 0 \\
1-\mu & 2(1-\mu)b & 0 & -(1-\mu) & -2(1-\mu)b & -2(1-\mu)a & 1-\mu & 0 & 2(1-\mu)a & -(1-\mu) & 0 & 0
\end{bmatrix}
\tag{7-24}
$$

m 结点

$$
[S_m]=\frac{Et^3}{48ab(1-\mu^2)}\begin{bmatrix}
0 & 0 & 0 & -6\mu\dfrac{a}{b} & -4\mu a & 0 & 6\left(\dfrac{b}{a}+\mu\dfrac{a}{b}\right) & -8\mu a & 8b & -6\dfrac{b}{a} & 0 & 4b \\
0 & 0 & 0 & -6\dfrac{a}{b} & -4a & 0 & 6\left(\dfrac{a}{b}+\mu\dfrac{b}{a}\right) & -8a & 8\mu b & -6\mu\dfrac{b}{a} & 0 & 4\mu b \\
1-\mu & 0 & 0 & -(1-\mu) & 0 & -2(1-\mu)a & 1-\mu & -2(1-\mu)b & 2(1-\mu)a & -(1-\mu) & 2(1-\mu)b & 0
\end{bmatrix}
\tag{7-25}
$$

p 结点

$$
[S_p]=\frac{Et^3}{48ab(1-\mu^2)}\begin{bmatrix}
-6\mu\dfrac{a}{b} & -4\mu a & 0 & 0 & 0 & 0 & -6\dfrac{b}{a} & 0 & -4b & 6\left(\dfrac{b}{a}+\mu\dfrac{a}{b}\right) & -8\mu a & -8b \\
-6\dfrac{a}{b} & -4a & 0 & 0 & 0 & 0 & -6\mu\dfrac{b}{a} & 0 & -4\mu b & 6\left(\dfrac{a}{b}+\mu\dfrac{b}{a}\right) & -8a & -8\mu b \\
1-\mu & 0 & -2(1-\mu)a & -(1-\mu) & 0 & 0 & 1-\mu & -2(1-\mu)b & 0 & -(1-\mu) & 2(1-\mu)b & 2(1-\mu)a
\end{bmatrix}
\tag{7-26}
$$

2.单元刚度矩阵

将前面得到的薄板单元应变与内力表达式(7-18)及(7-21)式代入薄板弯曲问题虚功方程(7-10)式

$$
(\{\delta^*\}^e)^{\mathrm{T}}\{F\}^e=\iint\{\chi^*\}^{\mathrm{T}}\{M\}\mathrm{d}x\,\mathrm{d}y
$$

得到 $$(\{\delta^*\}^e)^{\mathrm{T}}\{F\}^e=\iint(\{\delta^*\}^e)^{\mathrm{T}}[B]^{\mathrm{T}}([D_f][B]\{\delta\}^e)\mathrm{d}x\,\mathrm{d}y$$

注意到$\{\delta\}^e$与$\{\delta^*\}^e$都不是坐标的函数,上式改写为

$$(\{\delta^*\}^e)^{\mathrm{T}}\{F\}^e=(\{\delta^*\}^e)^{\mathrm{T}}(\iint[B]^{\mathrm{T}}[D_f][B]\mathrm{d}x\,\mathrm{d}y)\{\delta\}^e$$

由虚位移$\{\delta^*\}^e$的任意性可知要求

$$\{F\}^e=(\iint[B]^{\mathrm{T}}[D_f][B]\mathrm{d}x\,\mathrm{d}y)\{\delta\}^e$$

即薄板单元的刚度方程,写成

$$\{F\}^e=[K]^e\{\delta\}^e \tag{7-27}$$

其中 $$\{K\}^e=\iint[B]^{\mathrm{T}}[D_f][B]\mathrm{d}x\,\mathrm{d}y \tag{7-28}$$

为薄板单元的单元刚度矩阵,它决定于单元的方位、尺寸和弹性性质而与单元位置无关.

对于矩形薄板单元,将$[D_f]$表达式(7-8)与$[B]$表达式(7-19)、(7-20)代入上式,再将形函数表达式(7-17)代入,展开后对x由$-a$到a,对y由$-b$到b积分,加以整理就得到矩形薄板单元刚度矩阵的具体表达式:

$$[K]^e=\frac{Et^3}{360(1-\mu^2)ab}$$

$$\begin{bmatrix}
-k_1 & & & & & & & & & & & \\
k_4 & k_2 & & & & \text{对} & & & & & & \\
-k_5 & -k_6 & k_3 & & & & & & & & & \\
k_7 & k_{10} & k_{11} & k_1 & & & & & & \text{称} & & \\
k_{10} & k_8 & 0 & k_4 & k_2 & & & & & & & \\
-k_{11} & 0 & k_9 & k_5 & k_6 & k_3 & & & & & & \\
k_{12} & -k_{15} & k_{16} & k_{17} & -k_{20} & k_{21} & k_1 & & & & & \\
k_{15} & k_{13} & 0 & k_{20} & k_{18} & 0 & -k_4 & k_2 & & & & \\
-k_{16} & 0 & k_{14} & k_{21} & 0 & k_{19} & k_5 & -k_6 & k_3 & & & \\
k_{17} & -k_{20} & -k_{21} & k_{12} & -k_{15} & -k_{16} & k_7 & -k_{10} & -k_{11} & k_1 & & \\
k_{20} & k_{18} & 0 & k_{15} & k_{13} & 0 & -k_{10} & k_8 & 0 & -k_4 & k_2 & \\
-k_{21} & 0 & k_{19} & k_{16} & 0 & k_{14} & k_{11} & 0 & k_9 & -k_5 & k_6 & k_3
\end{bmatrix} \tag{7-29}$$

其中:

$$k_1=21-6\mu+30\frac{b^2}{a^2}+30\frac{a^2}{b^2} \qquad k_{12}=21-6\mu-15\frac{b^2}{a^2}-15\frac{a^2}{b^2}$$

$$k_2=8b^2-8\mu b^2+40a^2 \qquad k_{13}=2b^2-2\mu b^2+10a^2$$

$$k_3=8a^2-8\mu a^2+40b^2 \qquad k_{14}=2a^2-2\mu a^2+10b^2$$

$$k_4=3b+12\mu b+30\frac{a^2}{b} \qquad k_{15}=-3b+3\mu b+15\frac{a^2}{b}$$

$$k_5=3a+12\mu a+30\frac{b^2}{a} \qquad k_{16}=-3a+3\mu a+15\frac{b^2}{a}$$

$k_6 = 30\mu ab$

$k_7 = -21 + 6\mu - 30\dfrac{b^2}{a^2} + 15\dfrac{a^2}{b^2}$

$k_8 = -8b^2 + 8\mu b^2 + 20a^2$

$k_9 = -2a^2 + 2\mu a^2 + 20b^2$

$k_{10} = -3b - 12\mu b + 15\dfrac{a^2}{b}$

$k_{11} = 3a - 3\mu a + 30\dfrac{b^2}{a}$

$k_{17} = -21 + 6\mu + 15\dfrac{b^2}{a^2} - 30\dfrac{a^2}{b^2}$

$k_{18} = -2b^2 + 2\mu b^2 + 20a^2$

$k_{19} = -8a^2 + 8\mu a^2 + 20b^2$

$k_{20} = 3b - 3\mu b + 30\dfrac{a^2}{b}$

$k_{21} = -3a - 12\mu a + 15\dfrac{b^2}{a}$

§ 7-4　矩形薄板单元载荷的移置

矩形薄板单元的结点载荷向量(图 7-9) 为

$$\{R\}^e = [Z_i \quad M_{x_i} \quad M_{y_i} \quad Z_j \quad M_{x_j} \quad M_{y_j} \quad Z_m \quad M_{x_m} \quad M_{y_m} \quad Z_p \quad M_{x_p} \quad M_{y_p}]^{\mathrm{T}}$$

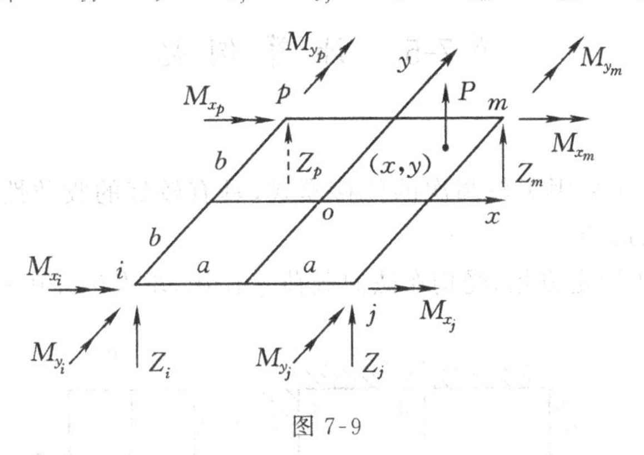

图 7-9

(1) 法向集中载荷 P 的移置

设法向集中载荷 P 作用于单元 $ijmp$ 上的任意一点(x,y),按照静力等效原则,通过类似于 § 3-3 中(3-27) 式的推理过程,同样得到等效结点载荷的表达形式为

$$\{R\}^e = [N]^{\mathrm{T}} P \tag{a}$$

其中的形函数矩阵如(7-16)、(7-17) 式所表达.

当集中载荷作用于单元中心时,由上式求得

$$\{R\}^e = P\left[\frac{1}{4} \quad \frac{b}{8} \quad -\frac{a}{8} \quad \frac{1}{4} \quad \frac{b}{8} \quad \frac{a}{8} \quad \frac{1}{4} \quad -\frac{b}{8} \quad \frac{a}{8} \quad \frac{1}{4} \quad -\frac{b}{8} \quad -\frac{a}{8}\right]^{\mathrm{T}}$$

即
$$Z_i = Z_j = Z_m = Z_p = \frac{P}{4}$$

$$M_{x_i}=M_{x_j}=-M_{x_m}=-M_{x_p}=\frac{Pb}{8}$$

$$-M_{y_i}=M_{y_j}=M_{y_m}=-M_{y_p}=\frac{Pa}{8}$$

其中的结点力矩载荷随单元尺寸 a 或 b 减小而减小，在较小单元中，它们对位移与内力的影响远小于法向载荷的影响，所以，在实际计算时可略去不计，而将载荷列阵简化为

$$\{R\}^e=P\begin{bmatrix}\frac{1}{4} & 0 & 0 & \frac{1}{4} & 0 & 0 & \frac{1}{4} & 0 & 0 & \frac{1}{4} & 0 & 0\end{bmatrix}^{\mathrm{T}} \tag{7-30}$$

(2) 分布法向载荷的移置

设分布法载荷的集度为 $q(x,y)$，视 $q\mathrm{d}x\mathrm{d}y$ 为集中载荷，于是有

$$\{R\}^e=\iint[N]^{\mathrm{T}}q\,\mathrm{d}x\mathrm{d}y$$

对于均匀分布载荷 $q=q_0$，将(7-16)、(7-17)式代入上式后积分得到

$$\{R\}^e=4q_0ab\begin{bmatrix}\frac{1}{4} & \frac{b}{12} & -\frac{a}{12} & \frac{1}{4} & \frac{b}{12} & \frac{a}{12} & \frac{1}{4} & -\frac{b}{12} & \frac{a}{12} & \frac{1}{4} & -\frac{b}{12} & -\frac{a}{12}\end{bmatrix}^{\mathrm{T}}$$

同上理由，在实际计算时可简化为

$$\{R\}^e=q_0ab[1\quad 0\quad 0\quad 1\quad 0\quad 0\quad 1\quad 0\quad 0\quad 1\quad 0\quad 0]^{\mathrm{T}} \tag{7-31}$$

§7-5 计算例题

由于矩形薄板单元采用了较高次的位移模式，具有较好的收敛性质，即使使用较疏网格，也能得到较精确的成果.

图 7-10 所示四边固定方板，受均布法向载荷 q 作用，求发生在中点的最大挠度 $w_{\max}$.

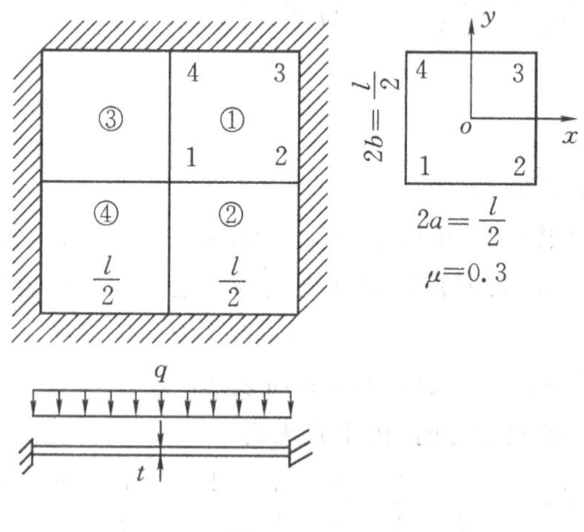

图 7-10

将方板分为 4 个矩形单元，利用对称性，取其中的一个单元进行分析，其约束条件为 2，3，4 结点所有位移分量为零，1 结点绕 x 与 y 轴的角位移均为零（对称性），即

$$w_2=\theta_{x2}=\theta_{y2}=w_3=\theta_{x3}=\theta_{y3}=w_4=\theta_{x4}=\theta_{y4}=0$$

以及

$$\theta_{x1}=\theta_{y1}=0$$

显然这里整体刚度矩阵$[K]$即单元刚度矩阵$[K]^1$，引进约束条件后的刚度矩阵只余下 k_{11} 主元素与其他被置 1 的主元素，修改后的载荷列阵只余下第一个元素不为零，即

$$[\bar{K}]\{\bar{\delta}\}=\{\bar{R}\}$$

其中：

$$[\bar{K}]=\begin{bmatrix} k_{11} & & & \\ & 1 & & 0 \\ & & 1 & \\ 0 & & & \ddots \\ & & & & 1 \end{bmatrix}$$

$$\{\bar{\delta}\}=[w_1 \quad \theta_{x1} \quad \theta_{y1} \quad w_2 \quad \theta_{x2} \quad \theta_{y2} \quad w_3 \quad \theta_{x3} \quad \theta_{y3} \quad w_4 \quad \theta_{x4} \quad \theta_{y4}]$$

$$\{\bar{R}\}=qab[1 \quad 0 \quad 0 \quad 0 \quad 0 \quad 0 \quad 0 \quad 0 \quad 0 \quad 0 \quad 0 \quad 0]^{\mathrm{T}}$$

实际上只剩下一个方程

$$k_{11}w_1=\frac{ql^2}{16}$$

其中：

$$k_{11}=\frac{Et^3}{360(1-\mu^2)ab}\left(21-6\mu+30\frac{b^2}{a^2}+30\frac{a^2}{b^2}\right)=3.868\frac{Et^3}{l^2}$$

所以

$$w_{\max}=w_1=\frac{\dfrac{ql^2}{16}}{3.868\dfrac{Et^3}{l^2}}=0.01616\frac{ql^4}{Et^3}$$

同样可求得方板划分 4×4，8×8，12×12，16×16 网格时的 $w_{\max}$ 值，一并列于表 7-1.

表 7-1　四边固定正方形薄板均布载荷作用下的最大挠度

单元数	2×2	4×4	8×8	16×16	级数解
$\dfrac{w_{\max}}{\dfrac{ql^4}{Et^3}}$	0.01616	0.01529	0.01420	0.01390	0.01376
误差(%)	17.5	11.1	3.2	1.0	

§7-6　三角形薄板单元

同平面问题一样，矩形薄板单元虽然有较好的精度，但不适用于斜边界或曲线边界.三角形板单元就能较好地反映这类边界形状，较常用的有 Movley 完全二次多项式单元，不完

全协调三次多项式单元与完全协调五次多项式单元，其中以不完全协调三次多项式三结点三角形板单元最为常用，本节对它加以介绍.

1. 位移模式

图 7-11 所示三结点三角形板单元，局部坐标原点在形心上，单元结点位移

$$\{\delta\}^e=[w_i \quad \theta_{x_i} \quad \theta_{y_i} \quad w_j \quad \theta_{x_j} \quad \theta_{y_j} \quad w_m \quad \theta_{x_m} \quad \theta_{y_m}]^{\mathrm{T}}$$

共 9 个自由度，设定的 w 多项式位移模式应包含 9 个待定参数.考察 x 与 y 的完全三次多项式的项：

$$1,\ x,\ y,\ x^2,\ xy,\ y^2,\ x^3,\ x^2y,\ xy^2,\ y^3$$

共 10 项，应去掉一项.由于薄板弯曲问题中位移模式的常数项与一次项反映刚体位移，二次项反映常量应变，都必须保留.只能去掉一个三次项，显然对称性无法保证.采用面积坐标可以解决这个问题.

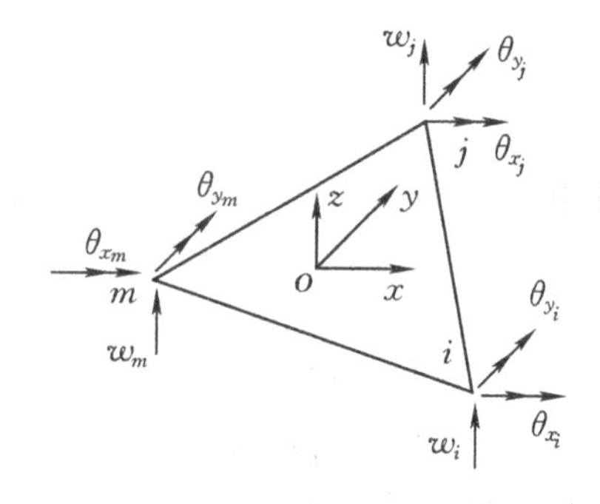

图 7-11

面积坐标的一次、二次、三次式为：

一次式：$L_i,\ L_j,\ L_m$

二次式：$L_iL_j,\ L_jL_m,\ L_mL_i,\ L_i^2,\ L_j^2,\ L_m^2$

三次式：$L_iL_jL_m,\ L_i^2L_j,\ L_j^2L_m,\ L_m^2L_i,\ L_iL_j^2,$
$L_jL_m^2,\ L_mL_i^2,\ L_i^3,\ L_j^3,\ L_m^3$

x、y 的完全一次多项式应包括上述一次式

$$L_i,\ L_j,\ L_m$$

x、y 的完全二次多项式应至少包含上述二次式中的 3 项，并再在余下的 3 项以及一次式中任选 3 项，如

$$L_i,\ L_j,\ L_m,\ L_iL_j,\ L_jL_m,\ L_mL_i$$

x、y 的完全三次多项式应至少包含上述三次式中的 4 项，并再在余下的各项以及一、二次式中任选 6 项，共 10 项.如

$$L_i,\ L_j,\ L_m,\ L_i^2L_j,\ L_j^2L_m,\ L_m^2L_i,\ L_iL_j^2,\ L_jL_m^2,\ L_mL_i^2,\ L_iL_jL_m$$

由前面的分析可知对于所讨论的位移模式尚应设法减少一个独立的项.注意到上述项中最后一项在 $i,\ j,\ m$ 三结点处有

$$L_iL_jL_m=\frac{\partial}{\partial x}(L_iL_jL_m)=\frac{\partial}{\partial y}(L_iL_jL_m)=0$$

可归入其他三次项中而取如下位移模式

$$w=\alpha_1L_i+\alpha_2L_j+\alpha_3L_m+\alpha_4(L_i^2L_j+cL_iL_jL_m)+\cdots+\alpha_9(L_mL_i^2+cL_iL_jL_m)$$

运算后发现为了满足常应变条件，只能取 $c=\dfrac{1}{2}$，于是得到

$$w=\alpha_1L_i+\alpha_2L_j+\alpha_3L_m+\alpha_4\left(L_i^2L_j+\frac{1}{2}L_iL_jL_m\right)+\cdots+\alpha_9\left(L_mL_i^2+\frac{1}{2}L_iL_jL_m\right)$$

利用 9 个结点位移分量求出上式系数 $\alpha_1\sim\alpha_9$，代回上式整理后得到

$$w=N_iw_i+N_{x_i}\theta_{x_i}+N_{y_i}\theta_{y_i}+N_jw_j+N_{x_j}\theta_{x_j}+N_{y_j}\theta_{y_j}+N_mw_m+N_{x_m}\theta_{x_m}+N_{y_m}\theta_{y_m}$$

记为 $$w=[N_i \quad N_{x_i} \quad N_{y_i} \quad N_j \quad N_{x_j} \quad N_{y_j} \quad N_m \quad N_{x_m} \quad N_{y_m}]\{\delta\}^e \tag{7-32}$$

即 $w=[N]\{\delta\}^e$

其中：

$$\begin{cases} N_i = L_i + L_i^2 L_j + L_i^2 L_m - L_i L_j^2 - L_i L_m^2 \\ N_{x_i} = b_j L_i^2 L_m - b_m L_i^2 L_j + \dfrac{1}{2}(b_j - b_m) L_i L_j L_m \qquad (i,j,m) \\ N_{y_i} = c_j L_i^2 L_m - c_m L_i^2 L_j + \dfrac{1}{2}(c_j - c_m) L_i L_j L_m \end{cases} \tag{7-33}$$

其中：

$$L_i = \frac{(a_i + b_i x + c_i y)}{2A}$$

$$\begin{cases} a_i = x_j y_m - x_m y_j \\ b_i = y_j - y_m \qquad (i,j,m) \\ c_i = -x_j + x_m \end{cases}$$

此外，还可以证明，收敛性的必要条件得到满足，但连续性条件不完全满足，即相邻单元在公共边界上挠度连续，法向斜率不连续．有限元理论已经证明，任意三角形薄板单元位移法解答是不收敛的，但实际计算表明，只要单元形状接近等边三角形或等腰直角三角形，计算结果是良好的．由于三结点三角形板单元的计算相对简单，使用仍然广泛，但精度不如矩形板单元．

2. 内力矩阵与单元刚度矩阵

内力矩阵与单元刚度矩阵的推导非常繁琐，这里只给出推导结果：

(1) 内力矩阵$[S]_{3\times 9}$

$$[S] = \frac{1}{4A^3}[D_f][H][C][T] \tag{7-34}$$

其中：A 为三角形板单元面积

$[D_f]$ 为薄板弯曲问题的弹性矩阵

$$[H] = \begin{bmatrix} 1 & 0 & 0 & 3x & y & 0 & 0 \\ 0 & 0 & 1 & 0 & 0 & x & 3y \\ 0 & 1 & 0 & 0 & 2x & 2y & 0 \end{bmatrix} \tag{7-35}$$

$$[T] = \begin{bmatrix} -\dfrac{c_i}{2A} & 1 & 0 & -\dfrac{c_j}{2A} & 0 & 0 & -\dfrac{c_m}{2A} & 0 & 0 \\ \dfrac{b_i}{2A} & 0 & 1 & \dfrac{b_j}{2A} & 0 & 0 & \dfrac{b_m}{2A} & 0 & 0 \\ -\dfrac{c_i}{2A} & 0 & 0 & -\dfrac{c_j}{2A} & 1 & 0 & -\dfrac{c_m}{2A} & 0 & 0 \\ \dfrac{b_i}{2A} & 0 & 0 & \dfrac{b_j}{2A} & 0 & 1 & \dfrac{b_m}{2A} & 0 & 0 \\ -\dfrac{c_i}{2A} & 0 & 0 & -\dfrac{c_j}{2A} & 0 & 0 & -\dfrac{c_m}{2A} & 1 & 0 \\ \dfrac{b_i}{2A} & 0 & 0 & \dfrac{b_j}{2A} & 0 & 0 & \dfrac{b_m}{2A} & 0 & 1 \end{bmatrix} \tag{7-36}$$

$$[C]=[\{C_x\}^i \quad \{C_y\}^i \quad \{C_x\}^j \quad \{C_y\}^j \quad \{C_x\}^m \quad \{C_y\}^m] \tag{7-37}$$

其中：

$$\{C_x\}^i=\begin{Bmatrix}C_{x1}^i\\C_{x2}^i\\\vdots\\C_{x7}^i\end{Bmatrix},\quad \{C_y\}^i=\begin{Bmatrix}C_{y1}^i\\C_{y2}^i\\\vdots\\C_{y7}^i\end{Bmatrix},\qquad (i, j, m)$$

$$\begin{cases}C_{xl}^i=X_l^ib_m-Y_l^ib_j+E_lF^i\\C_{yl}^i=X_l^ic_m-Y_l^ic_j+E_lG^i\end{cases}\qquad (i, j, m)(l=1, 2, \cdots, 7)$$

$$\begin{cases}X_1^i=\dfrac{2}{3}A(b_i^2+2b_ib_j) & Y_1^i=\dfrac{2}{3}A(b_i^2+2b_ib_m)\\X_2^i=\dfrac{4}{3}A(b_ic_i+b_jc_i+b_ic_j) & Y_2^i=\dfrac{4}{3}A(b_ic_i+b_mc_i+b_ic_m)\\X_3^i=\dfrac{2}{3}A(c_i^2+2c_ic_j) & Y_3^i=\dfrac{2}{3}A(c_i^2+2c_ic_m)\\X_4^i=b_i^2b_j & Y_4^i=b_i^2b_m\\X_5^i=2b_ic_ib_j+b_i^2c_j & Y_5^i=2b_ic_ib_m+b_i^2c_m\\X_6^i=c_i^2b_j+2b_ic_ic_j & Y_6^i=c_i^2b_m+2b_ic_ic_m\\X_7^i=c_i^2c_j & Y_7^i=c_i^2c_m\\F^i=\dfrac{b_m-b_j}{2} & G^i=\dfrac{c_m-c_j}{2}\end{cases}\qquad (i, j, m)$$

$$E_1=\frac{2}{3}A(b_ib_j+b_jb_m+b_mb_i)$$

$$E_1=\frac{2}{3}A(c_ib_j+b_ic_j+c_jb_m+b_jc_m+c_mb_i+b_mc_i)$$

$$E_3=\frac{2}{3}A(c_ic_j+c_jc_m+c_mc_i)$$

$$E_4=b_ib_jb_m$$

$$E_5=c_ib_jb_m+c_jb_mb_i+c_mb_ib_j$$

$$E_6=c_ic_jb_m+c_jc_mb_i+c_mc_ib_j$$

$$E_7=c_ic_jc_m$$

（2）单元刚度矩阵$[K]^e$

$$[K]^e=\frac{1}{64A^5}[T]^T[C]^T[I][C][T] \tag{7-38}$$

其中：

$$[I]=\frac{Et^3}{3(1-\mu^2)}\begin{bmatrix}1 & 0 & \mu & 0 & 0 & 0 & 0\\0 & \dfrac{1-\mu}{2} & 0 & 0 & 0 & 0 & 0\\\mu & 0 & 1 & 0 & 0 & 0 & 0\\0 & 0 & 0 & 9I_1 & 3I_3 & 3\mu I_1 & 9\mu I_3\\0 & 0 & 0 & 3I_3 & I_2+2(1-\mu)I_1 & (2-\mu)I_3 & 3\mu I_2\\0 & 0 & 0 & 3\mu I_1 & (2-\mu)I_3 & I_1+2(1-\mu)I_2 & 3I_3\\0 & 0 & 0 & 9\mu I_3 & 3\mu I_2 & 3I_3 & 9I_2\end{bmatrix}$$

式中：

$$I_1=\frac{1}{12}(x_i^2+x_j^2+x_m^2)$$

$$I_2=\frac{1}{12}(y_i^2+y_j^2+y_m^2)$$

$$I_3=\frac{1}{12}(x_iy_i+x_jy_j+x_my_m)$$

为了说明三角形板单元的计算精度，表 7-2 给出了用矩形单元与三角形单元计算四边简支正方形薄板的成果，可以看出，这里三角形板单元的计算精度与收敛情况还是令人满意的.当然，这里采用的是等腰直角三角形单元.

表 7-2

网　格	结点数	$\frac{w_{\max}}{\frac{qL^4}{D}}$		
		三角形单元	矩形单元	级数解
4×4	25	0.00425	0.00394	0.00406
8×8	81	0.00415	0.00403	
16×16	289	0.00410	0.00406	

§7-7　板壳元及其应用

1.概述

从几何上讲，把平板中面转化为曲面形状，就可以得到薄壳结构. 虽然两者对横向应变和应力的分布假设完全相同，但是壳体结构承载的特性却与平板结构有很大的差异：壳可以同时传递和承受能产生横向弯曲变形和中面内伸缩变形的应力分量作用. 这也正是壳结构更加合理、经济的原因所在，因而在工程中得到广泛的使用. 由于壳体几何形状的复杂性和受力的特殊性，推导适用于一般曲壳问题的基本控制方程会遇到许多困难，所以，实际上许多研究者都是针对一些特殊情况，引入一些相应的假设条件来建立方程.

在本章将要讲述的利用有限元模拟壳结构的方法中，通过引入进一步的假设，避免了上述壳体问题中的困难，使列式简单的单元可以适用于多种形状的壳体问题. 这个假设可以描述为：一个光滑连续的曲面壳体的几何和力学性能可以用足够数量的、足够小的平板单元组成的折板(板壳元) 来模拟. 这种近似可以说是物理意义而不是数学意义上的. 随着单元的数量增多与尺寸减小，折板的解将最终收敛于原曲壳的解，实际的计算也证明了这一点. 虽然上述做法等于是用折板的解答来近似实际曲壳的解答，且在弯矩分布特性等方面两种结构形式也存在较大的差异，但是无论用特殊壳体单元，还是用板壳元来离散壳体，两者的误差大约是同阶的，而且利用板壳元确实可以获得令人满意的解答. 壳体同时承受产生横向弯曲和中面内变形的载荷作用，而对于各向同性的板壳元来说，这两部分变形是相互独立的，板壳元就是某种平板弯曲单元与某种平面应力单元的组合. 这样，本书前述的平面应力单元和板弯曲单元刚度矩阵的构造方法和方案可以被用来构造板壳元的刚度矩阵.

在板壳元中，只有三角形单元可以适用于一般形状的壳体结构；对于圆柱壳问题，例如拱坝设计和圆柱形屋顶的计算等，还可以使用矩形或四边形单元.随着优质的薄板弯曲单元和平面应力单元的提出，由它们组成的板壳元可以具有很好的性能.

板壳元是将壳体离散为一系列折板组成的体系，通过平面应力单元与板弯曲单元的简单组合模拟壳体的薄膜和弯曲受力状态.这样处理可避免复杂的空间曲面几何描述，单元位移函数易于满足刚体位移和常应变要求，使该方法具有下列优点：① 方法直观、列式简单；② 几何数据输入方便；③ 易于处理复杂的载荷与边界条件；④ 不易出现闭锁现象；⑤ 便于与其他类型单元结合.但以折面代替曲面的离散方式也带来以下缺点：① 在单元水平上，位移与应变关系没有体现薄膜与弯曲变形的耦合，只能通过单元组合在总体结构中实现这种耦合；② 当某结点所有相邻单元共面时，总体刚度矩阵出现奇异；③ 由于几何上的近似，在单元交接处会出现不连续的弯矩.

为了克服板壳元共面引起的总体刚度矩阵奇异，已提出多种处理方法，但为了克服板壳元几何不连续所带来的问题而提出的曲壳单元所依据的理论与有限元列式都非常复杂，在具体实施上造成一些困难.由于板壳元刚度矩阵简洁的特点表现出求解效率高、可靠性好的优越性，特别是近年来优质板弯曲单元与平面应力单元的出现，使板壳元的性态得到很大改善，使这类型单元的研究受到很大的重视.

2. 板壳元的单元刚度矩阵

由于平面应力状态与弯扭应力状态彼此独立，将两种状态下构造的单元简单地组合起来，就得到板壳元.下面以三角形单元为例说明板壳元单元刚度矩阵的形成.

(1) 平面应力状态

平面应力状态(图 7-12) 的单元刚度方程

$$\begin{Bmatrix} \{F_i^p\} \\ \{F_j^p\} \\ \{F_m^p\} \end{Bmatrix} = \begin{bmatrix} [K_{ii}^p] & [K_{ij}^p] & [K_{im}^p] \\ [K_{ji}^p] & [K_{jj}^p] & [K_{jm}^p] \\ [K_{mi}^p] & [K_{mj}^p] & [K_{mm}^p] \end{bmatrix} \begin{Bmatrix} \{\delta_i^p\} \\ \{\delta_j^p\} \\ \{\delta_m^p\} \end{Bmatrix} \tag{7-39}$$

实际上就是(3-25) 式.

这里，单个结点的结点位移向量与结点力向量为

$$\{\delta_i^p\} = \begin{Bmatrix} u_i \\ v_i \end{Bmatrix}, \quad \{F_i^p\} = \begin{Bmatrix} U_i \\ V_i \end{Bmatrix} \quad (i, j, m)$$

(2) 板弯曲状态

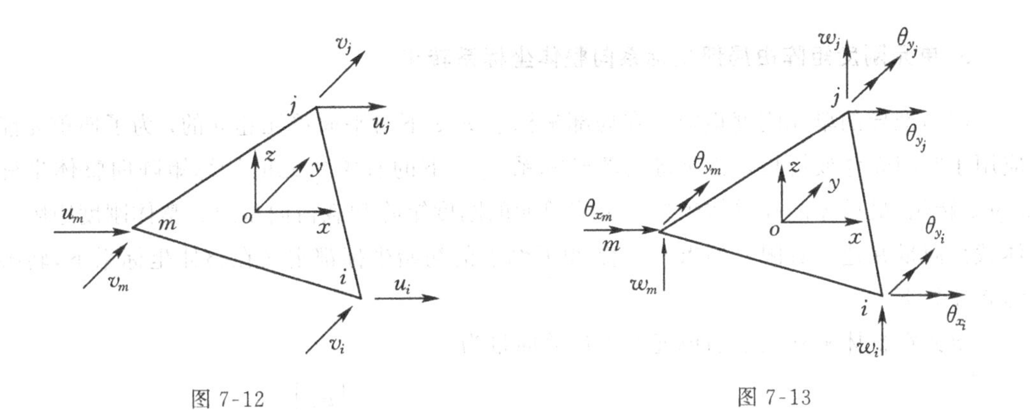

图 7-12　　　　图 7-13

板弯曲状态(图 7-13) 的单元刚度方程为

$$\begin{Bmatrix} \{F_i^b\} \\ \{F_j^b\} \\ \{F_m^b\} \end{Bmatrix} = \begin{bmatrix} [K_{ii}^b] & [K_{ij}^b] & [K_{im}^b] \\ [K_{ji}^b] & [K_{jj}^b] & [K_{jm}^b] \\ [K_{mi}^b] & [K_{mj}^b] & [K_{mm}^b] \end{bmatrix} \begin{Bmatrix} \{\delta_i^b\} \\ \{\delta_j^b\} \\ \{\delta_m^b\} \end{Bmatrix} \tag{7-40}$$

其中的单元刚度矩阵即(7-38) 式的分块写法.

这里单个结点的结点位移向量与结点力向量为

$$\{\delta_i^b\} = \begin{Bmatrix} w_i \\ \theta_{x_i} \\ \theta_{y_i} \end{Bmatrix}, \quad \{F_i^b\} = \begin{Bmatrix} W_i \\ M_{x_i} \\ M_{y_i} \end{Bmatrix} \qquad (i, j, m)$$

(3) 板壳元单元刚度矩阵

将(7-39) 式与(7-40) 式组合在一起,并增加一个自由度(位移分量 θ_{z_i}, 对应的结点力分量为 M_{z_i}), 就得到三角形板壳元的单元刚度方程

$$[K]^e\{\delta\}^e = \{F\}^e \tag{7-41}$$

即

$$\begin{bmatrix} [K_{ii}] & [K_{ij}] & [K_{im}] \\ [K_{ji}] & [K_{jj}] & [K_{jm}] \\ [K_{mi}] & [K_{mj}] & [K_{mm}] \end{bmatrix} \begin{Bmatrix} \{\delta_i\} \\ \{\delta_j\} \\ \{\delta_m\} \end{Bmatrix} = \begin{Bmatrix} \{F_i\} \\ \{F_j\} \\ \{F_m\} \end{Bmatrix} \tag{7-42}$$

其中:

$$[K_{rs}] = \begin{bmatrix} \multicolumn{2}{c}{\multirow{2}{*}{$[K_{rs}^p]$}} & 0 & 0 & 0 & 0 \\ & & 0 & 0 & 0 & 0 \\ 0 & 0 & & & & 0 \\ 0 & 0 & & [K_{rs}^b] & & 0 \\ 0 & 0 & & & & 0 \\ 0 & 0 & 0 & 0 & 0 & k_{66} \end{bmatrix} \quad \begin{matrix} (r=i, j, m) \\ (s=i, j, m) \end{matrix} \tag{7-43}$$

$$\left.\begin{aligned} \{\delta_i\} &= [u_i \quad v_i \quad w_i \quad \theta_{x_i} \quad \theta_{y_i} \quad \theta_{z_i}]^T, \\ \{F_i\} &= [U_i \quad V_i \quad W_i \quad M_{x_i} \quad M_{y_i} \quad M_{z_i}]^T \end{aligned}\right. \quad (i, j, m)$$

3. 单元刚度矩阵由局部坐标系向整体坐标系转化

前面推导的单元刚度矩阵是在局部坐标系 xyz 下对平面单元建立的，为了使单元能够应用于空间壳体或折板，必须将局部坐标系 xyz 下的有关单元的计算矩阵向整体坐标系 $\bar{x}\ \bar{y}\ \bar{z}$ 转化，最后才能在整体坐标系下将单元的刚度矩阵和载荷向量组成整体刚度矩阵和整体载荷向量并建立有限元的求解方程.单元结点的初始坐标都定义在整体坐标系下，转换过程叙述如下.

单元在整体坐标系下的单元结点位移向量为

$$\{\bar{\delta}\}^e = \begin{Bmatrix} \{\bar{\delta}_i\} \\ \{\bar{\delta}_j\} \\ \{\bar{\delta}_m\} \end{Bmatrix}, \quad 其中\{\bar{\delta}_i\} = \begin{Bmatrix} \bar{u}_i \\ \bar{v}_i \\ \bar{w}_i \\ \bar{\theta}_{x_i} \\ \bar{\theta}_{y_i} \\ \bar{\theta}_{z_i} \end{Bmatrix} \quad (i, j, m) \tag{7-44}$$

而相应的单元结点力向量为

$$\{\bar{F}\}^e = \begin{Bmatrix} \{\bar{F}_i\} \\ \{\bar{F}_j\} \\ \{\bar{F}_m\} \end{Bmatrix}, \quad 其中\{\bar{F}_i\} = \begin{Bmatrix} \bar{U}_i \\ \bar{V}_i \\ \bar{W}_i \\ \bar{M}_{x_i} \\ \bar{M}_{y_i} \\ \bar{M}_{z_i} \end{Bmatrix} \quad (i, j, m) \tag{7-45}$$

整体坐标系与局部坐标系的关系如图 7-14 所示，结点 i 的位移向量和结点力向量由整体坐标系向局部坐标系的转换关系为

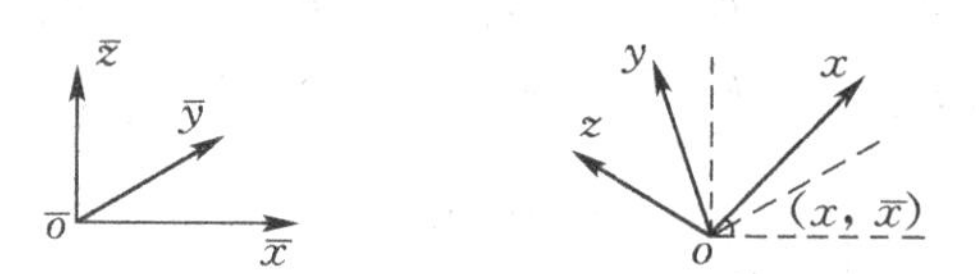

图 7-14　局部坐标系 $x\ y\ z$ 与整体坐标系 $\bar{x}\ \bar{y}\ \bar{z}$

$$\{\delta_i\} = [L]\{\bar{\delta}_i\}, \quad \{F_i\} = [L]\{\bar{F}_i\} \tag{7-46}$$

其中：

$$[L] = \begin{bmatrix} [t] & 0 \\ 0 & [t] \end{bmatrix} \tag{7-47}$$

$[t]$ 是一个 3×3 的正交矩阵，由局部坐标轴在整体坐标系中的方向余弦组成

$$[t]=\begin{bmatrix} l_1 & m_1 & n_1 \\ l_2 & m_2 & n_2 \\ l_3 & m_3 & n_3 \end{bmatrix} \tag{7-48}$$

实际上就是(6-13)式.

其中:

$$\begin{cases} l_1=\cos(x,\bar{x}) \\ l_2=\cos(y,\bar{x}), \\ l_3=\cos(z,\bar{x}) \end{cases} \begin{cases} m_1=\cos(x,\bar{y}) \\ m_2=\cos(y,\bar{y}), \\ m_3=\cos(z,\bar{y}) \end{cases} \begin{cases} n_1=\cos(x,\bar{z}) \\ n_2=\cos(y,\bar{z}) \\ n_3=\cos(z,\bar{z}) \end{cases} \tag{7-49}$$

由此可得单元位移向量与单元结点载荷的转换公式为

$$\{\delta\}^e=[T]\{\bar{\delta}\}^e,\quad \{F\}^e=[T]\{\bar{F}\}^e \tag{7-50}$$

其中$[T]$为18×18的正交矩阵

$$[T]=\begin{bmatrix} [L] & 0 & 0 \\ 0 & [L] & 0 \\ 0 & 0 & [L] \end{bmatrix} \tag{7-51}$$

将式(7-50)代入式(7-41)可得

$$[K]^e[T]\{\bar{\delta}\}^e=[T]\{\bar{F}\}^e$$

注意到$[T]$为正交矩阵,将上式两边左乘$[T]^{\mathrm{T}}$,得到

$$[\bar{K}]^e\{\bar{\delta}\}^e=\{\bar{F}\}^e \tag{7-52}$$

其中:$[\bar{K}]^e$为整体坐标下的单元刚度矩阵

$$[\bar{K}]^e=[T]^{\mathrm{T}}[K]^e[T] \tag{7-53}$$

子矩阵

$$[\bar{K}_{rs}]=[T]^{\mathrm{T}}[K_{rs}][T] \tag{7-54}$$

其中$[K_{rs}]$由式(7-43)给出.

当全部单元刚度矩阵在一个共同的整体坐标系下确定后,单元的组装和最后的求解都与标准的程序相同.最后计算得到的位移结果都是相对于整体坐标系而言的,在计算应力之前必须把各个单元的位移结果向各相应单元的局部坐标系转化,于是应力解便可通过平面应力矩阵与板弯曲问题内力矩阵计算整理得到.

4. 平面内旋转自由度的刚度问题

常用的平面应力单元每个结点只有两个线位移自由度,如前所述,早期的板壳元都是以它们来与板弯曲单元组成每个结点具有六个自由度的壳元,其中增加了一个自由度,即局部坐标系下单元在平面内的转角θ_z.由于在整体坐标系中,壳元每个结点有六个自由度,因此在局部坐标系中增加一个结点转角自由度θ_z是必要的.但是当用这种单元处理柱壳的直边边界、折板与箱形结构时,常常会发生具有同一个公共结点的几个壳元彼此共面的情况,此时整体刚度矩阵是奇异的.

经典的壳体方程中并没有涉及到θ_z这项参数,所以对θ_z方向赋以零刚度,即(7-43)式

中的 $k_{66}=0$.如果在局部坐标系下对这个共面结点写出六个平衡方程，则其中最后一个方程即相应于 θ_z 的方程，应为如下形式：

$$0 \cdot \theta_z = 0 \tag{7-55}$$

显然，局部坐标系下这组方程的系数矩阵是奇异的.而由于共面，在整体坐标系中这六个方程仍是线性相关的，导致整体刚度矩阵奇异，使得方程无唯一解.

有两种相对简单的方法克服上述困难：

(1) 在局部坐标系下删去关于此共面公共结点的第六个方程；

(2) 给予与此共面公共结点的有关 θ_z 的刚度系数 k_{66} 任意值.即在局部坐标系下将式(7-55)用下式代替

$$k_{66}\theta_z = 0 \qquad (k_{66} > 0) \tag{7-56}$$

这样，经变换后可以获得一组性态很好的方程，于是包括 θ_z 的所有的位移量都可以按照通常的方法获得.由于 θ_z 并不影响应力的计算，而且与其他结点平衡方程无关，所以给予 $k_{66}\theta_z$ 任何值都不会影响最后结果.

由于要判断是否有单元共面，上述的方法都使得编程过程变得复杂.而最好的替代方案就是给予平面内的旋转自由度以物理上的定义，使其具有刚度.这样，无论单元是否共面，刚度矩阵都不会出现奇异的现象.这就是对所有结点统一进行处理的设想，如附加旋转刚度矩阵、对 θ_z 自由度据最小主元加适量刚度系数以及充大数的思想.上述思想的实质，都是引进结点绕单元法向转动为零，且与其他位移分量不耦合的附加约束条件，其中以充大数的处理较为简明，只需将单元刚度矩阵主子矩阵 $[K_{rr}]$ 中的零元 k_{66} 改为大数 $10^8 \sim 10^{10}$ 即可.

习　　题

7-1　如图按两种方式用三角形单元划分矩形薄板，哪种方式比较好，为什么？

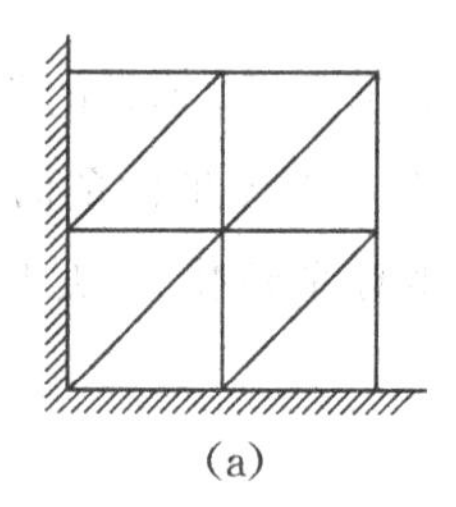

(a)

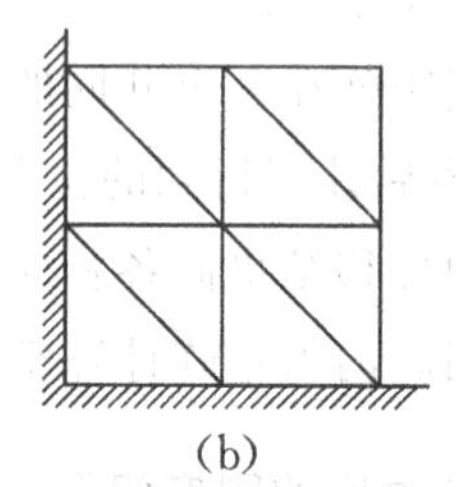

(b)

题 7-1

7-2　检查以下薄板弯曲问题位移模式的完备性：

(1) $w(x,y)=\alpha_1+\alpha_2 x+\alpha_3 y+\alpha_4 x^2+\alpha_5 xy+\alpha_6 y^2+\alpha_7 x^3+\alpha_8 x^2 y+\alpha_9 y^3$

(2) $w(x,y)=(\alpha_1+\alpha_2 x+\alpha_3 x^2+\alpha_4 x^3)(\beta_1+\beta_2 y+\beta_3 y^2+\beta_4 y^3)$

7-3　两个相邻的矩形薄板单元在公共边界上的内力 $\{M\}$ 是否连续？

7-4　矩形薄板的 OA 为固定边，OC 为简支边，AB、BC 为自由边，板面承受横向均布载荷 q_0，B 点承受集中力 P 作用.将板划分为一个单元，试写出：

(1) 整体结点载荷向量；

(2) 位移边界条件.

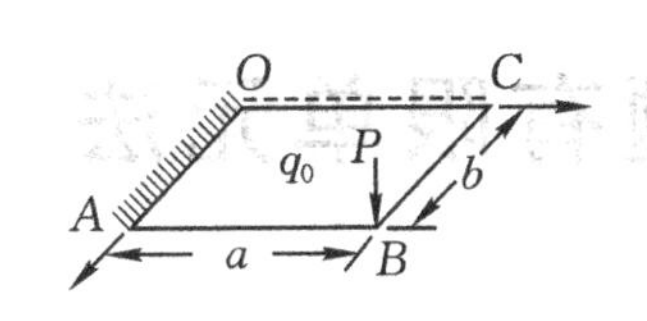

题 7-4

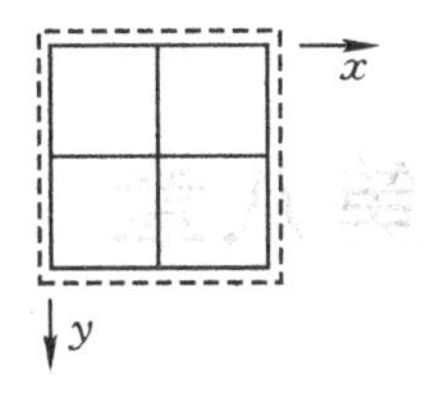

题 7-5

7-5　四边简支正方形薄板，边长 $2L$，板中心作用集中力 P. 将板划分为四个相同的矩形单元，求薄板中点挠度与内力.

7-6　将 7-5 题的板划分为两个相同的矩形单元：

(1) 写出薄板的整体刚度方程；

(2) 求结点位移.

第八章　热传导问题有限单元法

许多工程问题需要考虑温度场变化产生的影响.变温条件下工作的结构和部件通常都存在变温应力问题,变温应力经常占有相当大的比重,有时甚至成为设计和运行中的控制应力,如机械在启动与关闭过程中产生的瞬态热应力,混凝土结构施工过程中水泥水化热引起的瞬态热应力;而由于动力源发热、运动副摩擦热与加工切削热等导致的热变形,在机床加工精度控制中也是必须考虑的因素.

§8-1　关于温度场和热传导的一些概念

热量从物体的一部分传递到另一部分,或从一个物体传入与之相接触的另一个物体,都称为热传导.在热传导理论中,概不考虑物质的微粒构造,而把物体当做是连续介质.

一般而论,在热传导的过程中,物体内各点的温度随着各点的位置不同和时间的经过而变化,因而温度 ϕ 是位置坐标和时间 t 的函数:

$$\phi=\phi(x, y, z, t) \tag{a}$$

在任一瞬时,所有各点的温度值的总体,称为温度场.

一个温度场,如果它的温度随时间而变,如式(a)所示,就称为瞬态温度场;如果它的温度不随时间而变,就称为稳态温度场.在稳态温度场中,温度只是位置坐标的函数,即

$$\phi=\phi(x, y, z), \quad \left(\frac{\partial \phi}{\partial t}=0\right) \tag{b}$$

如果温度场的温度随着三个位置坐标而变,如式(a)所示,它就称为空间温度场或三维温度场;如果温度只随平面内的两个位置坐标而变,它就称为平面温度场.平面温度场属于二维温度场.平面温度场的数学表示是

$$\phi=\phi(x, y, t), \quad \left(\frac{\partial \phi}{\partial z}=0\right) \tag{c}$$

平面稳态温度场的数学表示则为

$$\phi=\phi(x, y), \quad \left(\frac{\partial \phi}{\partial t}=0, \frac{\partial \phi}{\partial z}=0\right) \tag{d}$$

在任一瞬时,连接场内温度相同的各点,就得到这一瞬时的一个等温面.图 8-1 中的虚线,表示温度相差为 $\Delta\phi$ 的一些等温面.显然,沿着等温面,温度不变;沿着其他方向,温度都有变

化;沿着等温面的法线方向,温度的变化率最大.

为了明确表示温度 ϕ 在某一点 P 处的变化率,在这一点取一个矢量,称为温度梯度,用 $\nabla \boldsymbol{\phi}$ 表示,它沿着等温面的法线方向,指向增温的方面,而大小等于$\frac{\partial \phi}{\partial n}$,其中 n 是沿着等温面法线而量的距离.取沿着等温面法线而指向增温方向的单位矢量 $\boldsymbol{n}_0$,则

$$\nabla \boldsymbol{\phi} = \boldsymbol{n}_0 \frac{\partial \phi}{\partial n} \tag{e}$$

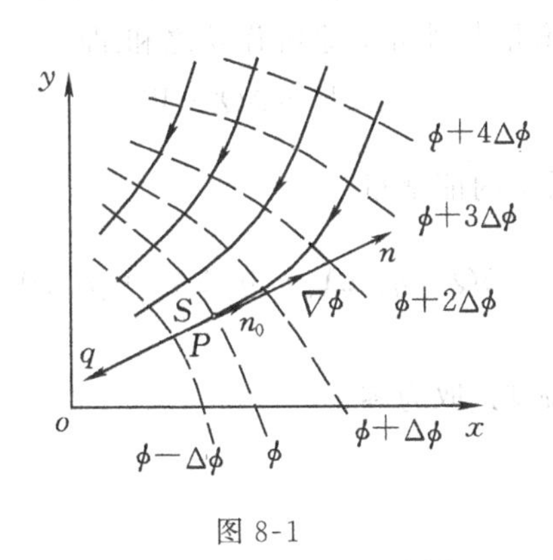

图 8-1

显然,P 点的温度梯度表示该点的最大变温率的方向和大小.该点沿坐标方向变温率,则等于该点的温度梯度在坐标轴上的投影,即

$$\left\{\begin{aligned}
\frac{\partial \phi}{\partial x} &= \frac{\partial \phi}{\partial n} \cos (n, x) \\
\frac{\partial \phi}{\partial y} &= \frac{\partial \phi}{\partial n} \cos (n, y) \\
\frac{\partial \phi}{\partial z} &= \frac{\partial \phi}{\partial n} \cos (n, z)
\end{aligned}\right. \tag{f}$$

在单位时间内通过等温面单位面积 S 的热量称为热流强度,为矢量,沿着等温面的法线而指向降温的方向. 用 q 表示热流强度的大小.

固体热传导的基本实验定律(Fourier 定律)说明,热流强度与温度梯度成正比而方向相反,也就是

$$\boldsymbol{q} = -k \nabla \boldsymbol{\phi} \tag{8-1}$$

其中的比例常数 k 称为导热系数.

材料热流强度在坐标轴上的投影为

$$q_x = -k_x \frac{\partial \phi}{\partial x}, \quad q_y = -k_y \frac{\partial \phi}{\partial y}, \quad q_z = -k_z \frac{\partial \phi}{\partial z} \tag{8-2}$$

对于各向同性材料有

$$q_x = -k \frac{\partial \phi}{\partial x}, \quad q_y = -k \frac{\partial \phi}{\partial y}, \quad q_z = -k \frac{\partial \phi}{\partial z}$$

§ 8-2　热传导微分方程

热传导微分方程的建立，是以热力学第一定律为依据的.该定律表明，单位时间内，系统内能的增量等于系统热量增量与外界对系统作功之和.即

$$\Delta E = \Delta Q + W$$

其中：$\Delta E = \rho c \dfrac{\partial \phi}{\partial t} \Delta V$ 为系统内能增量

$$\Delta Q = q_1 \Delta A_1 - q_2 \Delta A_2 + \rho Q \Delta V$$

为系统热量的增量；

W　为外界对系统所做功，取为零；

ρ　为材料密度；

c　为材料比热；

q_1、q_2　为流入、流出的热流强度；

ρQ　为物体内部单位时间单位体积内供给的热量；

Q　为物体内部的热源密度.

供热热源为正热源，例如金属通电、混凝土硬化、水分结冰时发热等；

吸热热源为负热源，例如水分蒸发、冰粒溶解时吸热等.

将热力学第一定律应用于微分体 $\mathrm{d}x\,\mathrm{d}y\,\mathrm{d}z$（图 8-2）有

$$\left[q_x - \left(q_x + \frac{\partial q_x}{\partial x}\mathrm{d}x\right)\right]\mathrm{d}y\,\mathrm{d}z + \left[q_y - \left(q_y + \frac{\partial q_y}{\partial y}\mathrm{d}y\right)\right]\mathrm{d}z\,\mathrm{d}x$$

$$+ \left[q_z - \left(q_z + \frac{\partial q_z}{\partial z}\mathrm{d}z\right)\right]\mathrm{d}x\,\mathrm{d}y + \rho Q\,\mathrm{d}x\,\mathrm{d}y\,\mathrm{d}z$$

$$= \rho c \frac{\partial \phi}{\partial t}\mathrm{d}x\,\mathrm{d}y\,\mathrm{d}z$$

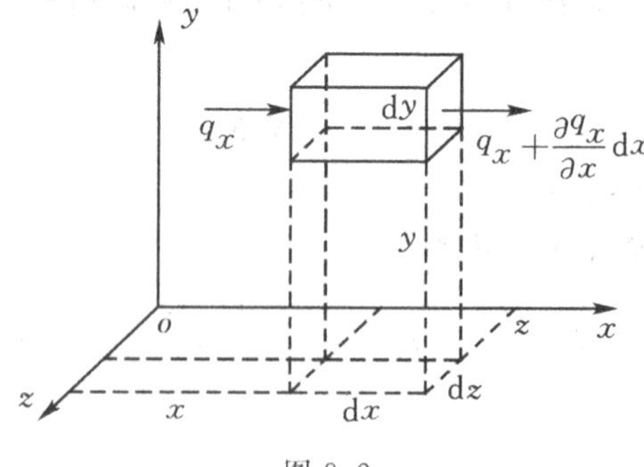

图 8-2

即
$$-\left(\frac{\partial q_x}{\partial x}+\frac{\partial q_y}{\partial y}+\frac{\partial q_z}{\partial z}\right)+\rho Q=\rho c\frac{\partial \phi}{\partial t}$$

将(8-2)式代入此式就得到瞬态温度场的三维热传导微分方程
$$\rho c\frac{\partial \phi}{\partial t}-\frac{\partial}{\partial x}\left(k_x\frac{\partial \phi}{\partial x}\right)-\frac{\partial}{\partial y}\left(k_y\frac{\partial \phi}{\partial y}\right)-\frac{\partial}{\partial z}\left(k_z\frac{\partial \phi}{\partial z}\right)-\rho Q=0 \tag{8-3}$$

对于各向同性材料,方程成为
$$\rho c\frac{\partial \phi}{\partial t}-k\nabla^2\phi-\rho Q=0 \tag{8-4}$$

§8-3 温度场的边值条件

为了能够求解热传导微分方程,从而求得温度场,必须已知物体在初瞬时的温度分布,即所谓初始条件;同时还必须已知初瞬时以后物体表面与周围介质之间进行热交换的规律,即所谓边界条件.初始条件和边界条件合称为边值条件.初始条件称为时间边值条件,而边界条件称为空间边值条件.

初始条件一般表示为如下的形式:
$$(\phi)_{t=0}=\phi(x,y,z) \tag{8-5}$$

在某些特殊情况下,在初瞬时,温度为均匀分布,即
$$(\phi)_{t=0}=C \tag{8-6}$$

边界条件一般可能以三种方式给出.

(1) 第一类边界条件:已知物体表面上任意一点在所有各瞬时的温度,即
$$\phi=\bar{\phi}(\Gamma,t)\quad(\text{在 }\Gamma_1\text{ 边界上}) \tag{8-7}$$

其中 ϕ 是物体表面的温度.在最简单的情况下,上式成为
$$\phi=C\quad(\text{在 }\Gamma_1\text{ 边界上}) \tag{8-8}$$

即物体表面的温度保持不变.这种条件可能是借人工维持的,或是当物体与周围介质进行特殊热交换时实现的,参阅下面所说的第三类边界条件.

(2) 第二类边界条件:已知物体表面 Γ_2 上任意一点的热流强度,即
$$q_xn_x+q_yn_y+q_zn_z=-q(\Gamma,t)\quad(\text{在 }\Gamma_2\text{ 边界上})$$

即
$$k_x\frac{\partial \phi}{\partial x}n_x+k_y\frac{\partial \phi}{\partial y}n_y+k_z\frac{\partial \phi}{\partial z}n_z=q\quad(\text{在 }\Gamma_2\text{ 边界上}) \tag{8-9}$$

当 q 等于零时即绝热边界条件.

(3) 第三类边界条件:已知物体边界上任意一点在所有各瞬时的对流放热条件.按照热量的对流定律,在单位时间内从物体表面传向周围介质的热流强度,是和两者的温度差成正

比的，即

$$q_x n_x + q_y n_y + q_z n_z = h(\phi - \phi_a) \quad (\text{在 } \Gamma_3 \text{ 边界上}) \tag{8-10}$$

其中：ϕ_a 在自然对流条件下是周围介质的温度，在强迫对流条件下是边界层的绝热壁温度；h 称为边界对流放热系数，简称为放热系数，它的因次是[热量][长度]$^{-2}$[时间]$^{-1}$[温度]$^{-1}$. 放热系数 h 依赖于周围介质的密度，粘度，流速，流向，流态，还依赖于弹性体表面的曲率及糙率，它的数值范围是很大的.据(8-2)式，上式可以改写成为

$$k_x \frac{\partial \phi}{\partial x} n_x + k_y \frac{\partial \phi}{\partial y} n_y + k_z \frac{\partial \phi}{\partial z} n_z = h(\phi_a - \phi) \quad (\text{在 } \Gamma_3 \text{ 边界上}) \tag{8-11}$$

如果周围介质的流速较大，对流几乎是完全的，则物体表面被迫取周围介质的温度，而上式简化为

$$\phi = \phi_a \quad (\text{在 } \Gamma_3 \text{ 边界上}) \tag{8-12}$$

如果 ϕ 随时间变化，是时间 t 的函数，则上式等同于(8-7)式.如果 ϕ 不随时间变化，则上式等同于(8-8)式.

按照边值条件求解热传导微分方程，在数学上是个难题；对于工程上提出的问题，用函数求解几乎是不可能的.对于平面问题，可以用差分法求解，但最好是用有限单元法求解.对于空间问题，就只可能用有限单元法求解.

§8-4 稳态热传导问题

如果边界上的温度、热流强度以及物体内部的热源密度都不随时间变化，则经过一段时间的热交换后，物体内各点的温度不再随时间而变化，即

$$\frac{\partial \phi}{\partial t} = 0$$

则瞬态热传导微分方程(8-3)退化为稳态热传导微分方程

$$\frac{\partial}{\partial x}\left(k_x \frac{\partial \phi}{\partial x}\right) + \frac{\partial}{\partial y}\left(k_y \frac{\partial \phi}{\partial y}\right) + \frac{\partial}{\partial z}\left(k_z \frac{\partial \phi}{\partial z}\right) + \rho Q = 0 \tag{8-13}$$

1. 稳态热传导有限元的一般格式

第一章曾经提到，除变分法外还可以利用加权残数法给出有限元方程.加权残数法也是求微分方程近似解的有效方法.精确解代入微分方程与边界条件后，在区域内与边界上的任何一点，余量都应该为零.如果先假定一个含有若干待定参量的试函数，由于是近似函数，代入微分方程与边界条件后不能精确满足，会产生余量(残数).作为近似分析，可以选择试函数中的待定参量，使得在某种平均意义上前述余量的加权积分值为零.

以二维问题为例，原问题为

$$\begin{cases}\dfrac{\partial}{\partial x}\left(k_x\dfrac{\partial\phi}{\partial x}\right)+\dfrac{\partial}{\partial y}\left(k_y\dfrac{\partial\phi}{\partial y}\right)+\rho Q=0 & \\ \phi-\bar{\phi}=0 & (\Gamma_1) \\ k_x\dfrac{\partial\phi}{\partial x}n_x+k_y\dfrac{\partial\phi}{\partial y}n_y-q=0 & (\Gamma_2) \\ k_x\dfrac{\partial\phi}{\partial x}n_x+k_y\dfrac{\partial\phi}{\partial y}n_y-h(\phi_a-\phi)=0 & (\Gamma_3)\end{cases}$$

设定含待定参量的温度场函数 $\tilde{\phi}$，它必须事先满足 Γ_1 边界上的边界条件，这种边界条件称为强制边界条件.将近似函数代入原问题控制方程及另两个边界条件，因 $\tilde{\phi}$ 的近似性，将产生余量，记为

$$\left.\begin{aligned}R_\Omega&=\frac{\partial}{\partial x}\left(k_x\frac{\partial\tilde{\phi}}{\partial x}\right)+\frac{\partial}{\partial y}\left(k_y\frac{\partial\tilde{\phi}}{\partial y}\right)+\rho Q\\ R_{\Gamma_2}&=k_x\frac{\partial\tilde{\phi}}{\partial x}n_x+k_y\frac{\partial\tilde{\phi}}{\partial y}n_y-q\\ R_{\Gamma_3}&=k_x\frac{\partial\tilde{\phi}}{\partial x}n_x+k_y\frac{\partial\tilde{\phi}}{\partial y}n_y-h(\phi_a-\tilde{\phi})\end{aligned}\right\}\tag{8-14}$$

按照加权余量法的思想，在加权积分的意义上在全域及边界上满足原问题，即

$$\int_\Omega R_\Omega w_1\,\mathrm{d}\Omega+\int_{\Gamma_2}R_{\Gamma_2}w_2\,\mathrm{d}\Gamma+\int_{\Gamma_3}R_{\Gamma_3}w_3\,\mathrm{d}\Gamma=0$$

将(8-14)式代入得

$$\begin{aligned}&\int_\Omega\left[w_1\frac{\partial}{\partial x}\left(k_x\frac{\partial\tilde{\phi}}{\partial x}\right)+w_1\frac{\partial}{\partial y}\left(k_y\frac{\partial\tilde{\phi}}{\partial y}\right)+w_1\rho Q\right]\mathrm{d}\Omega\\ &+\int_{\Gamma_2}\left[w_2k_x\frac{\partial\tilde{\phi}}{\partial x}n_x+w_2k_y\frac{\partial\tilde{\phi}}{\partial y}n_y-w_2q\right]\mathrm{d}\Gamma\\ &+\int_{\Gamma_3}\left[w_3k_x\frac{\partial\tilde{\phi}}{\partial x}n_x+w_3k_y\frac{\partial\tilde{\phi}}{\partial y}n_y-w_3h(\phi_a-\tilde{\phi})\right]\mathrm{d}\Gamma=0\end{aligned}\tag{8-15}$$

式中：w_1、w_2、w_3 是权函数.

对(8-15)式中的第一个积分的前两项进行分部积分，第一项为

$$\int_\Omega w_1\frac{\partial}{\partial x}\left(k_x\frac{\partial\tilde{\phi}}{\partial x}\right)\mathrm{d}\Omega=\int_\Omega\frac{\partial}{\partial x}\left[w_1\left(k_x\frac{\partial\tilde{\phi}}{\partial x}\right)\right]\mathrm{d}\Omega-\int_\Omega\frac{\partial w_1}{\partial x}\left(k_x\frac{\partial\tilde{\phi}}{\partial x}\right)\mathrm{d}\Omega$$

利用格林公式改写为

$$\int_\Omega w_1\frac{\partial}{\partial x}\left(k_x\frac{\partial\tilde{\phi}}{\partial x}\right)\mathrm{d}\Omega=\oint_\Gamma w_1k_x\frac{\partial\tilde{\phi}}{\partial x}n_x\,\mathrm{d}\Gamma-\int_\Omega\frac{\partial w_1}{\partial x}\left(k_x\frac{\partial\tilde{\phi}}{\partial x}\right)\mathrm{d}\Omega$$

同样
$$\int_\Omega w_1\frac{\partial}{\partial y}\left(k_y\frac{\partial\tilde{\phi}}{\partial y}\right)\mathrm{d}\Omega=\oint_\Gamma w_1k_y\frac{\partial\tilde{\phi}}{\partial y}n_y\,\mathrm{d}\Gamma-\int_\Omega\frac{\partial w_1}{\partial y}\left(k_y\frac{\partial\tilde{\phi}}{\partial y}\right)\mathrm{d}\Omega$$

代回(8-15)式得到

$$-\int_\Omega\left[\frac{\partial w_1}{\partial x}\left(k_x\frac{\partial\tilde{\phi}}{\partial x}\right)+\frac{\partial w_1}{\partial y}\left(k_y\frac{\partial\tilde{\phi}}{\partial y}\right)-\rho Qw_1\right]\mathrm{d}\Omega$$

$$
+\oint_{\Gamma} w_1\left(k_x \frac{\partial \tilde{\phi}}{\partial x} n_x + k_y \frac{\partial \tilde{\phi}}{\partial y} n_y\right) \mathrm{d}\Gamma
$$

$$
+\int_{\Gamma_2} w_2\left(k_x \frac{\partial \tilde{\phi}}{\partial x} n_x + k_y \frac{\partial \tilde{\phi}}{\partial y} n_y - q\right) \mathrm{d}\Gamma
$$

$$
+\int_{\Gamma_3} w_3\left(k_x \frac{\partial \tilde{\phi}}{\partial x} n_x + k_y \frac{\partial \tilde{\phi}}{\partial y} n_y - h(\phi_a - \tilde{\phi})\right) \mathrm{d}\Gamma = 0 \tag{8-16}
$$

将空间域 Ω 离散为有限个单元体，单元内各点的温度 ϕ 可以近似地利用单元的结点温度 ϕ_i 插值得到

$$
\phi = \tilde{\phi} = \sum_{i=1}^{n_e} N_i(x, y)\phi_i = [N]\{\phi\}^e \tag{8-17}
$$

其中：形函数矩阵

$$
[N] = [N_1 \quad N_2 \quad \cdots \quad N_{n_e}] \tag{8-18}
$$

式中：n_e 是每个单元的结点个数，$N_i(x, y)$ 作为形状函数具有下述性质.

$$
N_i(x_j, y_j) = \begin{cases} 1 & (\text{当 } j = i) \\ 0 & (\text{当 } j \neq i) \end{cases}
$$

及

$$
\sum N_i = 1
$$

由于近似温度场函数是构造在单元中的，因此(8-16)式的积分可改写为对单元积分的总和.

选择权函数

$$
w_1 = N_j \qquad (j = 1, 2, \cdots, n)
$$

其中 n 是 Ω 域全部离散得到的结点总数.而在边界上不失一般性地选择

$$
w_2 = w_3 = -w_1 = -N_j \qquad (j = 1, 2, \cdots, n)
$$

因 $\tilde{\phi}$ 已满足强制边界条件，因此在 Γ_1 边界上不再产生余量，可令 w_1 在 Γ_1 边界上为零.

将以上权函数代入(8-16)式得到

$$
\sum_e \int_{\Omega^e} \left[\frac{\partial N_j}{\partial x}\left(k_x \frac{\partial [N]}{\partial x}\right) + \frac{\partial N_j}{\partial y}\left(k_y \frac{\partial [N]}{\partial y}\right)\right]\{\phi\}^e \,\mathrm{d}\Omega
$$

$$
- \sum_e \int_{\Omega^e} \rho Q N_j \,\mathrm{d}\Omega - \sum_e \int_{\Gamma_2^e} N_j q \,\mathrm{d}\Gamma
$$

$$
- \sum_e \int_{\Gamma_3^e} N_j h \phi_a \,\mathrm{d}\Gamma + \sum_e \int_{\Gamma_3^e} N_j h [N]\{\phi\}^e \,\mathrm{d}\Gamma = 0
$$

$$
(j = 1, 2, \cdots, n) \tag{8-19}
$$

写成矩阵形式则为

$$
\sum_e \int_{\Omega^e} \left[\left(\frac{\partial [N]}{\partial x}\right)^{\mathrm{T}} k_x \frac{\partial [N]}{\partial x} + \left(\frac{\partial [N]}{\partial y}\right)^{\mathrm{T}} k_y \frac{\partial [N]}{\partial y}\right]\{\phi\}^e \,\mathrm{d}\Omega
$$

$$
+ \sum_e \int_{\Gamma_3^e} h [N]^{\mathrm{T}} [N]\{\phi\}^e \,\mathrm{d}\Gamma - \sum_e \int_{\Gamma_2^e} [N]^{\mathrm{T}} q \,\mathrm{d}\Gamma \tag{8-20}
$$

$$
- \sum_e \int_{\Gamma_3^e} [N]^{\mathrm{T}} h \phi_a \,\mathrm{d}\Gamma - \sum_e \int_{\Omega^e} [N]^{\mathrm{T}} \rho Q \,\mathrm{d}\Omega = 0
$$

(8-19) 式或(8-20) 式是 n 个联立的线性代数方程组，用以确定 n 个结点温度 ϕ_i，按照一般

有限元格式，(8-20) 式可表示为

$$[K]\{\phi\}=\{P\} \tag{8-21}$$

式中：$[K]$ 称为热传导矩阵，其元素为

$$K_{ij}=\sum_{e}\int_{\Omega^e}\left(k_x\frac{\partial N_i}{\partial x}\frac{\partial N_j}{\partial x}+k_y\frac{\partial N_i}{\partial y}\frac{\partial N_j}{\partial y}\right)\mathrm{d}\Omega+\sum_{e}\int_{\Gamma_3^e}hN_iN_j\,\mathrm{d}\Gamma \tag{8-22}$$

式中的第一项是各单元对热传导矩阵的贡献，第二项是第三类热交换边界条件对热传导矩阵的修正.

$\{\phi\}$ 是结点温度列阵；

$\{P\}$ 是温度载荷列阵，其元素为

$$P_i=\sum_{e}\int_{\Gamma_2^e}N_iq\,\mathrm{d}\Gamma+\sum_{e}\int_{\Gamma_3^e}N_ih\phi_a\,\mathrm{d}\Gamma+\sum_{e}\int_{\Omega^e}N_i\rho Q\,\mathrm{d}\Omega \tag{8-23}$$

式中的三项分别为给定热流、热交换以及热源引起的温度载荷.可以看出热传导矩阵和温度载荷列阵都是由单元相应的矩阵集合而成.可将(8-22) 式及(8-23) 式改写成单元集成的形式

$$K_{ij}=\sum_{e}K_{ij}^e+\sum_{e}H_{ij}^e \tag{8-24}$$

$$P_i=\sum_{e}P_{q_i}^e+\sum_{e}P_{H_i}^e+\sum_{e}P_{Q_i}^e \tag{8-25}$$

式中：

$$K_{ij}^e=\int_{\Omega^e}\left(k_x\frac{\partial N_i}{\partial x}\frac{\partial N_j}{\partial x}+k_y\frac{\partial N_i}{\partial y}\frac{\partial N_j}{\partial y}\right)\mathrm{d}\Omega \tag{8-26}$$

$$H_{ij}^e=\int_{\Gamma_3^e}hN_iN_j\,\mathrm{d}\Gamma \tag{8-27}$$

$$P_{q_i}^e=\int_{\Gamma_2^e}N_iq\,\mathrm{d}\Gamma \tag{8-28}$$

$$P_{H_i}^e=\int_{\Gamma_3^e}N_ih\phi_a\,\mathrm{d}\Gamma \tag{8-29}$$

$$P_{Q_i}^e=\int_{\Omega^e}N_i\rho Q\,\mathrm{d}\Gamma \tag{8-30}$$

以上就是二维稳态热传导问题有限元的一般格式.

2.平面问题 3 结点三角形单元

现在讨论最简单而又十分有用的 3 结点三角形单元稳态热传导问题的有限元格式.

根据 §3-1 的(3-9) 式，形状函数为

$$N_i=\frac{1}{2A}(a_i+b_ix+c_iy)\qquad (i,j,m)$$

对于任一单元 ijm，可将形状函数求导代入(8-26) 式得到热传导矩阵元素

$$K_{ij}^e=\frac{k_x}{4A}b_ib_j+\frac{k_y}{4A}c_ic_j \tag{8-31}$$

单元热传导矩阵是

$$[K]^e=\frac{k_x}{4A}\begin{bmatrix}b_ib_i & b_ib_j & b_ib_m\\ \text{对} & b_jb_j & b_jb_m\\ & \text{称} & b_mb_m\end{bmatrix}+\frac{k_y}{4A}\begin{bmatrix}c_ic_i & c_ic_j & c_ic_m\\ \text{对} & c_jc_j & c_jc_m\\ & \text{称} & c_mc_m\end{bmatrix} \tag{8-32}$$

对于具有第三类边界条件的边界单元，如图8-3中的 rsp 单元，除按(8-32)式计算单元热传导矩阵外，还应计算由于第三类边界条件引起的对热传导矩阵的修正.修正项可将形状函数代入(8-27)式得到

$$\begin{cases} H_{sr}^e = H_{rs}^e = \int_l hN_rN_s \, dl = \frac{1}{6}hL \\ H_{rr}^e = H_{ss}^e = \int_l hN_s^2 \, dl = \frac{1}{3}hL \end{cases} \tag{8-33}$$

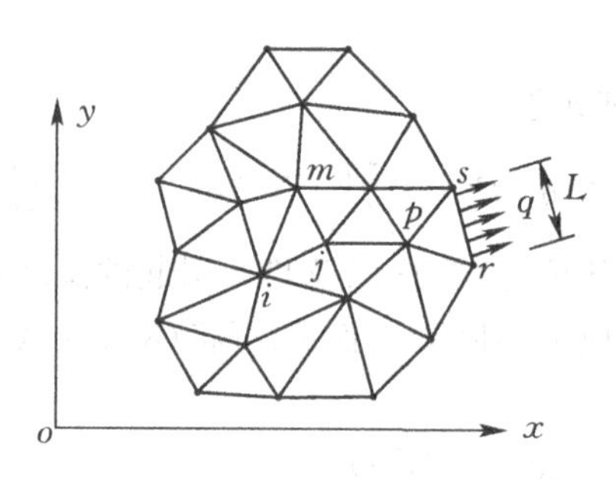

图8-3　二维域划分为三角形单元

式中 L 是对流边界 rs 的边长.若单元中只有 rs 边为对流换热边界，则对单元热传导矩阵的修正是

$$[H]^e = \frac{1}{6}hL \begin{bmatrix} 2 & 1 & 0 \\ 1 & 2 & 0 \\ 0 & 0 & 0 \end{bmatrix} \tag{8-34}$$

单元结点编码顺序是 r、s、p.

单元的温度载荷可由(8-28)～(8-30)式求得.当热源密度 Q 以及给定热流强度 q 都是常量时，有

$$\begin{aligned} P_{Q_i}^e &= \frac{1}{3}\rho QA \quad (i, j, m) \\ P_{H_i}^e &= \frac{1}{2}h\phi_a L \quad (i = r, s) \quad (\text{当 } \Gamma_3 \text{ 为 } r\text{-}s \text{ 边时}) \\ P_{q_i}^e &= \frac{1}{2}qL \quad (i = r, s) \quad (\text{当 } \Gamma_2 \text{ 为 } r\text{-}s \text{ 边时}) \end{aligned} \tag{8-35}$$

§8-5　瞬态热传导问题

1. 瞬态热传导有限元的一般格式

瞬态温度场与稳态温度场主要的差别，在于瞬态温度场的场函数温度不仅是空间域 Ω

的函数，而且还是时间域 t 的函数.由于时间和空间两种域并不耦合，因此，建立有限元格式时可以采用部分离散的方法.

我们仍以二维问题为例来建立瞬态温度场有限元的一般格式.首先将空间域 Ω 离散为有限个单元体，在单元内温度 ϕ 仍可以近似地用结点温度 ϕ_i 插值得到，但要注意此时结点温度是时间的函数：

$$\phi=\tilde{\phi}=\sum_{i=1}^{n_e} N_i(x, y)\phi_i(t) \tag{8-36}$$

构造 $\tilde{\phi}$ 时要求满足 Γ_1 上的边界条件，形状函数 N_i 仍只是空间域的函数，也应具有形状函数的基本性质.

作为近似函数，(8-36) 式代入原问题的温度场方程(8-3) 和边界条件(8-9) 式、(8-10) 式时将产生余量

$$\begin{cases} R_\Omega=\dfrac{\partial}{\partial x}\left(k_x \dfrac{\partial\tilde{\phi}}{\partial x}\right)+\dfrac{\partial}{\partial y}\left(k_y \dfrac{\partial\tilde{\phi}}{\partial y}\right)+\rho Q-\rho c\dfrac{\partial\tilde{\phi}}{\partial t} \\ R_{\Gamma_2}=k_x\dfrac{\partial\tilde{\phi}}{\partial x}n_x+k_y\dfrac{\partial\tilde{\phi}}{\partial y}n_y-q \\ R_{\Gamma_3}=k_x\dfrac{\partial\tilde{\phi}}{\partial x}n_x+k_y\dfrac{\partial\tilde{\phi}}{\partial y}n_y-h(\phi_a-\tilde{\phi}) \end{cases} \tag{8-37}$$

令余量的加权积分为零，即

$$\int_\Omega R_\Omega w_1\,\mathrm{d}\Omega+\int_{\Gamma_2} R_{\Gamma_2} w_2\,\mathrm{d}\Gamma+\int_{\Gamma_3} R_{\Gamma_3} w_3 d\Gamma=0 \tag{8-38}$$

取加权函数为

$$w_1=N_j \quad (j=1, 2, \cdots, n)$$
$$w_2=w_3=-w_1$$

代入(8-38) 式，与稳态温度场建立有限元格式的过程类同，经分部积分后可以得到用以确定 n 个结点温度 ϕ_i 的矩阵方程

$$[C]\{\dot{\phi}\}+[K]\{\phi\}=\{P\} \tag{8-39}$$

这是一组以时间 t 为独立变量的线性常微分方程组.
式中：$[C]$是热容矩阵；$[K]$是热传导矩阵；$[C]$和$[K]$都是对称正定矩阵；$\{P\}$是温度载荷列阵；$\{\phi\}$是结点温度列阵；$\{\dot{\phi}\}$是结点温度对时间的导数列阵，$\{\dot{\phi}\}=\dfrac{\mathrm{d}\{\phi\}}{\mathrm{d}t}$. 矩阵$[K]$、$[C]$与$\{P\}$的元素由相应的单元矩阵元素集成

$$\begin{cases} K_{ij}=\sum\limits_e K_{ij}^e+\sum\limits_e H_{ij}^e \\ C_{ij}=\sum\limits_e C_{ij}^e \\ P_i=\sum\limits_e P_{Q_i}^e+\sum\limits_e P_{q_i}^e+\sum\limits_e P_{H_i}^e \end{cases} \tag{8-40}$$

单元的各种矩阵元素构成如下：

$$K_{ij}^{e}=\int_{\Omega^{e}}\left(k_{x}\frac{\partial N_{i}}{\partial x}\frac{\partial N_{j}}{\partial x}+k_{y}\frac{\partial N_{i}}{\partial y}\frac{\partial N_{j}}{\partial y}\right)\mathrm{d}\Omega \tag{8-41}$$

是单元对热传导矩阵的贡献；

$$H_{ij}^{e}=\int_{\Gamma_{3}^{e}}hN_{i}N_{j}\ \mathrm{d}\Gamma \tag{8-42}$$

是单元热交换边界对热传导矩阵的修正；

$$C_{ij}^{e}=\int_{\Omega^{e}}\rho cN_{i}N_{j}\ \mathrm{d}\Omega \tag{8-43}$$

是单元对热容矩阵的贡献；

$$P_{Q_{i}}^{e}=\int_{\Omega^{e}}\rho QN_{i}\ \mathrm{d}\Omega \tag{8-44}$$

是单元热源产生的温度载荷；

$$P_{q_{i}}^{e}=\int_{\Gamma_{2}^{e}}qN_{i}\ \mathrm{d}\Gamma \tag{8-45}$$

是单元给定热流边界的温度载荷；

$$P_{H_{i}}^{e}=\int_{\Gamma_{3}^{e}}h\phi_{a}N_{i}\ \mathrm{d}\Gamma \tag{8-46}$$

是单元对流换热边界的温度载荷.

至此,已将时间域和空间域的偏微分方程问题在空间域内离散为 n 个结点温度$\{\phi(t)\}$的常微分方程的初值问题.对于给定温度值的边界 Γ_1 上的 n_1 个结点,方程组(8-39)中相应的式子应引入以下条件

$$\phi_{i}=\bar{\phi}_{i}\quad(i=1,\ 2,\ \cdots,\ n_{1}) \tag{8-47}$$

式中：i 是 Γ_1 上 n_1 个结点的编号.

2. 一阶常微分方程组的数值积分

对常微分方程组采用数值积分方法求解的基本概念是将时间域离散化,用在离散的时间点上满足方程组代替在时间域上处处满足方程组.对于只有一阶导数的常微分方程组如(8-39)式,时间域的离散可以采用简单的两点循环公式.

(1) 用加权余量法建立两点循环公式

经空间离散以后,得到的是常微分方程组(8-39),其未知量即结点温度向量$\{\phi\}$是时间的函数.和以前讨论的空间离散方法类同,求解前先对时间域进行离散,即将时间也分成若干单元,$\{\phi(t)\}$在每一个时间单元内可以表示成

$$\{\phi(t)\}\approx\{\tilde{\phi}(t)\}=\sum N_{i}(t)\{\phi_{i}\} \tag{8-48}$$

这里$\{\phi_i\}$是$\{\phi(t)\}$在时刻 i 时的一组结点值.形状函数 $N_i(t)$ 对于向量$\{\phi\}$中每个分量都取相同形式的函数,因此,$N_i(t)$ 是一个标量函数.

当常微分方程组中只包含对时间的一阶导数时,对形状函数 N_i 的最低要求是至少是一次多项式,每时间单元至少两个结点.

取一个典型的时间单元长度 Δt, 单元内$\{\phi\}$由结点值$\{\phi_n\}$及$\{\phi_{n+1}\}$插值得到

$$\{\phi\}=N_{n}\{\phi_{n}\}+N_{n+1}\{\phi_{n+1}\} \tag{8-49}$$

$\{\phi\}$ 的一阶导数可表示成

$$\{\dot{\phi}\} = \dot{N}_n\{\phi_n\} + \dot{N}_{n+1}\{\phi_{n+1}\} \tag{8-50}$$

形状函数表示在图 8-4 中，形状函数及其一阶导数可以用局部变量 ξ 给出

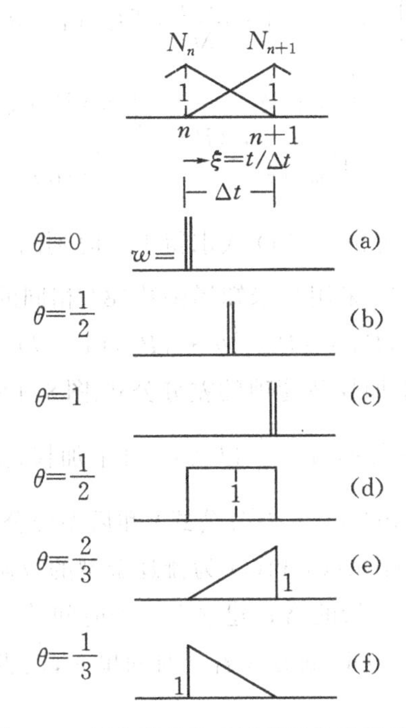

图 8-4　两点循环公式插值函数及权函数

$$\begin{cases} \xi = \dfrac{t}{\Delta t} \\ N_n = 1-\xi, \ \dot{N}_n = -\dfrac{1}{\Delta t} \qquad (0 \leqslant \xi \leqslant 1) \\ N_{n+1} = \xi, \ \dot{N}_{n+1} = \dfrac{1}{\Delta t} \end{cases} \tag{8-51}$$

由于采用(8-49)式的近似插值，在单元中方程(8-39)必然产生余量.对于一个单元建立典型的加权余量格式

$$\int_0^1 w\{[C](\dot{N}_n\{\phi_n\} + \dot{N}_{n+1}\{\phi_{n+1}\}) + [K](N_n\{\phi_n\} + N_{n+1}\{\phi_{n+1}\}) - \{P\}\} \mathrm{d}\xi = 0 \tag{8-52}$$

当求解的是个初值问题时，一组参量 $\{\phi_n\}$ 假定为已知，利用方程(8-52)就可以用来近似确定另一组参量 $\{\phi_{n+1}\}$，将(8-51)式代入此式就得到时间单元前后结点上两组参量的关系式

$$\left([K]\int_0^1 w\xi \,\mathrm{d}\xi + [C]\int_0^1 w \frac{\mathrm{d}\xi}{\Delta t}\right)\{\phi_{n+1}\} + \left([K]\int_0^1 w(1-\xi)\,\mathrm{d}\xi - [C]\int_0^1 w\frac{\mathrm{d}\xi}{\Delta t}\right)\{\phi_n\} - \int_0^1 w\{P\}\,\mathrm{d}\xi = 0 \tag{8-53}$$

式中可以代入不同的权函数.在以上讨论中假定热传导矩阵$[K]$和热容矩阵$[C]$不随时间t而变化.

将(8-53)式表达为任何权函数都适用的一般形式：

$$\left(\frac{[C]}{\Delta t}+[K]\theta\right)\{\phi_{n+1}\}+\left(-\frac{[C]}{\Delta t}+[K](1-\theta)\right)\{\phi_n\}=\{\bar{P}\} \tag{8-54}$$

式中：

$$\theta=\frac{\int_0^1 w\xi\,\mathrm{d}\xi}{\int_0^1 w\,\mathrm{d}\xi},\quad \{\bar{P}\}=\frac{\int_0^1 w\{P\}\,\mathrm{d}\xi}{\int_0^1 w\,\mathrm{d}\xi} \tag{8-55}$$

当$\{\phi_n\}$和$\{\bar{P}\}$都已知时,可由(8-54)式求得下一时刻的$\{\phi_{n+1}\}$，这就是两点循环公式.

一种方便的做法是假定$\{\bar{P}\}$采用与未知场函数$\{\phi\}$相同的插值,则

$$\{\bar{P}\}=\{P_{n+1}\}\theta+\{P_n\}(1-\theta) \tag{8-56}$$

显然(8-53)式是一组具有修正加权载荷项的差分公式.图8-4中给出一组权函数及相应的θ值.前面三个(a)～(c),集中在点n，$n+\frac{1}{2}$以及$n+1$上加权,得到的是有名的前差分(Euler差分公式),中心差分(Crank-Nicholson差分公式)和后差分公式.(d)为单元内等于常数的权函数,其结果和中心差分法相同.(e)和(f)为伽辽金型的权函数.

以上讨论的过程是把加权余量的格式建立在一个时间单元Δt上,建立了ϕ_{n+1}和ϕ_n间的递推关系.对于整个时间域t,可以划分成若干时间单元,逐步递推求得时间域内各瞬时的场函数$\{\phi(t)\}$值.

(2) 用最小二乘法建立两点循环公式

最小二乘法是对域内误差的平方和求极值.物理意义是使近似温度场函数在域内形成的误差的平方和达到最小值,以此确定近似温度场函数.当近似函数仍采用(8-49)式的线性插值时,近似函数在域内形成的误差的平方和为

$$\begin{aligned}\Pi=\int_0^1&\Big[[C](\dot{N}_n\{\phi_n\}+\dot{N}_{n+1}\{\phi_{n+1}\})+[K](N_n\{\phi_n\}+N_{n+1}\{\phi_{n+1}\})-\{P\}\Big]^{\mathrm{T}}\\&\cdot\Big[[C](\dot{N}_n\{\phi_n\}+\dot{N}_{n+1}\{\phi_{n+1}\})+[K](N_n\{\phi_n\}+N_{n+1}\{\phi_{n+1}\})-\{P\}\Big]\mathrm{d}\xi\end{aligned} \tag{8-57}$$

假定$\{\phi_n\}$已知,对$\{\phi_{n+1}\}$变分使泛函Π为极小.经过变换,最后可以得到两点循环公式

$$\begin{aligned}&\left[\frac{[C]^{\mathrm{T}}[C]}{\Delta t}+\frac{([K]^{\mathrm{T}}[C]+[C]^{\mathrm{T}}[K])}{2}+\frac{[K]^{\mathrm{T}}[K]\Delta t}{3}\right]\{\phi_{n+1}\}\\&+\left[-\frac{[C]^{\mathrm{T}}[C]}{\Delta t}-\frac{([K]^{\mathrm{T}}[C]-[C]^{\mathrm{T}}[K])}{2}+\frac{[K]^{\mathrm{T}}[K]\Delta t}{6}\right]\{\phi_n\}\\&-[K]^{\mathrm{T}}\int_0^1\frac{\{P\}\xi\,\mathrm{d}\xi}{\Delta t^2}-[C]^{\mathrm{T}}\int_0^1\frac{\{P\}\,\mathrm{d}\xi}{\Delta t}=0\end{aligned} \tag{8-58}$$

由上式可明显看到计算工作量是十分庞大的.但由最小二乘法建立的方程总是对称方程组(系数矩阵具有对称性),即使$[K]$矩阵和$[C]$矩阵不对称时也是这样.

为了比较前面讨论的这些两点公式,我们讨论一个简单情况

$$[K]=[C]=1, \quad \{P\}=0$$

这就是一个单变量的方程,初值取 $\phi_0=1$. 图 8-5 给出了用不同公式的计算结果,时间步长取 $\Delta t=0.5$. 此算例中,最小二乘法具有较高的精度.

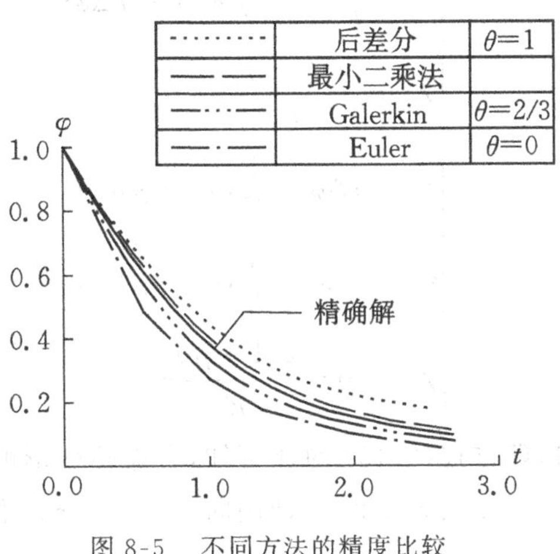

图 8-5 不同方法的精度比较

§8-6 热变形与热应力计算

当物体的温度改变时,体内各部分将随着温度升高而膨胀,随着温度的降低而收缩.这种由于温度的改变而引起的变形称为温度变形,也称为热变形.热变形只产生线应变 $\alpha(\phi-\phi_0)$,其中 α 是材料的线膨胀系数,ϕ 是物体内任一点当前的温度值,ϕ_0 是初始温度值.如果物体各部分的热变形不受任何约束时,则物体上虽有变形却不引起应力.当物体由于约束或各部分温度变化不均匀而使热变形不能自由进行时,就会在物体中产生应力,称为温度应力(变温应力),也称为热应力.只要已知物体的温度场 $\{\phi\}$,就可以进一步求出物体各部分的热变形与热应力.

既然物体在温度改变时会产生热变形和热应力,就可以把温度的改变看作对物体作用有热载荷.首先求出作用在单元结点的热载荷,然后就能进行热变形和热应力的计算.

设弹性体在前后两个瞬时的温度分别为 ϕ_1 和 ϕ_2,记 $\Delta\phi=\phi_1-\phi_2$,称为变温.以平面应力问题为例,各点温度一般都是位置坐标 x、y 的函数,因此,变温 $\Delta\phi$ 也是 x、y 的函数.当弹性体内各微小长度不受任何约束时,变温 $\Delta\phi$ 产生应变为 $\alpha\Delta\phi$. 在各向同性的物体中,此时的正应变在各个方向相同,且不伴随剪应变,即

$$\varepsilon_x^0=\varepsilon_y^0=\alpha\Delta\phi, \quad \gamma_{xy}^0=0$$

需考虑温度应变时，平面应力问题的物理方程(2-24)必须增加上列各项，成为

$$\begin{cases}\varepsilon_z = \dfrac{1}{E}(\sigma_x - \mu\sigma_y) + \alpha\Delta\phi \\ \varepsilon_y = \dfrac{1}{E}(\sigma_y - \mu\sigma_x) + \alpha\Delta\phi \\ \gamma_{xy} = \dfrac{2(1+\mu)}{E}\tau_{xy}\end{cases} \tag{8-59}$$

即

$$\begin{cases}\varepsilon_z - \alpha\Delta\phi = \dfrac{1}{E}(\sigma_x - \mu\sigma_y) \\ \varepsilon_y - \alpha\Delta\phi = \dfrac{1}{E}(\sigma_y - \mu\sigma_x) \\ \gamma_{xy} - 0 = \dfrac{2(1+\mu)}{E}\tau_{xy}\end{cases} \tag{8-60}$$

与平面应力问题的物理方程(2-15)对比可知，考虑热变形的计算中应以$(\varepsilon_x - \alpha\Delta\phi)$、$(\varepsilon_y - \alpha\Delta\phi)$、$(\gamma_{xy} - 0)$取代$\varepsilon_x$、$\varepsilon_y$、$\gamma_{xy}$，即用向量$\{\varepsilon\} - \{\varepsilon_0\}$代替原应变向量$\{\varepsilon\}$. 其中：

$$\{\varepsilon_0\} = \begin{Bmatrix}\alpha\Delta\phi \\ \alpha\Delta\phi \\ 0\end{Bmatrix} = \alpha\Delta\phi\begin{Bmatrix}1 \\ 1 \\ 0\end{Bmatrix} \tag{8-61}$$

于是

$$\{\sigma\} = [D](\{\varepsilon\} - \{\varepsilon_0\}) = [D]([B]\{\delta\}^e - \{\varepsilon_0\}) \tag{8-62}$$

可见在单元分析中应以$\{B\}\{\delta\}^e - \{\varepsilon_0\}$代替(3-16)式$\{\sigma\} = [D][B]\{\delta\}^e$中的$[B]\{\delta\}^e$.则这里的单元刚度方程式应为

$$\{F\}^e = \iint [B]^{\mathrm{T}}[D]([B]\{\delta\}^e - \{\varepsilon_0\})t\,\mathrm{d}x\,\mathrm{d}y$$

即

$$\{F\}^e = \iint [B]^{\mathrm{T}}[D][B]\{\delta\}^e t\,\mathrm{d}x\,\mathrm{d}y - \iint [B]^{\mathrm{T}}[D]\{\varepsilon_0\}t\,\mathrm{d}x\,\mathrm{d}y$$

即

$$\{F\}^e = [K]^e\{\delta\}^e - \iint [B]^{\mathrm{T}}[D]\{\varepsilon_0\}t\,\mathrm{d}x\,\mathrm{d}y \tag{8-63}$$

式中右边的第二项是考虑变温影响而得到的单元结点力向量，称为温度等效结点载荷，记为

$$\{R_\phi\}^e = \iint [B]^{\mathrm{T}}[D]\{\varepsilon_0\}t\,\mathrm{d}x\,\mathrm{d}y \tag{8-64}$$

为单元变温产生的等效结点载荷.

则整体温度等效载荷向量为

$$\{R_\phi\} = \sum_e \{R_\phi\}^e \tag{8-65}$$

显然，用这个变温等效结点载荷向量代替以前所用的结点载荷向量，由整体刚度方程算出的结点位移就是变温引起的结点位移，即热变形位移.

关于计算方法与步骤与第三章平面问题所述的相同，不再重述.如要进一步计算热应力，在热变形求出后代入式(8-62)进行计算即可.

第九章　有限元分析中的几个特殊问题

§9-1　不同单元的组合

当结构的形状比较复杂时，使用一种单元是比较困难的，也是不适当的.如对有曲边的平板弯曲，可在内部使用矩形单元而在边界处补充一些三角形单元；对于有厚有薄的空间结构，可在很厚的部位采用三维单元而在较薄的部位采用壳体单元；对一般的三维问题，也可以同时使用曲面六面体、曲面五面体、曲面四面体单元；至于梁与板的组合则更是常见的工程结构了.上述情况的有限元分析可能要进行某些特殊处理.

1. 相邻单元具有非共同结点

用位移法分析结构变形时，各种单元给出的都是单元刚度矩阵，都是结点力与结点位移的弹性联系.当不同类的单元在结合的地方有共同的结点，而结点又有相同的自由度时，不同单元刚度矩阵的集合是没有问题的，同样适用关系式

$$[K]=\sum[K]^e \tag{9-1}$$

虽然此时不同单元可能有不同数目的结点，因而单元刚度矩阵的阶数可能不同，但并不影响按照整体结点编号，将单元刚度矩阵对号入座形成整体刚度矩阵.但是当两单元的交界处有非共同的结点时，则应保持单元间的相容性，而不能简单地按式(9-1)直接叠加.图 9-1 表示一个平面六结点三角形单元 a 与三结点三角形单元 b 的组合.b 单元的 AB 边变形后仍保持为直线，而 a 单元的 ACB 边变形后却不一定是直线.为保证 a、b 单元之间位移连续，对 a 单元的变形应加以限制，使 ACB 边变形后也保持为直线，记

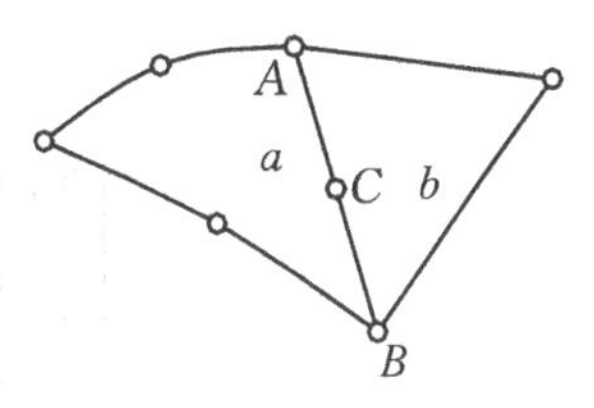

图 9-1

$$\frac{AC}{AB}=\alpha \qquad \frac{BC}{AB}=\beta$$

则要求

$$u_C=\alpha u_A+\beta u_B \qquad v_C=\alpha v_A+\beta v_B \tag{9-2}$$

可见在单元 a 中，C 结点不再是自由的，不应有独立的位移了.

一般情况下，精度高的单元与精度低的单元相结合时，在交界处，高精度单元的位移模式应降为低精度单元的位移模式以保证相容性.为此，可以把(9-2)式代入 a 单元的位移插值函数

$$\{u\}=[N]\{\delta\}^e$$

消除不独立的结点位移 u_C 与 v_C，构造一个去掉 C 结点的单元，这是一种五结点三角形单元，称为过渡单元.采用过渡单元，在单元交界处位移连续，就可以按式(9-1)叠加单元刚度矩阵了.另外，也可以暂时不管是否相容，先按(9-1)式直接叠加，再把(9-2)式代入总体刚度方程，消去 C 点的位移使总体刚度方程降阶，这时的(9-2)式相当于一种位移约束；而对一般情况的位移约束，可按后面的§9-2所述方法处理.

2. 梁单元与平面单元的连接

当直梁单元与平面单元连接或板壳单元与三维体单元连接时，结点的自由度数与自由度性质将不完全一致.为保持相容性，应按具体连接情况给予适当的变换.

图 9-2(a)表示一直梁单元与平面矩形单元的组合.对平面矩形单元，每结点有沿 x，y

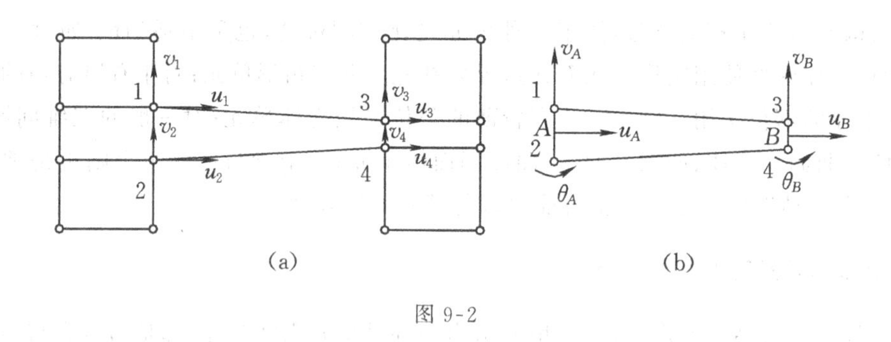

图 9-2

方向的 u、v 位移，而梁单元的一个结点(实际为一个截面)除有 u、v 位移外，还有角位移 θ (图 9-2(b)).梁的一个截面即梁单元的结点 A 或 B 至少连接了平面单元的两个结点1、2或3、4. A、B 为12及34边的中点，为使梁的 A 结点与平面单元的1、2结点位移相容，B 结点与3、4结点相容，按几何关系应有

$$
\begin{bmatrix} u_A \\ v_A \\ \theta_A \\ u_B \\ v_B \\ \theta_B \end{bmatrix} = \begin{bmatrix} \frac{1}{2} & 0 & \frac{1}{2} & 0 & 0 & 0 & 0 \\ 0 & \frac{1}{2} & 0 & \frac{1}{2} & 0 & 0 & 0 \\ \frac{-1}{h_A} & 0 & \frac{1}{h_A} & 0 & 0 & 0 & 0 \\ 0 & 0 & 0 & \frac{1}{2} & 0 & \frac{1}{2} & 0 \\ 0 & 0 & 0 & 0 & \frac{1}{2} & 0 & \frac{1}{2} \\ 0 & 0 & 0 & \frac{-1}{h_B} & 0 & \frac{1}{h_B} & 0 \end{bmatrix} \begin{bmatrix} u_1 \\ v_1 \\ u_2 \\ v_2 \\ u_3 \\ v_3 \\ u_4 \\ v_4 \end{bmatrix} \tag{9-3}
$$

其中：h_A、h_B 为梁单元 A、B 两端的厚度.对 AB 梁来说，上式给出了梁的常规结点位移

$$\{\delta\} = [u_A \quad v_A \quad \theta_A \quad u_B \quad v_B \quad \theta_B]^{\mathrm{T}}$$

与梁的新结点位移

$$\{\delta'\} = [u_1 \quad v_1 \quad u_2 \quad v_2 \quad u_3 \quad v_3 \quad u_4 \quad v_4]^{\mathrm{T}}$$

之间的变换关系，记为

$$\{\delta\}=[T]\{\delta'\} \tag{9-4}$$

其中变换矩阵$[T]$由式(9-3)确定.

如梁单元对应于原结点位移$\{\delta\}$的结点力为$\{F\}$，而对应于新结点位移$\{\delta'\}$的结点力为$\{F'\}$.由于力做功的值与坐标表示方法是无关的，即单元原结点力在结点位移上做功应等于新结点力在新结点位移上所做的功，即

$$\{\delta'\}^{\mathrm{T}}\{F'\}=\{\delta\}^{\mathrm{T}}\{F\}$$

将式(9-4)代入上式右端得到

$$\{\delta'\}^{\mathrm{T}}\{F'\}=\left([T]\{\delta'\}\right)^{\mathrm{T}}\{F\}=\{\delta'\}^{\mathrm{T}}\{T\}^{\mathrm{T}}\{F\}$$

由于$\{\delta'\}$是任意的，则有

$$\{F'\}=[T]^{\mathrm{T}}\{F\}$$

如以$[K]$、$[K']$分别表示此梁单元对应于$\{\delta\}$及$\{\delta'\}$的单元刚度矩阵，则有

$$[K]\{\delta\}=\{F\}$$

将式(9-4)代入上式，并以$[T]^{\mathrm{T}}$左乘等式两端，有

$$[T]^{\mathrm{T}}[K][T]\{\delta'\}=[T]^{\mathrm{T}}\{F\}=\{F'\}$$

或

$$[K']\{\delta'\}=\{F'\}$$

其中：

$$[K']=[T]^{\mathrm{T}}[K][T] \tag{9-5}$$

这样把梁单元的刚度矩阵$[K]$变换为$[K']$后，梁单元就可以与平面单元组合.

可以看出，上述单元新、旧结点位移、结点力以及单元刚度矩阵的变换与以前的坐标变换是相似的，这也可以理解为单元广义坐标的变换.这种变换的方法可普遍用于一般情况，只要建立了单元结点位移间的变换关系式(9-4)，就可以如上述方式变换单元结点力及单元刚度矩阵.

梁单元原不考虑厚度方向的变形，图 9-2 的梁单元刚度矩阵中也没有计入 1、2 结点间和 3、4 结点间的拉压刚度.按(9-4)式变换以后，单元结点位移分量增多了，但按式(9-5)变换的单元刚度矩阵的秩并不增加，新单元仍然没有 1、2 结点间和 3、4 结点间的拉压刚度.在整个结构中 1、2 点间和 3、4 点间的刚度只是平面单元提供的.因而这种组合结构的上述处理，实际上放松了原先对梁单元变形的约束，低估了一部分刚度.

板壳元与空间单元的连接情况类似.

3. 梁单元与板单元或板壳元的结合

工程中更常见的是梁与板面间的结合.一般板件只承受横向弯曲，中面无伸缩变形.如果梁与板组合时，梁的中性层与板中面重合，则在变形过程中，板中面仍然无伸缩变形，当梁截面对称于板中面时，就是这种情况，如图 9-3 所示.这种情况的板梁组合有限元分析是简单的，单元刚度矩阵可按(9-1)式直接叠加，只不过对图 9-3 的板单元，各结点有 w、θ_x 及

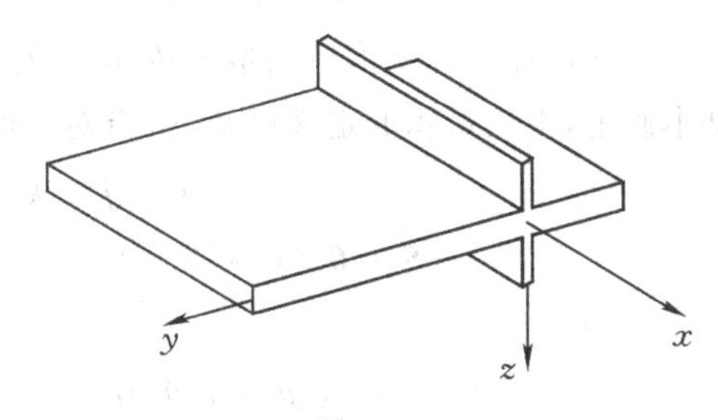

图 9-3

θ_y 三项位移，而梁只有 w 和 θ_y 两项位移.叠加时，梁不提供绕梁轴转动的刚度(梁单元对应于 θ_x 的刚度元素可为零).当然，也可以按一般空间梁单元的刚度矩阵(6-1)式，计入梁单元的扭转刚度，叠加时毫无困难.

实际上，在工程结构中，一般板件的加强梁往往只安置于板的一侧，如图 9-4 所示.此时梁的中性层与板中面不重合，则当板弯曲变形时，梁处于偏心弯曲，有弯矩也有轴力.相应地，在板面内也有沿面内的内力，此时应该考虑面内的变形，即相当于壳单元了.一般板单元的结点在中面上，而梁的结点在其中性层上，二者间有偏心距 e. 如果以板结构为主体，这里的梁单元称为偏心梁单元，计算时应把梁原有的结点位移变换到板的坐标系中，并演化出可与板单元刚度矩阵直接叠加的偏心梁单元刚度矩阵.下面按一般情况讨论，即讨论空间梁单元与板壳元的结合.

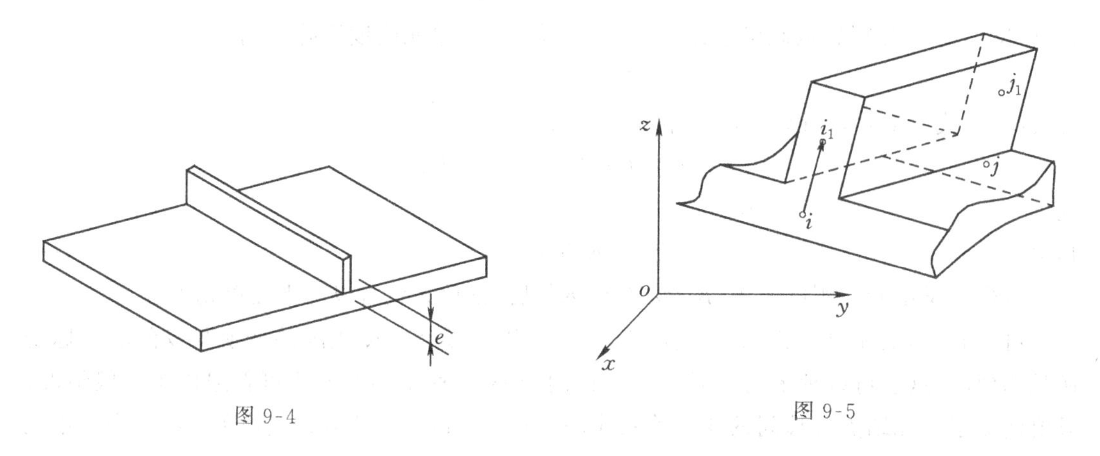

图 9-4　　　　图 9-5

板、梁组合处，板、梁的结点都应取在同一横截面上.记梁截面中心为 i_1，板截面中心为 i，则 $i_1 i$ 为板的法线，$i_1 i$ 距离为 e，如图 9-5 所示.梁单元中和轴为 $i_1 j_1$，它在板单元中面上的偏心轴为 ij.先考察偏心轴结点 i 与中和轴结点 i_1 之间的位移转换关系.

记矢量

$$\boldsymbol{r}=ii_1=\{e_x,e_y,e_z\}$$

其中：偏心

$$e_x=x_{i_1}-x_i,$$

$$e_y=y_{i_1}-y_i$$

$$e_z=z_{i_1}-z_i$$

设弹性体受力变形后矢量 $\boldsymbol{r}$ 转动了角度 θ，用双矢量标绘矢量 $\boldsymbol{\theta}$(图 9-6).注意到小变形基本假定，由矢量积的定义可知，i_1 点对 i 点相对位移矢量为

$$\boldsymbol{S}=\boldsymbol{\theta}\times\boldsymbol{r}=\begin{vmatrix}\boldsymbol{i} & \boldsymbol{j} & \boldsymbol{k}\\ \theta_x & \theta_y & \theta_z\\ e_x & e_y & e_z\end{vmatrix}$$

$$=(e_z\theta_y-e_y\theta_z)\boldsymbol{i}+(e_x\theta_z-e_z\theta_x)\boldsymbol{j}+(e_y\theta_x-e_x\theta_y)\boldsymbol{k}$$

其中：$\boldsymbol{i}$、$\boldsymbol{j}$、$\boldsymbol{k}$ 为 x、y、z 坐标方向的单位矢量.由梁变形的平面假定有关系式

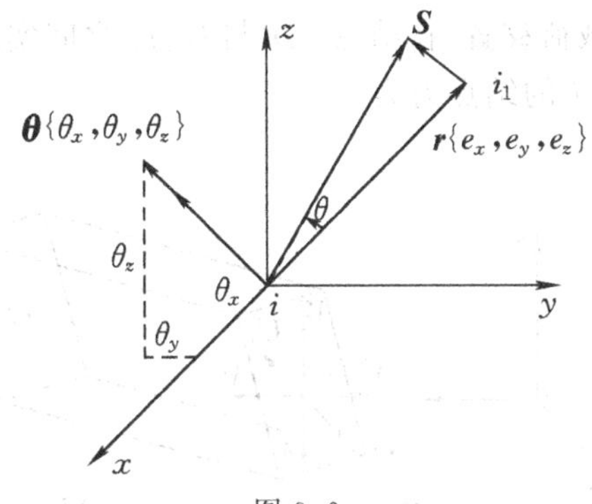

图 9-6

$$\boldsymbol{\theta}_i = \boldsymbol{\theta}_{i_1} = \boldsymbol{\theta}$$

则

$$\boldsymbol{S} = \boldsymbol{\theta}_i \times \boldsymbol{r} = (e_z\theta_{y_i} - e_y\theta_{z_i})\boldsymbol{i} + (e_x\theta_{z_i} - e_z\theta_{x_i})\boldsymbol{j} + (e_y\theta_{x_i} - e_x\theta_{y_i})\boldsymbol{k}$$

将此相对位移与 i 点位移叠加就得到 i_1 点位移

$$\begin{Bmatrix} u_{i_1} \\ v_{i_1} \\ w_{i_1} \\ \theta_{x_{i_1}} \\ \theta_{y_{i_1}} \\ \theta_{z_{i_1}} \end{Bmatrix} = \begin{bmatrix} 1 & 0 & 0 & 0 & e_z & -e_y \\ 0 & 1 & 0 & -e_z & 0 & e_x \\ 0 & 0 & 1 & e_y & -e_x & 0 \\ 0 & 0 & 0 & 1 & 0 & 0 \\ 0 & 0 & 0 & 0 & 1 & 0 \\ 0 & 0 & 0 & 0 & 0 & 1 \end{bmatrix} \begin{Bmatrix} u_i \\ v_i \\ w_i \\ \theta_{x_i} \\ \theta_{y_i} \\ \theta_{z_i} \end{Bmatrix} \tag{9-6}$$

记为 $\{\delta_{i_1}\} = [\beta]\{\delta_i\}$

同样 $\{\delta_{j_1}\} = [\beta]\{\delta_j\}$

这里

$$[\beta] = \begin{bmatrix} 1 & 0 & 0 & 0 & e_z & -e_y \\ 0 & 1 & 0 & -e_z & 0 & e_x \\ 0 & 0 & 1 & e_y & -e_x & 0 \\ 0 & 0 & 0 & 1 & 0 & 0 \\ 0 & 0 & 0 & 0 & 1 & 0 \\ 0 & 0 & 0 & 0 & 0 & 1 \end{bmatrix} \tag{9-7}$$

对整个梁单元有

$$\{\delta_1\}^e = [H]\{\delta\}^e \tag{9-8}$$

式中：

$$[H] = \begin{bmatrix} [\beta] & 0 \\ [0] & [\beta] \end{bmatrix}$$

$$\{\delta_1\}^e = \begin{Bmatrix} \{\delta_{i_1}\} \\ \{\delta_{j_1}\} \end{Bmatrix}$$

$$\{\delta\}^e = \begin{Bmatrix} \{\delta_i\} \\ \{\delta_j\} \end{Bmatrix}$$

下面再通过静力等效载荷移置，在结点 i、j 与 i_1、j_1 之间实现结点力向量的转换.

如图 9-7 所示，记端点 i 的结点力为

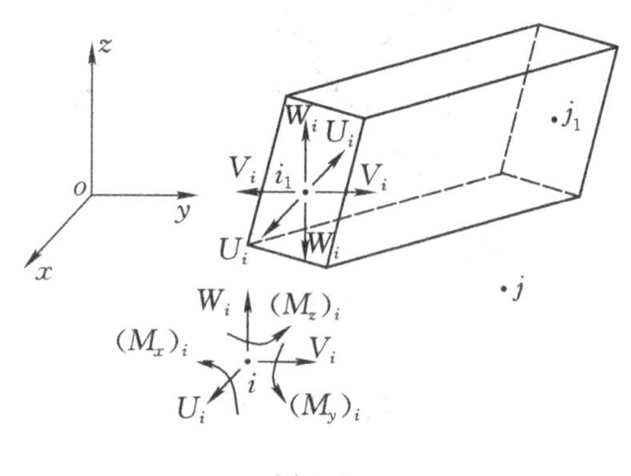

图 9-7

$$\{F_i\}=[U_i \quad V_i \quad W_i \quad M_{x_i} \quad M_{y_i} \quad M_{z_i}]^{\mathrm{T}}$$

在对应的中和轴结点 i_1 施以平衡力系(图 9-7)，此力系与 i 点结点力合成后生成 i_1 点结点力

$$\{F_{i1}\}=\begin{Bmatrix} U_{i1} \\ V_{i1} \\ W_{i1} \\ M_{x_{i1}} \\ M_{y_{i1}} \\ M_{z_{i1}} \end{Bmatrix}=\begin{bmatrix} 1 & 0 & 0 & 0 & 0 & 0 \\ 0 & 1 & 0 & 0 & 0 & 0 \\ 0 & 0 & 1 & 0 & 0 & 0 \\ 0 & e_z & -e_y & 1 & 0 & 0 \\ -e_z & 0 & e_x & 0 & 1 & 0 \\ e_y & -e_x & 0 & 0 & 0 & 1 \end{bmatrix}\begin{Bmatrix} U_i \\ V_i \\ W_i \\ M_{x_i} \\ M_{y_i} \\ M_{z_i} \end{Bmatrix} \tag{9-9}$$

即
$$\{F_{i_1}\}=([\beta]^{\mathrm{T}})^{-1}\{F_i\}$$

同样
$$\{F_{j_1}\}=([\beta]^{\mathrm{T}})^{-1}\{F_j\}$$

于是
$$\{F_1\}^e=([H]^{\mathrm{T}})^{-1}\{F\}^e \tag{9-10}$$

式中：
$$\{F_1\}^e=\begin{Bmatrix} \{F_{i_1}\} \\ \{F_{j_1}\} \end{Bmatrix}, \qquad \{F\}^e=\begin{Bmatrix} \{F_i\} \\ \{F_j\} \end{Bmatrix}$$

对于中和轴，我们已有梁单元刚度方程

$$\{F_1\}^e=[K_1]^e\{\delta_1\}^e$$

将(9-8)式、(9-10)式代入得到

$$\left([H]^{\mathrm{T}}\right)^{-1}\{F\}^e=[K_1]^e[H]\{\delta\}^e$$

两边左乘 $[H]^{\mathrm{T}}$ 得到

$$\{F\}^e=[H]^{\mathrm{T}}[K_1]^e[H]\{\delta\}^e$$

写成
$$\{F\}^e=[K]^e\{\delta\}^e$$

这里
$$[K]^e=[H]^{\mathrm{T}}[K_1]^e[H] \tag{9-11}$$

即梁单元刚度矩阵 $[K_1]^e$ 向偏心轴 ij 转换后所得到的偏心梁单元刚度矩阵.

§ 9-2　支承方式与连接方式的模拟

前面几章中所涉及的结构都属于一些基本结构，支承的方向都是沿着整体坐标的坐标轴方向，结构中的结点或全是铰结点，或全是刚结点.但在实际工程中，支承方式与连接方式是千变万化的.解决这个问题的途径之一是修改计算程序，以适应实际工程结构的形式；途径之二是对实际工程结构中的支承与连接形式进行模拟，使之化为计算程序能够接受的形式.

当利用有限元分析通用程序进行结构分析时，一般采用第二种途径.结构形式变化很多，模拟方法也很多，这里介绍一些常见情况的模拟.

1. 斜支承的模拟

有些结构在斜边界上受有法向约束.如图 9-8 中的 AB 边为可滑动的边界，在其局部坐标系内，y'方向位移应为零，而 x'方向位移则不限.又如图 9-9 中受均布横向载荷作用的四边固定正方形板，利用对称性只计算其 1/8，如图 9-9 中 ABC 部分.其中 AC 为固支边，按对称性，AB 边上有 $\theta_y=0$，且在 BC 边上应限定绕 BC 的转角等于零.处理此类斜边上的约束，须对斜边上的结点做坐标变换.

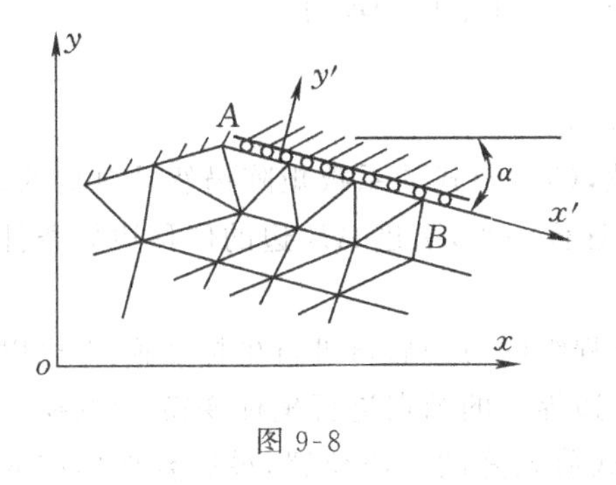

图 9-8

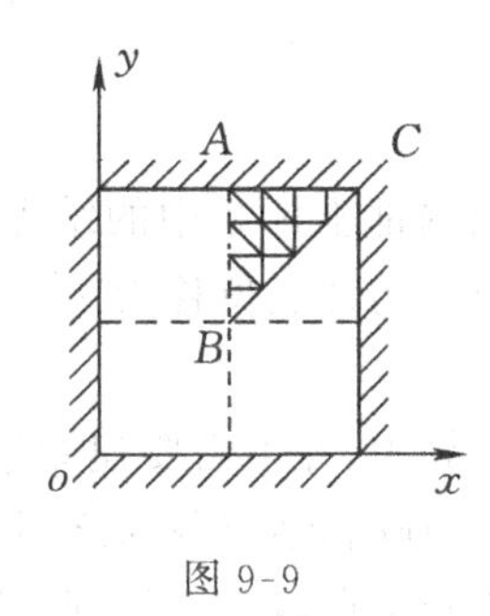

图 9-9

图 9-8 的 AB 边的边界条件为 y'方向位移 $v'=0$.为此，可以将 AB 边上的结点位移及载荷都变换到局部坐标 $x'y'$轴系.记结点 i 沿 x、y 方向的位移为 u_i、v_i，沿 x'、y'方向的位移为 u'_i、v'_i，二者间有转换关系

$$\begin{Bmatrix} u_i \\ v_i \end{Bmatrix} = \begin{bmatrix} \cos\alpha & \sin\alpha \\ -\sin\alpha & \cos\alpha \end{bmatrix} \begin{Bmatrix} u'_i \\ v'_i \end{Bmatrix}$$

记为

$$\{\delta_i\}=[\lambda]\{\delta'_i\} \tag{9-12}$$

其中$[\lambda]$为 AB 边的坐标变换矩阵.将 AB 边在原坐标系的结点位移列阵记为$\{\delta\}_A$，把结构上其余结点位移列阵记为$\{\delta\}_C$，对应的结点载荷记为$\{R\}_A$、$\{R\}_C$，则在原坐标系内的平衡

方程可分块写为

$$\begin{bmatrix} K_{AA} & K_{AC} \\ K_{CA} & K_{CC} \end{bmatrix} \begin{Bmatrix} \delta_A \\ \delta_C \end{Bmatrix} = \begin{Bmatrix} R_A \\ R_C \end{Bmatrix} \tag{9-13}$$

按式(9-12),AB 边界上原坐标及局部坐标系中结点位移列阵$\{\delta\}_A$ 与$\{\delta'\}_A$ 间的变换关系为

$$\{\delta\}_A = [T]\{\delta'\}_A \tag{9-14}$$

其中坐标变换矩阵

$$[T] = \begin{bmatrix} \lambda & & & \\ & \lambda & & \\ & & \lambda & \\ & & & \ddots \end{bmatrix}$$

如 AB 边上有 N 个结点,则$[T]$为由 N 个$[\lambda]$块组成的块对角矩阵.

将(9-14)式代入(9-13)式,则有

$$\begin{bmatrix} K_{AA} & K_{AC} \\ K_{CA} & K_{CC} \end{bmatrix} \begin{Bmatrix} T\delta'_A \\ \delta_C \end{Bmatrix} = \begin{Bmatrix} R_A \\ R_C \end{Bmatrix}$$

或

$$\begin{bmatrix} K_{AA}T & K_{AC} \\ K_{CA}T & K_{CC} \end{bmatrix} \begin{Bmatrix} \delta'_A \\ \delta_C \end{Bmatrix} = \begin{Bmatrix} R_A \\ R_C \end{Bmatrix}$$

以$[T]^{\mathrm{T}}$ 前乘此式的上一部分,得

$$\begin{bmatrix} T^{\mathrm{T}}K_{AA}T & T^{\mathrm{T}}K_{AC} \\ K_{CA}T & K_{CC} \end{bmatrix} \begin{Bmatrix} \delta'_A \\ \delta_C \end{Bmatrix} = \begin{Bmatrix} R'_A \\ R_C \end{Bmatrix} \tag{9-15}$$

其中:

$$\{R'_A\} = [T]^{\mathrm{T}}\{R_A\}$$

为 AB 边在局部坐标系中的结点载荷列阵.显然,(9-15)式的系数矩阵仍然是对称的,且方程中 AB 边上的结点位移为 x'、y'方向的$\{\delta'_A\}$,这样一来,引进 AB 边的位移边界条件就很方便了.

实际计算中,并不需要建立结构总的位移方程组(9-13)后再进行坐标变换.而可以在形成单元刚度矩阵和结点载荷之后,就对处于 AB 边界上的结点进行坐标变换.把变换后的单元刚度矩阵和结点载荷叠加到总刚度矩阵和总载荷列阵的相应位置,最后叠加形成的也就是方程组(9-15).当结构有不同的斜边约束时,都可以这样处理,只不过对不同边上的结点,应使用不同的坐标变换矩阵.

2. 一般的位移约束

有的结构中,部分结点位移之间存在一定的联系,这些结点位移不都是独立的.例如,结构中有两部分物体相接触,在接触面两侧各自有对应的结点,此时应将结点安排为成对的,如图 9-10 所示.当接触面不分离时,每对结点沿法向的位移应该相等.再如,焊有接头的薄板结构,薄板变形时,接头由于刚度很大而可视为刚体,因而薄板与接头相连的一些结点的位移应满足刚体位移条件.此外,式(9-2)的相容性条件也可以视为一种结点位移间的约束.

记结构离散后总自由度为 N,整体刚度方程为

$$[K]\{\delta\}=\{R\} \tag{9-16}$$

将有关联的结点位移间的约束写为 M 个线性方程

$$[F]\{\delta\}=0 \tag{9-17}$$

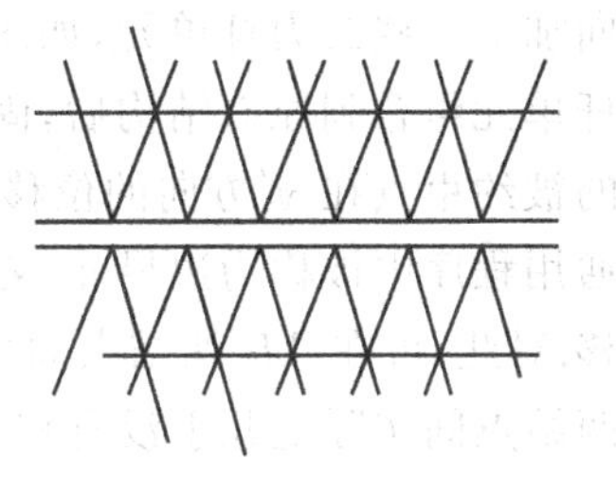
图 9-10

其中：$[F]$为 $M\times N$ 阶矩阵.

由于受 M 个条件的限制，$\{\delta\}$中有 M 个结点位移分量不独立.将不独立的结点位移列阵记为$\{\delta\}_D$，其余独立的结点位移列阵记为$\{\delta\}_I$，则式(9-17)可改写为

$$[F_D \quad F_I]\begin{Bmatrix}\delta_D\\ \delta_I\end{Bmatrix}=0$$

或
$$[F_D]\{\delta\}_D+[F_I]\{\delta\}_I=0$$

其中：$[F_D]$为 M 阶方阵.由上式解出

$$\{\delta\}_D=-[F_D]^{-1}[F_I]\{\delta\}_I$$

则全部结点位移列阵$\{\delta\}$与独立位移$\{\delta\}_I$之间的关系为

$$\{\delta\}=\begin{Bmatrix}\delta_I\\ \delta_D\end{Bmatrix}=\begin{bmatrix}I\\ -F_D^{-1}F_I\end{bmatrix}\{\delta\}_I=[T]\{\delta\}_I \tag{9-18}$$

其中：

$$[T]=\begin{bmatrix}I\\ -F_D^{-1}F_I\end{bmatrix}$$

也可称为变换矩阵，而$[I]$为$(N-M)$阶单位阵，将(9-18)式代入(9-16)式并左乘$[T]^{\mathrm{T}}$，有

$$[T]^{\mathrm{T}}[K][T]\{\delta\}_I=[T]^{\mathrm{T}}\{R\}$$

或
$$[K]_I\{\delta\}_I=\{R\}_I \tag{9-19}$$

其中：
$$[K]_I=\{T\}^{\mathrm{T}}[K][T]$$

它是对应于独立结点位移的结构刚度矩阵，而

$$\{R\}_I=\{T\}^{\mathrm{T}}\{R\}$$

为对应于独立结点位移的结点载荷列阵.式(9-19)为$(N-M)$阶方程，降阶后仍具有对称的系数矩阵.

实际结构中彼此有位移约束的结点是少数，与这些结点有弹性联系的结点也是少数.例如图 9-11 中，仅接头上的结点间有约束，且仅其外一圈结点与之有弹性联系，即(9-17)式只涉及少数结点.

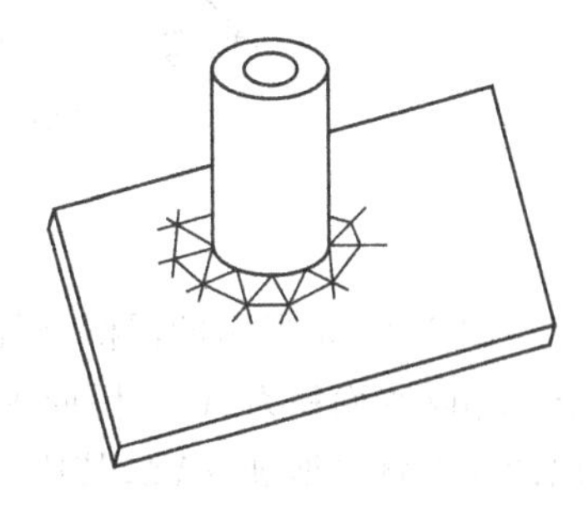
图 9-11

上述变换虽然使总体刚度方程降阶了，但降阶后往往要重新改变结点位移的编号，且由于结点位移间出现了约束，变换后系数矩阵的带宽也改变了.当互相有位移约束的结点编号相差很大时，会使半带宽有显著的增加.为此，把这些有关的结点编号统一排在最后，以获得尽可能小的总刚带宽.

除了按位移约束条件修改总体刚度方程外，还可以直接按力学概念，用直观方法处理某些位移约束.例如，对于图 9-8的斜边滑动约束，可以在被约束的结点上，沿约束边的法线方

向加上一些二力杆单元，如图 9-12 所示.令这些二力杆单元具有相当大的轴向刚度.将这些杆单元组合到原有结构后，固定新增加的结点(如图 9-12 中的 A、B、C、D 等)，则求解得到的被约束点在 y'方向的位移必然接近于零，满足原约束条件.这种人为加入的单元，在一些通用程序中被称为边界元.又如，在图 9-13 的有限元网格中，要求 AB 两结点间没有相对位移.对此，可在 AB 两结点间加上一个轴向刚度相当大而其他方向刚度为零的杆单元，使 AB 两结点间实际上几乎没有相对位移，这种单元也可以称为伪单元.

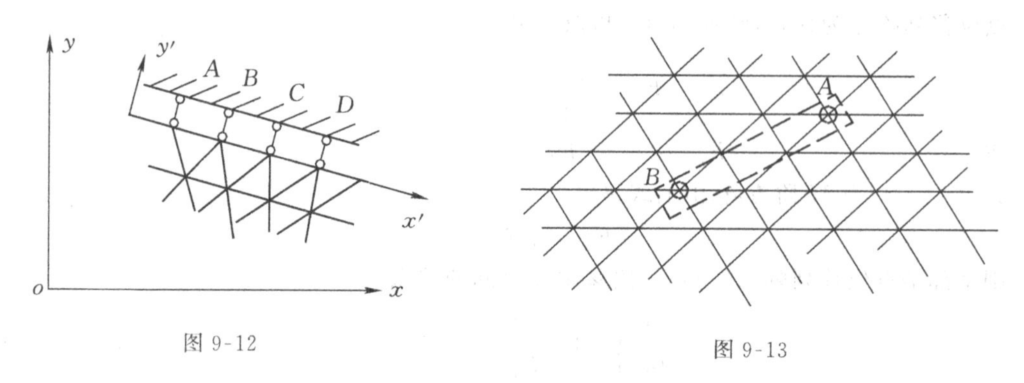

图 9-12　　　　图 9-13

3. 弹性支承的模拟

不仅刚性支承可以用虚设杆件来模拟，工程中的弹性支座也可以用虚设杆件来模拟.图 9-14(a)中的机箱用四只弹簧来减振，这四只减振弹簧可以用四根桁架单元来模拟，如图 9-14(b).设弹簧刚度为 k，则这四根杆件的参数应选择使得 $EA/l=k$.

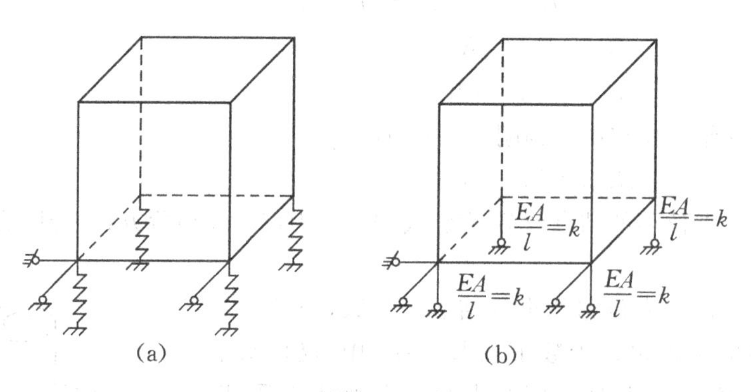

图 9-14

图 9-15(a)所示的浮桥，可以看作是弹性基础梁.设支承船吃水面积为 A，当桥面加载以后，支承船下沉 Δ，船的浮力就要增加 $\gamma A\Delta$，其中 γ 为水的比重.如果把支承船看作弹簧，则此弹簧力的大小等于浮力 $\gamma A\Delta$，而此弹簧的刚度 $k=\gamma A$.用虚设刚架单元来模拟支承船时，只要选择单元的 $EA/l=k=\gamma A$，而 $EI=0$，就可以得到如图 9-15(b)所示的简图来模拟图 9-15(a)中的浮桥.

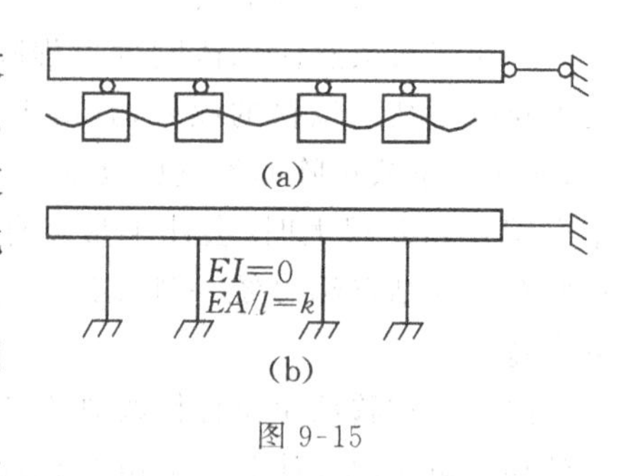

图 9-15

实际上，不仅支承处的弹簧可以用虚设杆件来模拟，结构中的弹簧也可以用虚设杆件来模拟.

4. 刚铰结点的模拟

在实际工程中，往往会出现刚结点与铰结点同时存在于结构同一处的情形，这就是刚铰结点.图 9-16 所示是刚铰结点的三个例子：

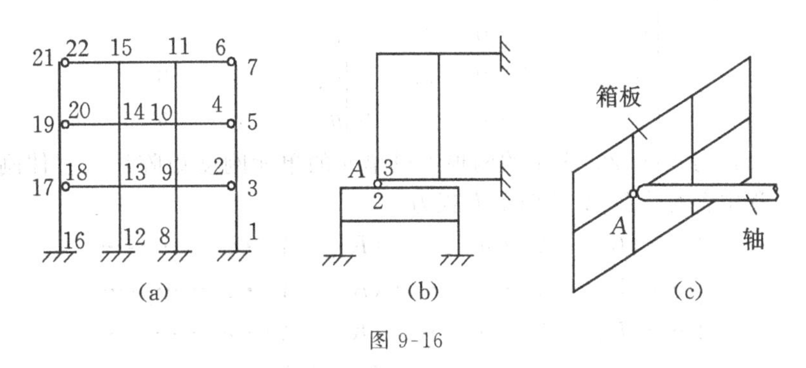

图 9-16

(a)中的刚架中，横梁与两边的柱子以铰相连；(b)中的两个刚架在 A 处以铰相连；(c)中是齿轮箱箱板与轴之间的连接，两者之间也只有线位移的限制，并无转角联系，相当于是以铰相接.解决这类问题的方法之一是对一端刚接，一端铰接的刚架单元进行分析，建立起这种单元的单元刚度矩阵，但这样做仍不能解决图 9-16(b)所示的情形.另一个方法是采用模拟的方法.

模拟法要对所有的刚铰结点进行重复编号.例如图 9-16(b)中的 A 处是刚铰结点，此处应看作两个刚结点，即点 2 与点 3，这两个点各有自己的转角，彼此不相等，这符合刚铰结点处存在着不相等转角的实际情形.

由于刚铰结点处的线位移还是一致的，故可在这重复编写的两个结点之间，加上抗压刚度无穷大而弯曲刚度为零的垂直与水平两根虚设刚架单元.此时结构上所有的结点都可以认作是刚结点，分析比较简单而又能真实地模拟原结构中刚铰结点 A 的存在.

例如图 9-16(b)中的 A 处，重复编号为 2 与 3 的结点之间加上如上所述的两根虚设刚架单元，所反映的约束条件是

$$\theta_2 \neq \theta_3, \qquad u_2 = u_3, \qquad v_2 = v_3 \tag{9-20}$$

则对于加在点 2、点 3 间的水平方向的虚设刚架单元，其单元刚度矩阵在整体坐标系下的形式是

$$\begin{array}{c} \\ [K]^{e1}= \end{array}\begin{array}{c} \begin{matrix} u_2 & v_2 & \theta_2 & u_3 & v_3 & \theta_3 \end{matrix} \\ \left[\begin{array}{ccc:ccc} A & 0 & 0 & -A & 0 & 0 \\ 0 & 0 & 0 & 0 & 0 & 0 \\ 0 & 0 & 0 & 0 & 0 & 0 \\ \hdashline -A & 0 & 0 & A & 0 & 0 \\ 0 & 0 & 0 & 0 & 0 & 0 \\ 0 & 0 & 0 & 0 & 0 & 0 \end{array}\right] \end{array}\begin{array}{c} \\ u_2 \\ v_2 \\ \theta_2 \\ u_3 \\ v_3 \\ \theta_3 \end{array}\quad\begin{array}{c} \text{对应结构自由度编号} \\ 4 \\ 5 \\ 6 \\ 7 \\ 8 \\ 9 \end{array} \tag{9-21}$$

其中：A 为大数，表示虚设单元的拉压刚度；而加在两点之间垂直方向的虚设刚架单元，其

单元刚度矩阵在整体坐标系中的形式是

$$
\begin{array}{cccccccc}
 & u_2 & v_2 & \theta_2 & u_3 & v_3 & \theta_3 & \\
\end{array} \quad \text{对应结构自由度编号}
$$

$$
[K]^{e2}=\left[\begin{array}{ccc:ccc}
0 & 0 & 0 & 0 & 0 & 0 \\
0 & A & 0 & 0 & -A & 0 \\
0 & 0 & 0 & 0 & 0 & 0 \\
\hdashline
0 & 0 & 0 & 0 & 0 & 0 \\
0 & -A & 0 & 0 & A & 0 \\
0 & 0 & 0 & 0 & 0 & 0
\end{array}\right]\begin{array}{l} u_2 \\ v_2 \\ \theta_2 \\ u_3 \\ v_3 \\ \theta_3 \end{array} \qquad \begin{array}{c} 4 \\ 5 \\ 6 \\ 7 \\ 8 \\ 9 \end{array} \tag{9-22}
$$

把由式(9-21)与式(9-22)表示的两根虚设单元的单元刚度矩阵加入整体刚度矩阵后，在整体刚度方程中含有大数 A 的四个方程为

$$
\begin{cases}
\cdots+(K_{44}+A)\cdot u_2+\cdots+(K_{47}-A)\cdot u_3+\cdots=\cdots \\
\cdots+(K_{55}+A)\cdot v_2+\cdots+(K_{58}-A)\cdot v_3+\cdots=\cdots \\
\cdots+(K_{71}-A)\cdot u_2+\cdots+(K_{77}+A)\cdot u_3+\cdots=\cdots \\
\cdots+(K_{85}-A)\cdot v_2+\cdots+(K_{88}+A)\cdot v_3+\cdots=\cdots
\end{cases} \tag{9-23}
$$

式中的 K_{ij} 是原结构的整体刚度矩阵的系数，只要 A 足够大，那么从式(9-23)的第 1 式与第 3 式中可同时得到 $u_2=u_3$，而从第 2 式与第 4 式中可同时得到 $v_2=v_3$.这样就很好地满足了刚铰结点处的约束条件(9-20)式.

§9-3 装配应力与支座沉陷

对于静定结构来说，构件的制造误差、结构的温度变化以及支座的沉降并不会在结构中引起内力，但对于超静定结构，上述因素都会在结构中引起应力.温度应力已在前一章介绍，下面分别介绍装配应力与支座沉降引起的应力.

1. 装配应力

以平面桁架为例说明装配应力的求解思路.

对于如图 9-17(a)中所示的简单桁架，如果杆件③因制造误差而短了 Δl，将它强行安装后必然产生装配应力.

假设装配按下述过程进行：第一步，开始时结点都处于理论位置，先将杆件③拉长 Δl 使它达到理论长度，此时加在杆件两端的力为 P，如图 9-17(b)所示；第二步，装上杆件③后再撤去这对外力，由于杆件要收缩，相当于在结点 3 与结点 4 上加上一对反方向的力 $-P$，如图 9-17(c)所示.而结构的实际内力状态，应是第一步与第二步的叠加.

第一步的内力分析：只是对单个构件进行.对于桁架单元来说，为使制造误差为 Δl 的杆件达到理论长度，两端要加的力为

$$
P=(EA/l)\cdot\Delta l \tag{9-24}
$$

此时杆件中的应力

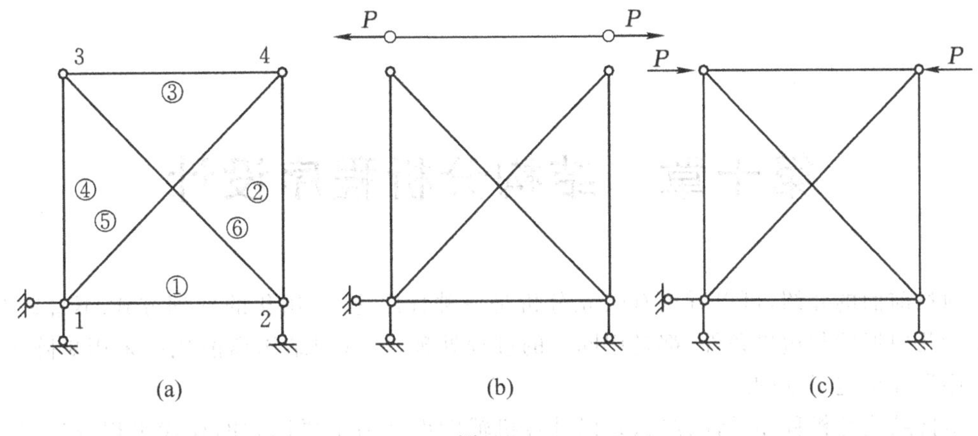

图 9-17

$$\sigma = P/A \tag{9-25}$$

第二步的内力分析：在把反方向的一对力 $-P$ 作为外载荷加到结构的结点上后，求解整个结构的内力与应力.

综上所述，对于装配应力问题，可按如下步骤进行：

(1)对于有制造误差的构件，预先加上外力使构件达到理论形状.这部分外力与应力可通过对单个构件分析得到；

(2)将预先加到单个构件上去的力反方向加到实际结构的相应结点上去，求解整个结构的内力与应力；

(3)结构上各构件的实际内力是第二步得到的内力叠加第一步得到的内力.实际上只是那些有制造误差的构件的内力需叠加.

2. 支座沉陷

支座在斜方向产生沉陷的影响应该用类似于求装配应力的方法计算.

图 9-18 所示桁架，C 处的斜支承沿支承方向沉陷距离 d.可在 C 点用一虚设的杆件代替原支承.此杆具有远大于整个结构的拉压刚度 EA/l，且具有长度误差 d.类似于求装配应力的思想，先对此杆施加外力 $P=dEA/l$，使伸长 d，安装后撤去外力 P，则因回弹而在 C 处施加有大小相等、方向相反的力，由于杆件的刚度足够大，C 点沿虚拟杆件方向产生距离 $Pl/(EA)=d$ 的沉陷，符合实际情况.具体计算步骤与装配应力相同.

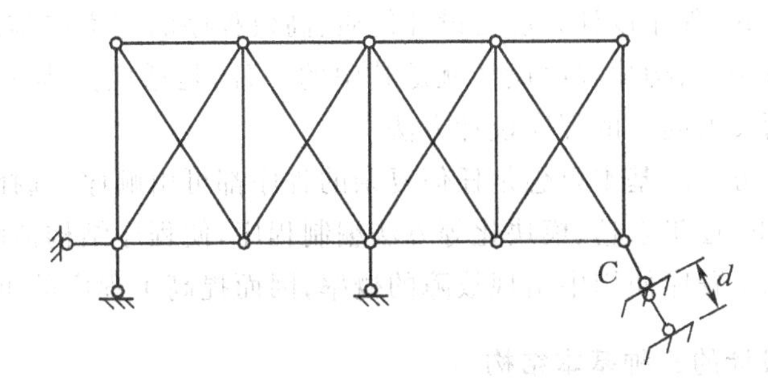

图 9-18

第十章　结构分析程序设计

通过前面的介绍,可以看出有限元分析是一种程序化、通用化的处理方式.不管针对什么复杂几何形状与边界条件,都是用同一的过程处理,而且因结构离散化而采用矩阵表达,为程序设计奠定了基础.

掌握结构分析程序设计方法,是以计算机辅助设计为主要标志的现代工程设计方法对结构工程师的要求.

有限元分析程序总体分为三个部分:前处理部分,有限元分析本体程序,后处理部分.有限元分析本体程序是有限元分析程序的核心,它根据离散模型的数据文件进行有限元分析,有限元分析的原理和采用的数值方法集中于此,因此是有限元分析准确可靠的关键.

离散模型的数据文件主要包括:离散模型的结点数、结点坐标与结点编码,单元数与单元编码,材料与载荷信息等.实际工程问题的离散模型数据文件十分庞大,人工生成一般不可能且易出错.为解决这一问题,有限元程序必须有前处理程序.前处理程序根据使用者提供的对计算模型外形及网格要求的简单数据描述,自动或半自动生成离散模型数据文件,并生成网格图供使用者检查修改.前处理程序的功能在很大程度上决定了程序使用的方便性.

有限元分析程序的计算结果是由离散模型得到的,不仅输出的文本文件量很大,不易整理,也不易得到分析对象的全貌.所以,一个使用方便的有限元分析程序还应具有结果图形显示功能,这部分程序称后处理程序,同样对程序使用的方便性具有举足轻重的作用.

§10-1　结构化程序设计方法

程序设计是算法、数据结构和设计方法三者的统一.算法是程序设计的核心,数据结构是程序数据的组织形式,程序设计方法是设计优质、高效程序的技术措施.目前,程序设计已发展出许多成熟的方法,结构化程序设计就是其中的一种,是适应大容量、高速度的计算机和编制大规模程序而发展起来的程序设计方法.

结构化程序设计方法的基本思想是任何复杂的程序都可由顺序、选择、循环三种基本结构组成,利用自上而下、逐步求精、模块化等方法编制程序,使程序结构清晰、易于阅读,便于查错、修改,也就降低了程序使用中出现故障的概率,因而提高了程序的可靠性.

1. 结构化程序设计的三种基本结构

结构化程序设计规定了三种基本结构,即顺序结构、选择结构与循环结构,如图 10-1 所示.图中 A、B、C 可以是一个语句,也可以是某一基本结构形式的程序段.结构化程序就是由这三种结构组合、嵌套而成的程序.已经证明,任何程序(满足只有一个入口和一个出口,且无死循环)均可由这三种基本结构组合而成.

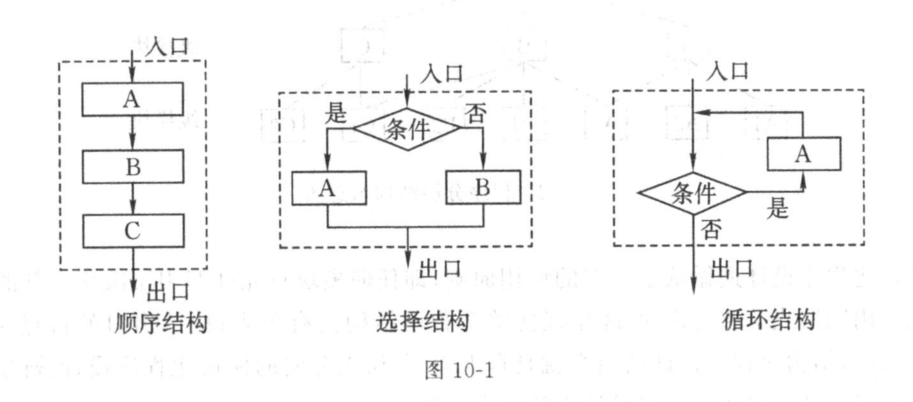

图 10-1

上述三种基本结构都遵循从一个入口、一个出口的原则,这是结构化程序最本质的要求.正是由于遵循这一原则,一个复杂的程序才可以分解为若干个及若干层子结构,从而使程序结构层次分明,清晰易读.

显然,如果在程序中无限制地使用 GO TO 语句,特别是使用回跳的 GO TO 语句,会破坏程序结构的单入口、单出口特点,把程序的结构层次搞乱,使程序难读懂、难调试.因此,结构化程序设计的一个重要原则是尽可能不用或少用 GO TO 语句,例如,只在一个基本结构内部使用,不允许从一个基本结构跳到另一个基本结构.

2. 模块化程序设计

程序设计中的所谓模块,是具有一定功能相对独立的程序段.每个模块由对外接口与内部构造细节两部分组成.例如 FORTRAN 语言中,一个子程序就是一个模块,对外接口就是子程序的哑元表与公用区,内部构造则为完成一定功能的执行语句序列.

模块一般具有下列特征:

(1) 每个模块都有一个名称以便调用.

(2) 每个模块都有明确的功能,具有清晰的输入量和输出量作为与其他模块的接口.如果各模块之间的接口已定义,则一个模块的内部结构不管如何修改,都不会影响其他模块.

(3) 除主模块(主程序)只能由操作系统调用外,原则上各模块间可以相互调用,即具有可拼装性.

(4) 每个模块都能作为一个独立的编译单位进行编译和调试,人们在使用某个模块之前就能确定它的正确性.对于一个模块的使用者而言,只需要知道该模块的名称、功能及接口(输入与输出),就能正确使用它,不会因这个模块使用时所处的上下文不同而影响它的正确性.

对于一个较大的程序,首先应划分模块,建立程序系统结构的框架.模块化程序设计按层次结构组织模块,即把一个程序按照各部分的功能划分为若干个模块,每个模块又可以再划分成下一级的若干模块,直至划分为功能单一、容易实现的小模块为止.每个模块都由顺序、选择与循环这三种基本结构组合、叠加而成.图 10-2 是模块化程序的分层结构示意图.

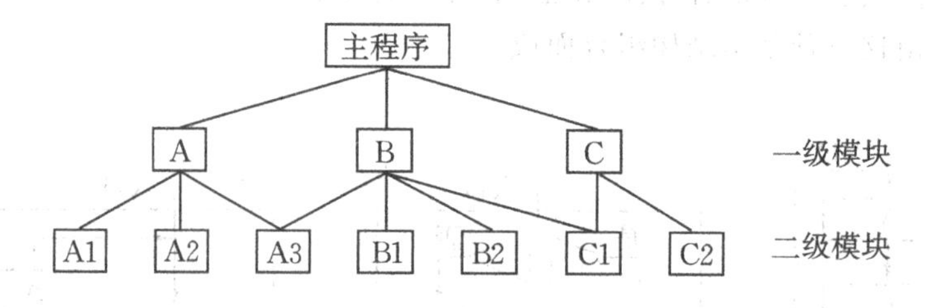

图 10-2　程序分层结构示意图

结构化程序设计遵循从上而下的调用原则,即任何模块只允许调用层次比它低的模块,而不能调用同层或上层的模块.这样就使整个程序结构具有单入口、单出口的特点.从某种意义上来说,结构化程序设计的核心就是自上而下、层次分明的模块化程序设计.划分模块、模块间接口设计是模块化程序设计中的两个关键.

§10-2　有限元方程的数据存储与求解

前几章主要讨论了静力平衡问题的有限元格式,经过结构离散化与单元分析后,最后由单元特性矩阵集合出的整体刚度方程是一组联立的线性代数方程组

$$[K]\{\delta\}=\{R\} \tag{10-1}$$

这组方程在静力平衡问题中就是以结点位移为基本未知量的系统结点平衡方程,在稳定温度场问题中就是以结点温度为基本未知量的系统结点热平衡方程.有限单元法求解的效率在很大程度上取决于这组线性代数方程组进行的解法.曾经有相当一部分的研究工作是围绕如何有效地求解这组庞大的线性代数方程组进行的,针对有限元方程的特点,已经提出了一些高效算法.

1. 有限元方程系数矩阵在计算机中的存储方法

有限元平衡方程组的系数矩阵(整体刚度矩阵)具有大型、对称、稀疏、带状分布的特点.为了节约计算机容量,缩短计算时间,一般利用这些特点采用压缩存储:二维等带宽存储或一维变带宽存储.

(1) 二维等带宽存储

对于 n 阶的系数矩阵,若取最大的半带宽 D 为带宽,则上三角阵中的全部非零元素都将包括在这条以主对角元素为一边的一条等宽带中,如图 10-3(a)所示.二维等带宽存储就是将这样一条带中的元素,以二维数组,如图 10-3(b)的形式存储在计算机中,二维数组的界是 $n\times D$.我们以具体例子来说明这种存储是如何进行的.图 10-4(a)为一个假定的 8×8 刚度矩阵,它的最大带宽 $D=4$.将每行在带宽内的元素按行置于二维数组中,图 10-4(b)表

示的是原刚度系数在二维数组中的实际位置.图 10-4(c)表示的是元素在二维数组中的编号.可以看到,由于对角元素都排在二维数组的第一列,因此二维数组中元素的列数都较原来的列数有一错动,而行则保持不变.若把元素原来的行、列码记为 i、j,它们在二维数组中新的行、列码记为 i^*、j^*,则

$$i^*=i \qquad j^*=j-i+1 \tag{10-2}$$

比如图 10-4(a)中的刚度元素 K_{67} 在二维等带宽存储中应是 K_{62}.

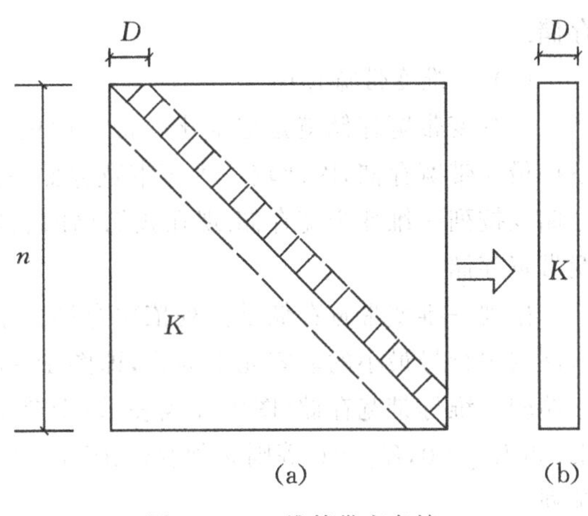

图 10-3　二维等带宽存储

采用二维等带宽存储,消除了最大带宽以外的全部零元素,较之于存储全部上三角阵大大节省了内存.但是由于取最大带宽为存储范围,因此它不能排除在带宽范围内的零元素.当系数矩阵的带宽变化不大时,采用二维等带宽存储是合适的,求解也是方便的.但当出现局部带宽特别大的情况时,采用二维等

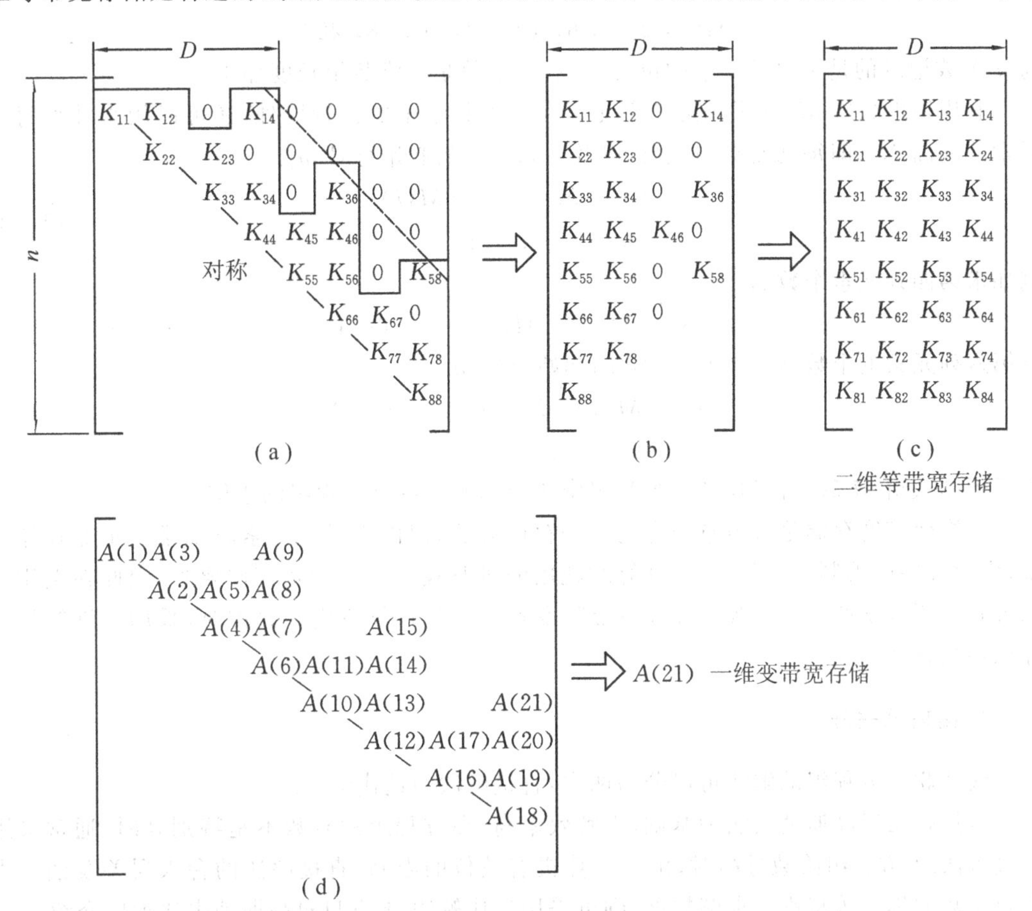

图 10-4　二维等带宽及一维变带宽存储元素对应关系

带宽存储将由于局部带宽过大而使整体系数矩阵的存储大大增加，此时可采用一维变带宽存储.

(2) 一维变带宽存储

一维变带宽存储就是把变化的带宽内的元素按一定的顺序存储在一维数组中.由于它不按最大带宽存储，因此较二维等带宽存储更能节省内存.按照解法可分为按行一维变带宽存储及按列一维变带宽存储.现在我们仍旧利用图 10-4(a)中的系数矩阵，进行按列的一维变带宽存储.

按列一维变带宽存储是按列依次存储元素，每列应从主对角元素直至最高的非零元素，即该列中行号最小的非零元素为止，即图 10-4(a)中实线所包括的元素.由图可以看出这种存储较二维等带宽存储(图中虚线表示)少存了一些零元素，但是对夹在非零元素内的零元素，如 $K_{24}=0$，$K_{68}=0$ 等则必须存储.图 10-4(d)中表示的是这些元素按列在一维数组中的排列.

把系数矩阵中的元素紧凑存储在一维数组中，必须有辅助的数组帮助记录系数矩阵的性状，例如对角元素的位置、每列元数的个数等.辅助数组 $M(n+1)$，用以记录主对角元素在一维数组中的位置.对于图 10-4(d)的一维数组，它的 $M(8+1)$数组是

$$M[1,\ 2,\ 4,\ 6,\ 10,\ 12,\ 16,\ 18,\ 22]$$

前 n 个数记录的是主对角元素的位置，最后一个数是一维数组长度加 1.

利用辅助数组 M，除了知道各主元素在一维数组中的位置以外，还可以用来计算每列元素的列高 N_i，即每列元素的个数，以及每列元素的起始行号 m_i.

$$\begin{cases} N_i=M(i+1)-M(i) \\ m_i=i-N_i+1 \end{cases} \tag{10-3}$$

例如求第四列元素个数 N_4

$$N_4=M(5)-M(4)=10-6=4$$

求第六列元素的个数 N_6 及非零元素的起始行号 m_6

$$N_6=M(7)-M(6)=16-12=4$$

$$m_6=6-4+1=3$$

有了辅助数组 M 后，可以找到一维数组中相应的元素进行方程组的求解.

一维变带宽存储是最节省内存的一种存储方法，但由于寻找元素较二维等带宽存储复杂，由此程序的编制亦较复杂，且计算时耗用的机时较二维等带宽存储要多，因此在选用存储方式上要权衡两者的利弊.通常，当带宽变化不大且计算机内存允许时，采用二维等带宽存储还是合适的.

2. 高斯消去法

线性联立方程组的解法可以分为两类：直接解法与迭代解法.

直接解法以高斯消去法为基础，求解效率高，在方程组的阶数不是特别高时，通常采用直接解法.当方程组阶数过高时，由于计算机有效位的限制，直接解法的舍入误差及消元中有效位数的损失等将影响求解精度，则可采用迭代解法.本章只对高斯消去法加以介绍.

(1)满阵存储的高斯消去法

高斯循序消去法的一般公式：

对于 n 阶线性代数方程 $[K]\{\delta\}=\{R\}$，需进行 $n-1$ 次消元.采用循序消去时，第 m 次消元以 $m-1$ 次消元后的第 m 行元素作为主元素行，$K_{mm}^{(m-1)}$ 为主元素，对第 i 行元素（$i>m$）的消元公式为

$$\begin{cases} K_{ij}^{(m)}=K_{ij}^{(m-1)}-\dfrac{K_{im}^{(m-1)}}{K_{mm}^{(m-1)}}K_{mj}^{(m-1)} \\ R_{i}^{(m)}=R_{i}^{(m-1)}-\dfrac{K_{im}^{(m-1)}}{K_{mm}^{(m-1)}}R_{m}^{(m-1)} \end{cases} \tag{10-4}$$

$$(m=1,2,\cdots,n-1),\ (i,j=m+1,m+2,\cdots,n)$$

式中：$K_{ij}^{(m)}$，$R_{i}^{(m)}$，…等的上角码 (m)，…表示该元素是经过 m 次消元后得到的结果.同样，可以把经过 m 次消元后的系数矩阵和载荷列阵分别记为 $[K]^{(m)}$ 及 $[R]^{(m)}$.(10-4)式表明第 m 次消元是在第 $m-1$ 次消元的基础上进行的.

消元过程中，主元素及被消元素的位置见图 10-5(a).图中阴影部分为已经完成消元过程的元素，主元素行以下的矩阵是待消部分.在进行第 m 次消元时，$1\sim m$ 行元素的消元过程已经完成，其中的元素就是消元最后得到的上三角阵中的元素.m 行以下的元素消元过程尚未结束，连同 m 行元素在内构成一个待消的方阵.消元共需进行 $n-1$ 次.

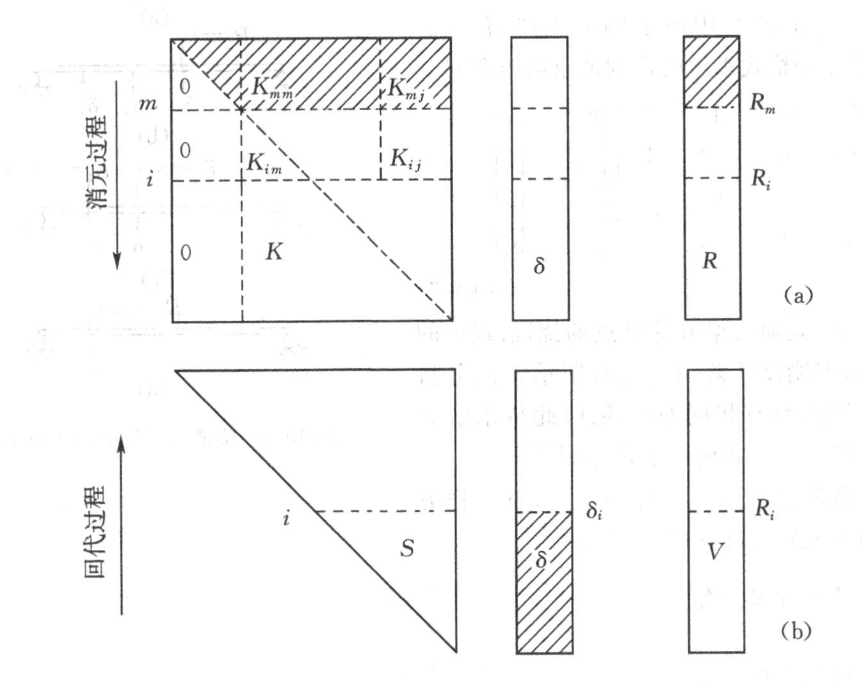

图 10-5　高斯消元法

消元的最后结果记为 $[K]^{(n-1)}=[S]$，$\{R\}^{(n-1)}=\{V\}$，$[S]$ 为上三角阵，得到

$$[S]\{\delta\}=\{V\}$$

消元完成后，即可回代求解.回代公式可写作

$$\delta_n=\frac{R_n^{(n-1)}}{K_{nn}^{(n-1)}}=\frac{V_n}{S_n}$$

$$\delta_i = \left(R_i^{(n-1)} - \sum_{j=i+1}^{n} K_{ij}^{(n-1)} \delta_j\right) \Big/ K_{ii}^{(n-1)} = \left(V_i - \sum_{j=i+1}^{n} S_{ij}\delta_j\right) / S_{ii}$$

$$(i = n-1, n-2, \cdots, 3, 2, 1) \tag{10-5}$$

回代过程自后向前进行.当回代求解 δ_i 时,$\delta_i+1 \sim \delta_n$ 已经解得.回代示意图 10-5(b)中,阴影部分为已求得解答的部分.

为节省内存,通常将求得的解答$\{\delta\}$放在$\{R\}$数组中,此时回代公式改写为

$$R_n = \frac{R_n}{K_{nn}}$$

$$R_i = \left(R_i - \sum_{j=i+1}^{n} K_{ij} R_j\right) \Big/ K_{ii} \quad (i = n-1, n-2, \cdots, 3, 2, 1) \tag{10-6}$$

下面用一个例题来说明高斯消去法的进行过程,并讨论这个过程在求解结构静力学问题时的物理意义.

例 1　图 10-6 中所示的简支梁,$L=5$,$EI=1$,用差分格式求解时得到的求解方程是

$$\begin{bmatrix} 5 & -4 & 1 & 0 \\ -4 & 6 & -4 & 1 \\ 1 & -4 & 6 & -4 \\ 0 & 1 & -4 & 5 \end{bmatrix} \begin{Bmatrix} \delta_1 \\ \delta_2 \\ \delta_3 \\ \delta_4 \end{Bmatrix} = \begin{Bmatrix} 0 \\ 1 \\ 0 \\ 0 \end{Bmatrix} \tag{10-7}$$

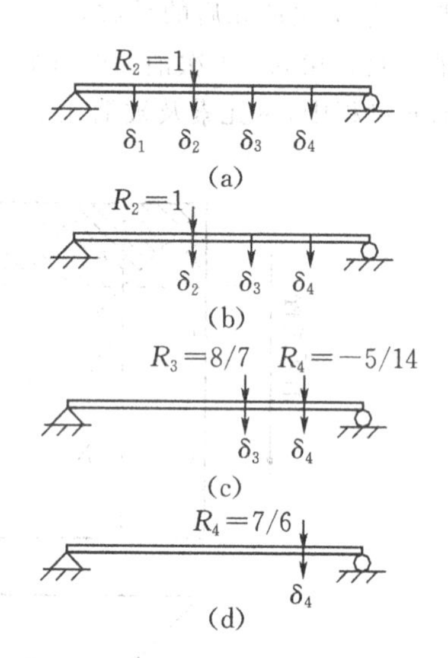

图 10-6　梁消元过程中的物理模型

其中:$\delta_1 \sim \delta_4$ 是简支梁五等分点的挠度.式中的系数矩阵,即刚度矩阵$[K]$与有限单元法分析中的刚度矩阵具有相同的性质.因此待求解方程可看作是(10-1)式的一个具体例子.

用高斯消去法求解方程(10-7),首先把方程①作为主元行,按照(10-4)式,

对于被消方程②有　　　　②$+\frac{4}{5}\cdot$①

对于被消方程③有　　　　③$-\frac{1}{5}\cdot$①

对于被消方程④有　　　　④$-0\cdot$①

第一次消元后得到

$$[K]^{(1)} = \begin{bmatrix} 5 & -4 & 1 & 0 \\ 0 & 14/5 & -16/5 & 1 \\ 0 & -16/5 & 29/5 & -4 \\ 0 & 1 & -4 & 5 \end{bmatrix}, \quad [R]^{(1)} = \begin{Bmatrix} 0 \\ 1 \\ 0 \\ 0 \end{Bmatrix}$$

$[K]^{(1)}$,$[R]^{(1)}$的角码(1)表示该矩阵是经过 1 次消元得到的结果.以后将以$[K]^{(m)}$,$[R]^{(m)}$表示经过 m 次消元后的矩阵.$[K]^{(1)}$,$[R]^{(1)}$中虚线所包含的方程为下一次消元的方程组,称为待消方程组.

把未进行消元的初始矩阵记为$[K]^{(0)}$,$[R]^{(0)}$,上述消元过程可看作是初始矩阵作了一次线性变换,即前乘了一个下三角矩阵$[L_1]^{-1}$

$$[L_1]^{-1}[K]^{(0)}=[K]^{(1)},\ [L_1]^{-1}\{R\}^{(0)}=\{R\}^{(1)}$$

其中:

$$[L_1]^{-1}=\begin{bmatrix}1&0&0&0\\ \frac{4}{5}&1&0&0\\ -\frac{1}{5}&0&1&0\\ 0&0&0&1\end{bmatrix}$$

较原来方程组阶数低一阶的待消方程组可以看作是另外一根具有不同几何特征的简支梁,它的刚度矩阵是$[K]^{(1)}$中虚线包含的部分,作用有$[R]^{(1)}$中虚线部分的集中载荷.结点位移有$\delta_2\sim\delta_4$,如图10-6(b)所示.这根梁与原命题的梁具有相同的δ_2,δ_3,δ_4值.由于待消方程组可以看作是另一等效结构的求解方程组,因此待消方程组的系数矩阵亦具有对称、稀疏、带状分布以及正定、主元占优势的特点.正因为如此,在消去过程中不必选择主元,只须依次循序消去即可.

继续消元有

$$[L_2]^{-1}[K]^{(1)}=[K]^{(2)}$$
$$[L_2]^{-1}\{R\}^{(1)}=\{R\}^{(2)}$$
$$[L_3]^{-1}[K]^{(2)}=[K]^{(3)}$$
$$[L_3]^{-1}\{R\}^{(2)}=\{R\}^{(3)}$$

上式中各矩阵是

$$[K]^{(2)}=\begin{bmatrix}5&-4&1&0\\ 0&\frac{14}{5}&-\frac{16}{5}&1\\ 0&0&\frac{15}{7}&-\frac{20}{7}\\ 0&0&-\frac{20}{7}&\frac{65}{14}\end{bmatrix},\ \{R\}^{(2)}=\begin{Bmatrix}0\\ 1\\ \frac{8}{7}\\ -\frac{5}{14}\end{Bmatrix},\ [L_2]^{-1}=\begin{bmatrix}1&0&0&0\\ 0&1&0&0\\ 0&\frac{8}{7}&1&0\\ 0&-\frac{5}{14}&0&1\end{bmatrix}$$

$$[K]^{(3)}=\begin{bmatrix}5&-4&1&0\\ 0&\frac{14}{5}&-\frac{16}{5}&1\\ 0&0&\frac{15}{7}&-\frac{20}{7}\\ 0&0&0&\frac{5}{6}\end{bmatrix},\ \{R\}^{(3)}=\begin{Bmatrix}0\\ 1\\ \frac{8}{7}\\ \frac{7}{6}\end{Bmatrix},\ [L_3]^{-1}=\begin{bmatrix}1&0&0&0\\ 0&1&0&0\\ 0&0&1&0\\ 0&0&\frac{4}{3}&1\end{bmatrix}$$

第二次消元后的待消方程可以看作是图10-6(c)中所示等效梁的求解方程,它具有与原命题梁相等的位移δ_3和δ_4.第三次消元后的最后一个方程,只含有一个未知量δ_4的待解方程可以看作是图10-6(d)中的等效梁.

最后得到的求解方程为

$$[K]^{(3)}\{\delta\}=\{R\}^{(3)}$$

由上式最后一个方程开始，按(10-5)式自后向前求得未知量 $\delta_4,\delta_3,\delta_2$ 和 δ_1

$$\delta_4=\frac{\dfrac{7}{6}}{\dfrac{5}{6}}=\frac{7}{5}$$

$$\delta_3=\frac{\dfrac{8}{7}-\left(-\dfrac{20}{7}\right)\delta_4}{\dfrac{15}{7}}=\frac{12}{5}$$

$$\delta_2=\frac{1-\left(-\dfrac{16}{5}\right)\delta_3-(1)\delta_4}{\dfrac{14}{5}}=\frac{13}{5}$$

$$\delta_1=\frac{0-(-4)\delta_2-(1)\delta_3-(0)\delta_4}{5}=\frac{8}{5}$$

分析上述求解过程，可以得到高斯消去过程的一般规律：

(ⅰ)若原系数矩阵是对称矩阵，可以证明消元过程中的待消矩阵仍保持对称.由于

$$K_{ij}^{(m)}=K_{ij}^{(m-1)}-\frac{K_{im}^{(m-1)}}{K_{mm}^{(m-1)}}K_{mj}^{(m-1)}$$

$$K_{ji}^{(m)}=K_{ji}^{(m-1)}-\frac{K_{jm}^{(m-1)}}{K_{mm}^{(m-1)}}K_{mi}^{(m-1)}$$

若未消元时系数矩阵是对称的，即 $K_{ij}^{(0)}=K_{ji}^{(0)}$，则可由上面的关系得到 $K_{ij}^{(m)}=K_{ji}^{(m)}$.因此，对称矩阵消元时有可能只在计算机中存储系数矩阵的上三角(或下三角)部分的元素而不必存储全部系数矩阵.

(ⅱ)消元最后得到的第 i 行元素是第$(i-1)$次消元的结果，即

$$K_{ij}^{(n-1)}=K_{ij}^{(i-1)},\quad R_i^{(n-1)}=R_i^{(i-1)}$$

(ⅲ)自由项列阵$\{R\}$消元时所用到的元素都是系数矩阵消元最后的结果，因此$\{R\}$的消元可以与系数矩阵$[K]$同时进行，也可以在$[K]$消元完成后再对$\{R\}$进行消元.

在用有限单元法解题时，若有多组载荷，即多组$\{R\}$，则刚度矩阵$[K]$只须进行一遍消元.多组载荷可分别利用消元后$[K]$的结果进行消元和求解，这样可以大大节省求解所需的机时.

(2) 二维等带宽存储的高斯消去法

(ⅰ)工作三角形

对于 n 阶方程组，通常高斯循序消去法的第 m 次消元是以第 m 个方程为主元行，对它以下的第 $m+1$ 直至第 n 个方程进行一次消元修正.对于带状分布的稀疏矩阵，每次消元修正有什么特点呢？图10-7中表示的是一个 n 阶方程的系数矩阵，非零元素集中分布在带宽 D 的狭长区域内.对于第 m 次消元来说，第1至 m 个方程的消元已经结束，即 $1\sim m$ 行对角元素前的元素都已消去，m 行以后行上第 m 列以前的相应元素也都已消为零.第 m 次消元的作用是以 m 行为主元素行，消去以 $m+1$ 行开始的后面方程中的第 m 列元素.由于非零元素的带状分布，因此第 m 列存在非零元素的方程最多只可能是包括第 m 个方程在内的

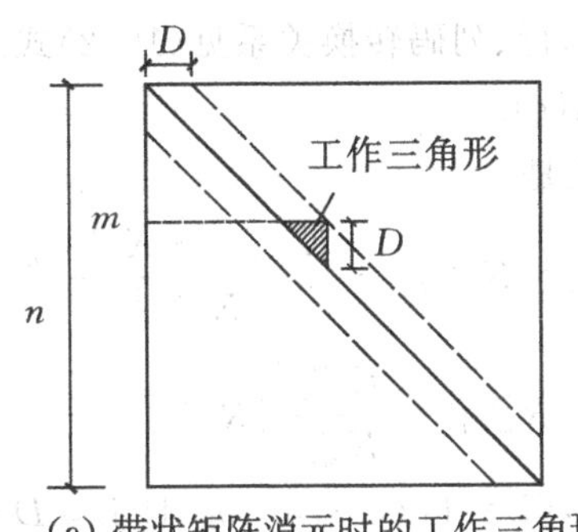

(a) 带状矩阵消元时的工作三角形

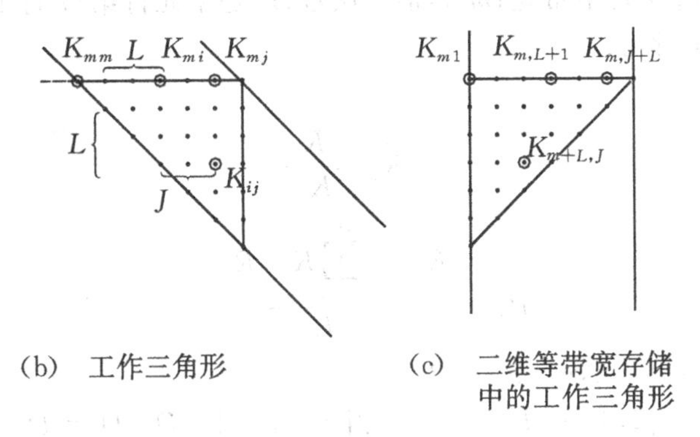

(b) 工作三角形　　(c) 二维等带宽存储中的工作三角形

图 10-7　工作三角形

共计 D 个方程，以后的方程第 m 列元素本来就是零元素，不需消元，因此每次消元涉及修正的方程只有第 m 个方程后的 $D-1$ 个方程(第 m 个方程本身除外). 对这 $D-1$ 个方程需修正的元素是哪些呢？如对 m 个方程以下的第 L 个方程消元修正，所需修正的元素仅是图示的 J^* 个元素，$J^*+L=D$. J^* 个元素以后的元素由于主元行相应的元素为零而不需修正. 可由(10-4)式的第一式说明：

$$K_{ij}^{(m)}=K_{ij}^{(m-1)}-\frac{K_{im}^{(m-1)}}{K_{mm}^{(m-1)}}K_{mj}^{(m-1)}$$

当 $i>m+D-1$ 时，$K_{im}^{(m-1)}=0$，因此修正项为零；当 $j>D+m-1$ 时，由于 $K_{mj}^{(m-1)}=0$，故修正项为零.

由以上分析可见，每一次消元所需修正的元素只是包括在 m 行元素下面的一个三角形内，我们把这个三角形(包括第 m 行元素)称为工作三角形. 工作三角形内的需修正的元素个数是 $\frac{D(D-1)}{2}$ 个. 由于考虑了元素带状分布的特点，高斯消去法需修正的元素大大减少，提高了计算效率.

(ⅱ) 二维等带宽存储的高斯消去法

带状稀疏矩阵采用二维等带宽存储时，对通常满阵时的高斯消去公式(10-4)式以及回代公式(10-5)应作两方面的修正.

① 按照二维等带宽存储中元素的行列码代替该元素在原系数矩阵中的行列码.

② 按照工作三角形修正消元和回代公式中行列码变化的界.

第 m 次消元，主元行是第 m 行，被消元的行记作 $i=m+L$ 行. 二维等带宽存储，元素行列码由原系数矩阵的 $K_{ij} \Rightarrow K_{i^*j^*}$，行、列码转换关系见(10-2)式.对消去和回代公式中相应元素行列码的转换见图 10-7(b)和(c).

按上述原则改写后的消去公式是

$$
\begin{cases}
K_{m+L,J}^{(m)} = K_{m+L,J}^{(m-1)} - \dfrac{K_{m,L+1}^{(m-1)} \cdot K_{m,J+L}^{(m-1)}}{K_{m1}^{(m-1)}} \\
R_{m+L}^{(m)} = R_{m+L}^{(m-1)} - \dfrac{K_{m,L+1}^{(m-1)}}{K_{m1}^{(m-1)}} R_{m}^{(m-1)}
\end{cases}
\tag{10-8}
$$

$(m=1,2,\cdots,n-1)$，$(L=1,2,\cdots,n-m$，且 $L \leqslant D-1)$，$(J=1,2,\cdots,D-L)$

其中：n 是方程阶数；D 是半带宽；m 是消元次数；L 是主元行第 m 行下被消行的行数；J 是每行中应修正的元素序号.

回代公式是

$$
R_n = \frac{R_n}{K_{n1}} \tag{10-9}
$$

$$
R_m = \frac{R_m - \sum_{J=2}^{D_0} K_{mJ} R_{m+J-1}}{K_{m1}} \tag{10-10}
$$

$(m=n-1,n-2,\cdots,2,1)$

$$
\left(J=\begin{cases} 2,3,\cdots,D & \text{当 } n-m+1>D,\ D_0=D \\ 2,3,\cdots,n-m+1 & \text{当 } n-m+1\leqslant D,\ D_0=n-m+1 \end{cases}\right)
$$

其中：m 是回代次数，J 是求第 m 个未知量 R_m 所需用到的已求得解的顺序个数.

§10-3 平面问题有限元分析程序

静力平衡问题的有限元分析过程，主要是依据离散模型的数据，形成有限元求解方程 $[K]\{\delta\}=\{R\}$ 的系数矩阵 $[K]$、等效结点载荷列阵 $\{R\}$，并引进位移边界条件解方程得到结点位移 $\{\delta\}$.

本程序是一个教学程序，单元为三结点三角形单元，可用于计算平面问题.

程序采用模块结构，流程清晰，各子程序功能明确.其中有的子程序如高斯消去法求解器、引入位移边界条件等，在有限元分析程序中都可通用.

程序的模块结构便于修改和扩充.读者在了解了主程序及各子程序功能后，可以很方便地将这个程序扩充为平面问题和轴对称问题的联合求解程序，也可以扩充相应的前处理程序(网格自动划分)及后处理程序(应力处理及图像显示等).

下面分别给出主程序及子程序的说明、程序框图以及源程序.

1. 公用区参数及数组说明

(1) 输入数据格式说明，输入数据依次如下：

NJ　结构的结点总数　　　　NE　结构的单元总数

NZ　给定位移的个数(支座连杆数)　　NDD　结构刚度矩阵的半带宽
NPJ　结构的结点载荷数　　EO　弹性模量
UO　泊桑比　　TE　结构的厚度

(2) 公用区数组说明

(JM(I,J)J=1,3)　I=1,NE　按单元编号顺序存放单元结点的整体结点编号
(CJZ(I,J)J=1,2)　I=1,NE　结点坐标数组
NZC(I)　I=1,NZ　顺序填写被约束的位移自由度编号
(PJ(I,J)J=1,2)　I=1,NPJ　结点载荷数组
　其中：　PJ(I,1)　载荷数值
　　　　　PJ(I,2)　对应的自由度编号
S(3,6)　三角形单元应力矩阵数组
EKE(6,6)　三角形单元刚度矩阵数组
(TKE(I,J)J=1,NDD)I=1,NE　总体刚度矩阵数组
P(I)　I=1,2NJ　总体结点载荷数组,后用作总体结点位移数组

2. 主程序

框图：

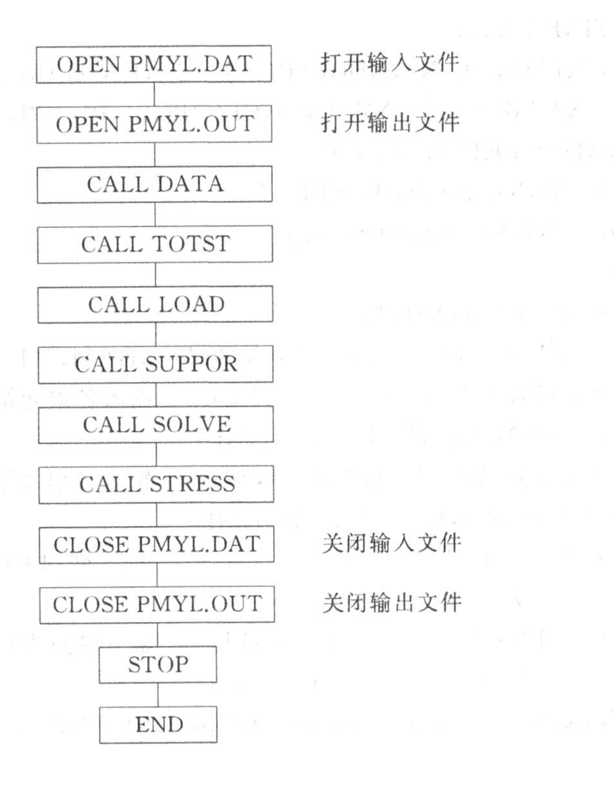

源程序：

```
C     MAIN PROGRAMM
      COMMON/X1/NJ,NE,NZ,NDD,NPJ,NJ2,E0,UN,GAN,TE,AE
      COMMON/X2/JM(100,3),NZC(NZ),CJZ(NE,2),PJ(NPJ,2),S(3,6),
     #TKE(NE,NDD),EKE(6,6),P(200)
```

```
      OPEN(5,FILE='PMYL.DAT',STATUS='OLD')
      OPEN(9,FILE='PMYL.OUT',STATUS='OLD')
      CALL DATA
      CALL TOTST
      CALL LOAD
      CALL SUPPOR
      CALL SOLVE
      CALL STRESS
      CLOSE(5,STATUS='KEEP')
      CLOSE(9,STATUS='KEEP')
      STOP
      END
```

3. 数据输入子程序 DATA

功能:按使用说明将计算所需数据顺序输入到文件 PMYL.DAT

源程序:

```
C     SUBROUTINE DATA
      COMMON/X1/NJ,NE,NZ,NDD,NPJ,NJ2,EO,UN,GAM,TE,AE
      COMMON/X2/JM(100,3),NZC(NZ),CJZ(NE,2),PJ(NPJ,2),S(3,6),
     # TKE(NE,NDD),EKE(6,6),P(200),
      READ(5,*)NJ,NE,NZ,NDD,NPJ
      WRITE(9,*)NJ,NE,NZ,NDD,NPJ
      NJ2=NJ*2
      READ(5,*)E0,UN,GAM,TE
      WRITE(9,*)'E0=',E0,'UN=',UN,'GAM=',GAM,'TE=',TE
      READ(5,*)((JM(I,J),J=1,3),I=1,NE)        输入各单元结点的局部编号
      WRITE(9,*)((JM(I,J),J=1,3),I=1,NE)
      READ(5,*)((CJZ(I,J),J=1,2),I=1,NJ)       输入各单元结点的整体坐标
      WRITE(9,*)((CJZ(I,J),J=1,2),I=1,NJ)
      READ(5,*)(NZC(I),I=1,NZ)                 输入被约束的自由度序号
      WRITE(9,*)(NZC(I),I=1,NZ)
      READ(5,*)((PJ(I,J),J=1,2),I=1,NPJ)       输入结点力信息
      WRITE(9,*)((PJ(I,J),J=1,2),I=1,NPJ)
10    FORMAT(4X,2HN0,6X,1HX,6X,1HY/(I6,2X,F7.2,F7.2))
      RETURN
      END
```

4. 集成整体刚度矩阵子程序 TOTST

功能:按单元编码依次调用单刚子程序 ELEST 生成单刚,每一次调用后均将单刚按二维等带宽存储方式对号入座置入总刚数组,直接集成整刚.

框图：

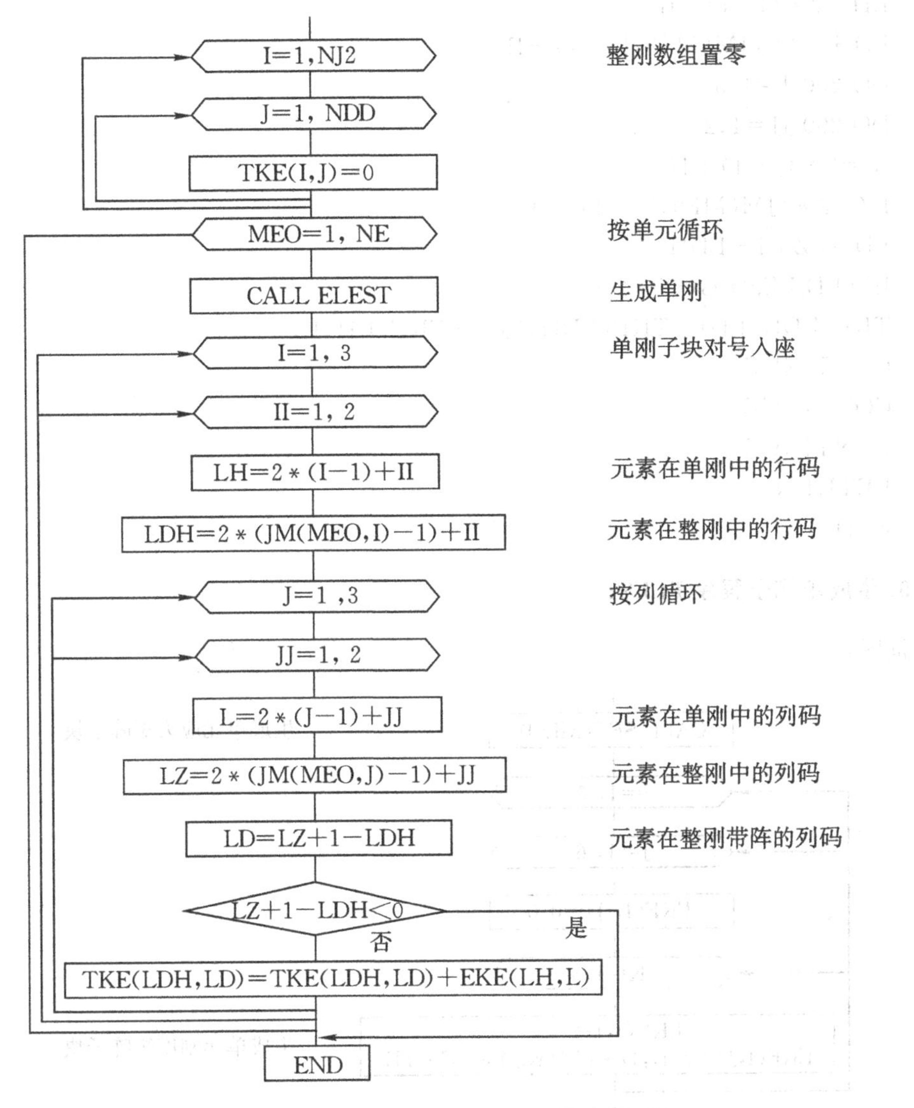

源程序：

```
C      SUBROUTINE TOTST
       COMMON/X1/NJ,NE,NZ,NDD,NPJ,NJ2,EO,UN,GAM,TE,AE
       COMMON/X2/JM(100,3),NZC(NZ),CJZ(NE,2),PJ(NPJ,2),S(3,6),
     # TKE(NE,NDD),EKE(6,6),P(200)
       DO 100 I=1,NJ2
       DO 100 J=1,NDD
       TKE(I,J)=0.0
100    CONTINUE
       DO 400 ME0=1,NE
       CALL ELEST(ME0)
       DO 300 I=1,3
```

```
      DO 300 II=1,2
      LH=2*(I-1)+II
      LDH=2*(JM(ME0,I)-1)+II
      DO 200 J=1,3
      DO 200 JJ=1,2
       L=2*(J-1)+JJ
      LZ=2*(JM(ME0,J)-1)+JJ
      LD=LZ+1-LDH
      IF (LD.LE.0) GOTO 200
      TKE(LDH,LD)=TKE(LDH,LD)+EKE(LH,L)
200   CONTINUE
300   CONTINUE
400   CONTINUE
      RETURN
      END
```

5. 生成单刚子程序 ELEST

框图：

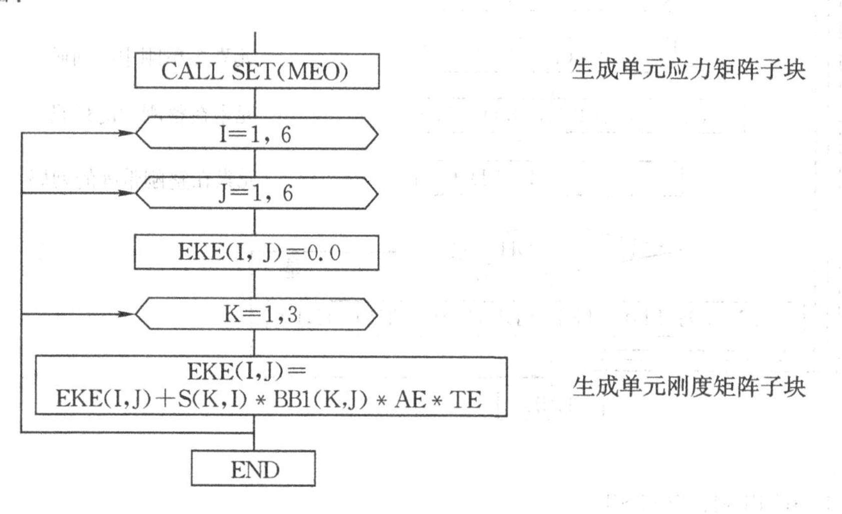

源程序：

```
C     SUBROUTINE ELEST(ME0)
      COMMON/X1/NJ,NE,NZ,NDD,NPJ,NJ2,E0,UN,GAM,TE,AE
      COMMON/X2/JM(100,3),NZC(NZ),CJZ(NE,2),PJ(NPJ,2),S(3,6),
     # TKE(NE,NDD),EKE(6,6),P(200)
      CALL SET(MEO)
      DO 400 I=1,6
      DO 400 J=1,6
      EKE(I,J)=0.0
      DO   400   K=1,3
```

```
      EKE(I,J)=EKE(I,J)+S(K,I)*BB1(K,J)*AE*TE
400   CONTINUE
      RETURN
      END

      SUBROUTINE SET(ME0)  计算单元面积、生成应变矩阵与应力矩阵
      COMMON/X1/NJ,NE,NZ,NDD,NPJ,NJ2,E0,UN,GAM,TE,AE
      COMMON/X2/JM(100,3),NZC(NZ),CJZ(NE,2),PJ(NPJ,2),
     #S(3,6),TKE(NE,NDD),EKE(6,6),P(200)
      DIMENSION  BB1(3,6),DD1(3,3)
      IE=JM(MEO,1)
      JE=JM(MEO,2)
      ME=JM(MEO,3)
      CM=CJZ(JE,1)-CJZ(IE,1)
      BM=CJZ(IE,2)-CJZ(JE,2)
      CJ=CJZ(IE,1)-CJZ(ME,1)
      BJ=CJZ(ME,2)-CJZ(IE,2)
      AE=(BJ*CM-BM*CJ)/2.0                 计算面积
      DO 200 I=1,3
      DO 200 J=1,6
      BB1(I,J)=0.0
200   CONTINNUE
      BB1(1,1)=-BJ-BM                      生成应变矩阵
      BB1(1,3)=BJ
      BB1(1,5)=BM
      BB1(2,2)=-CJ-CM
      BB1(2,4)=CJ
      BB1(2,6)=CM
      BB1(3,1)=BB1(2,2)
      BB1(3,2)=BB1(1,1)
      BB1(3,3)=BB1(2,4)
      BB1(3,4)=BB1(1,3)
      BB1(3,5)=BB1(2,6)
      BB1(3,6)=BB1(1,5)
      DO 220 I=1,3
      DO 220 J=1,6
      BB1(J,J)=BB1(I,J)/(2.0*AE)
220   CONTINUE
      DD1(1,1)=EO/(1.0-UN*UN)              生成弹性矩阵元素
      DD1(1,2)=EO*UN/(1.0-UN*UN)
      DD1(2,1)=DD1(1,2)
```

```
      DD1(2,2)=DD1(1,1)
      DD1(1,3)=0.0
      DD1(2,3)=0.0
      DD1(3,1)=0.0
      DD1(3,2)=0.0
      DD1(3,3)=EO/(2.0*(1.0+UN))
      DO 300 I=1,3
      DO 300 J=1,6
      S(I,J)=0.0
      DO 300 K=1,3
      S(I,J)=S(I,J)+DD1(I,K)*BB1(K,J)          生成应力矩阵元素
300   CONTINUE
      RETURN
      END
```

6. 生成结点载荷子程序 LOAD

框图：

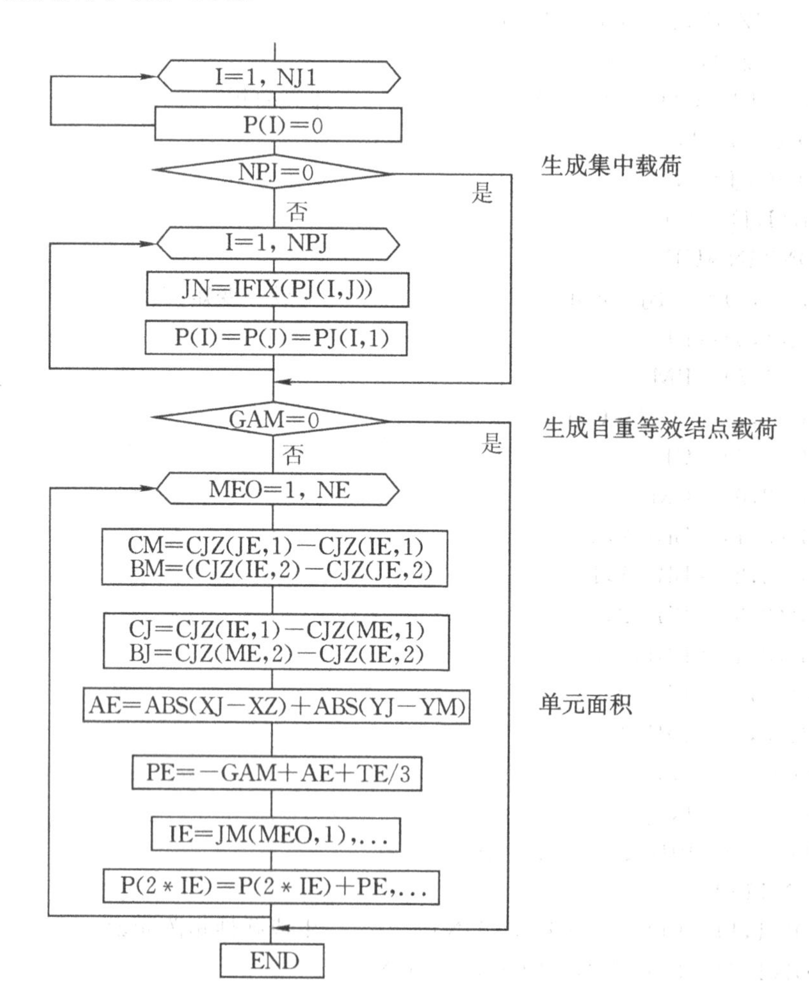

源程序：

```
C     SUBROUTINE LOAD
      COMMON/X1/NJ,NE,NZ,NDD,NPJ,NJ2,E0,UN,GAM,TE,AE
      COMMON/X2/JM(100,3),NZC(NZ),CJZ(NE,2),PJ(NPJ,2),
     #S(3,6),TKE(NE,NDD),EKE(6,6),P(200)
      DO 100 I=1,NJ2
      P(I)=0.0
100   CONTINUE
      IF (NPJ.EQ.0.0) GOTO 300
      DO 200 I=1,NPJ
      JN=IFIX(PJ(I,2))
      J=JN
      P(J)=PJ(I,1)
200   CONTINUE
300   IF (GAM.LE.0.0) GOTO 500
      DO 400 ME0=1,NE
      IE=JM(MEO,1)
      JE=JM(MEO,2)
      ME=JM(MEO,3)
      CM=CJZ(JE,1)-CJZ(IE,1)
      BM=CJZ(IE,2)-CJZ(JE,2)
      CJ=CJZ(IE,1)-CJZ(ME,1)
      BJ=CJZ(ME,2)-CJZ(IE,2)
      AE=(BJ*CM-BM*CJ)/2.0
      PE=-GAM*AE*TE/3.0
      IE=JM(ME0,1)
      JE=JM(ME0,2)
      ME=JM(ME0,3)
      P(2*IE)=P(2*IE)+PE
      P(2*JE)=P(2*JE)+PE
      P(2*ME)=P(2*ME)+PE
400   CONTINUE
500   CONTINUE
      RETURN
      END
```

7. 引进约束条件子程序 SUPPOR

框图：

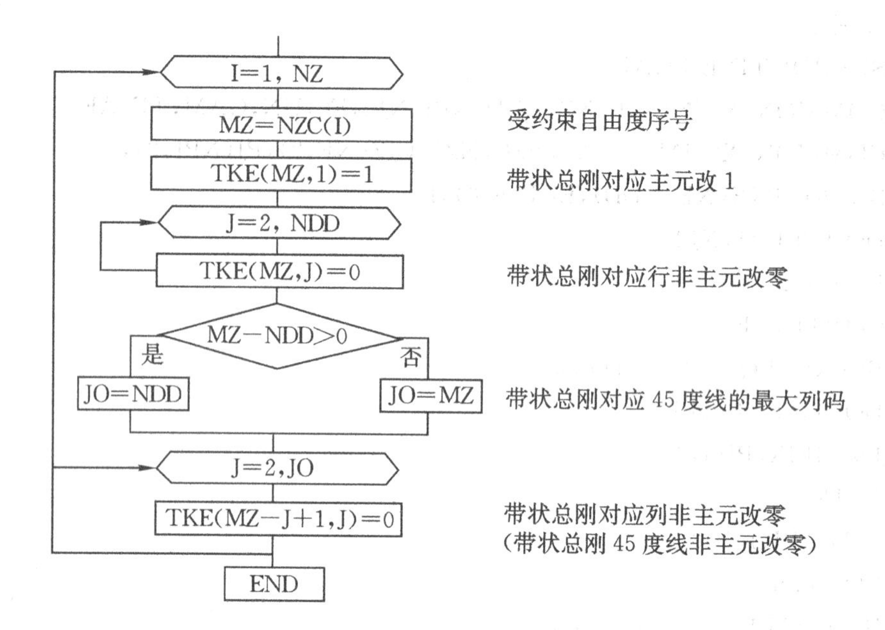

源程序：

```
C     SUBROUTINE SUPPOR
      COMMON/X1/NJ,NE,NZ,NDD,NPJ,NJ2,E0,UN,GAM,TE,AE
      COMMON/X2/JM(100,3),NZC(NZ),CJZ(NE,2),PJ(NPJ,2),
     #S(3,6),TKE(NE,NDD),EKE(6,6),P(200)
      DO 600 I=1,NZ
      MZ=NZC(I)
      TKE(MZ,1)=1.0
      DO 100 J=2,NDD
      TKE(MZ,J)=0.0
100   CONTINUE
      IF (MZ-NDD) 20,20,30
20    J0=MZ
      GOTO 400
30    J0=NDD
400   DO 500 J=2,J0
      J1=MZ-J
      TKE(J1+1,J)=0.0
500   CONTINUE
      P(MZ)=0.0
600   CONTINUE
      RETURN
      END
```

8. 高斯消去法解方程组子程序 SOLVE

框图：

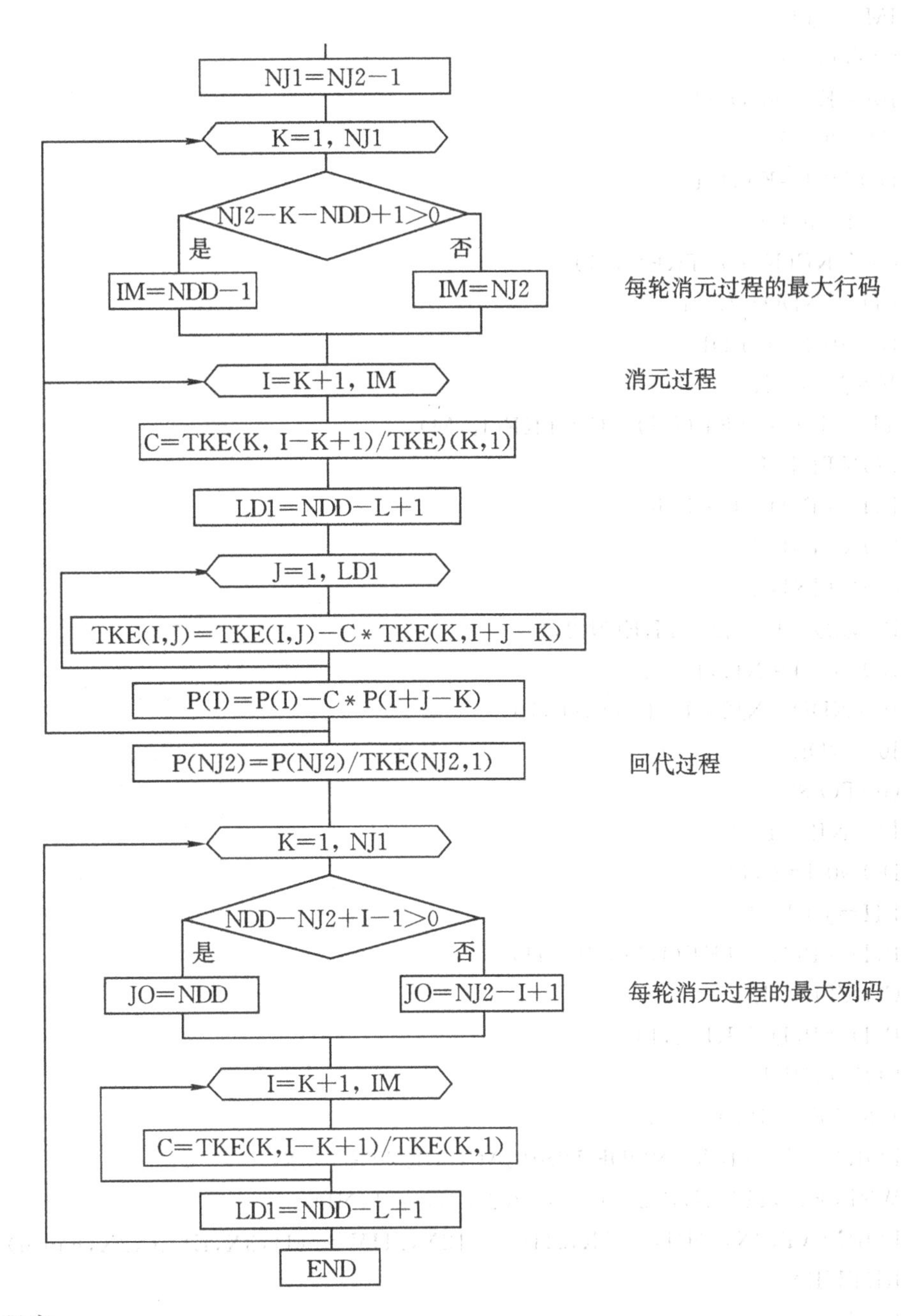

源程序：

```
C       SUBROUTINE SOLVE
        COMMON/X1/NJ,NE,NZ,NDD,NPJ,NJ2,E0,UN,GAM,TE,AE
        COMMON/X2/JM(100,3),NZC(NZ),CJZ(NE,2),PJ(NPJ,2),
      # S(3,6),TKE(NE,NDD),EKE(6,6),P(200)
```

```
      NJ1=NJ2-1
      DO 55 K=1,NJ1
      IF (NJ2-K-NDD+1) 10,10,20
10    IM=NJ2
      GOTO 30
20    IM=K+NDD-1
30    K1=K+1
      DO 50 I=K1,IM
      L=I-K+1
      C=TKE(K,L)/TKE(K,1)
      LD1=NDD-L+1
      DO 40 J=1,LD1
      M=J+I-K
      TKE(I,J)=TKE(I,J)-C*TKE(K,M)
40    CONTINUE
      P(I)=P(I)-C*P(K)
50    CONTINUE
55    CONTINUE
      P(NJ2)=P(NJ2)/TKE(NJ2,1)
      DO 100 I=NJ1,1,-1
      IF (NDD-NJ2+I-1) 60,60,70
60    J0=NDD
      GOTO 80
70    J0=NJ2-I+1
80    DO 90 J=2,J0
      LH=J+I-1
      P(I)=P(I)-TKE(I,J)*P(LH)
90    CONTINUE
      P(I)=P(I)/TKE(I,1)
100   CONTINUE
      WRITE(9,105)
105   FORMAT(//10X,'NODE DISPLACEMENTS'/10X'......................'/)
      WRITE(9,110)(I,P(2*I-1),P(2*I),I=1,NJ)
110   FORMAT(2X,3HJD=,5X,2HU=,12X,2HV=/(I4,3X,E14.6,2X,E14.6))
      RETURN
      END
```

9. 计算结点应力子程序 STRESS

数组说明：　WY(6)　　单元结点位移向量

　　　　　　YL(3)　　结点应力向量

X(I)　I=1,NJ	依总体编号存放结点正应力 σ_X
Y(I)　I=1,NJ	依总体编号存放结点正应力 σ_Y
TXY(I)　I=1,NJ	依总体编号存放结点剪应力 τ_{xy}
K(I)　I=1,NJ	依总体编号存放的绕结点平均重复次数记数
AB(3, 2)	单元结点局部坐标数组

功能:按单元编号依次从总体结点位移向量(P 数组)获取单元结点位移向量,并生成该单元应力矩阵,计算单元结点应力,按总体结点叠加(X、Y、TXY 数组),最后绕结点平均.

框图:

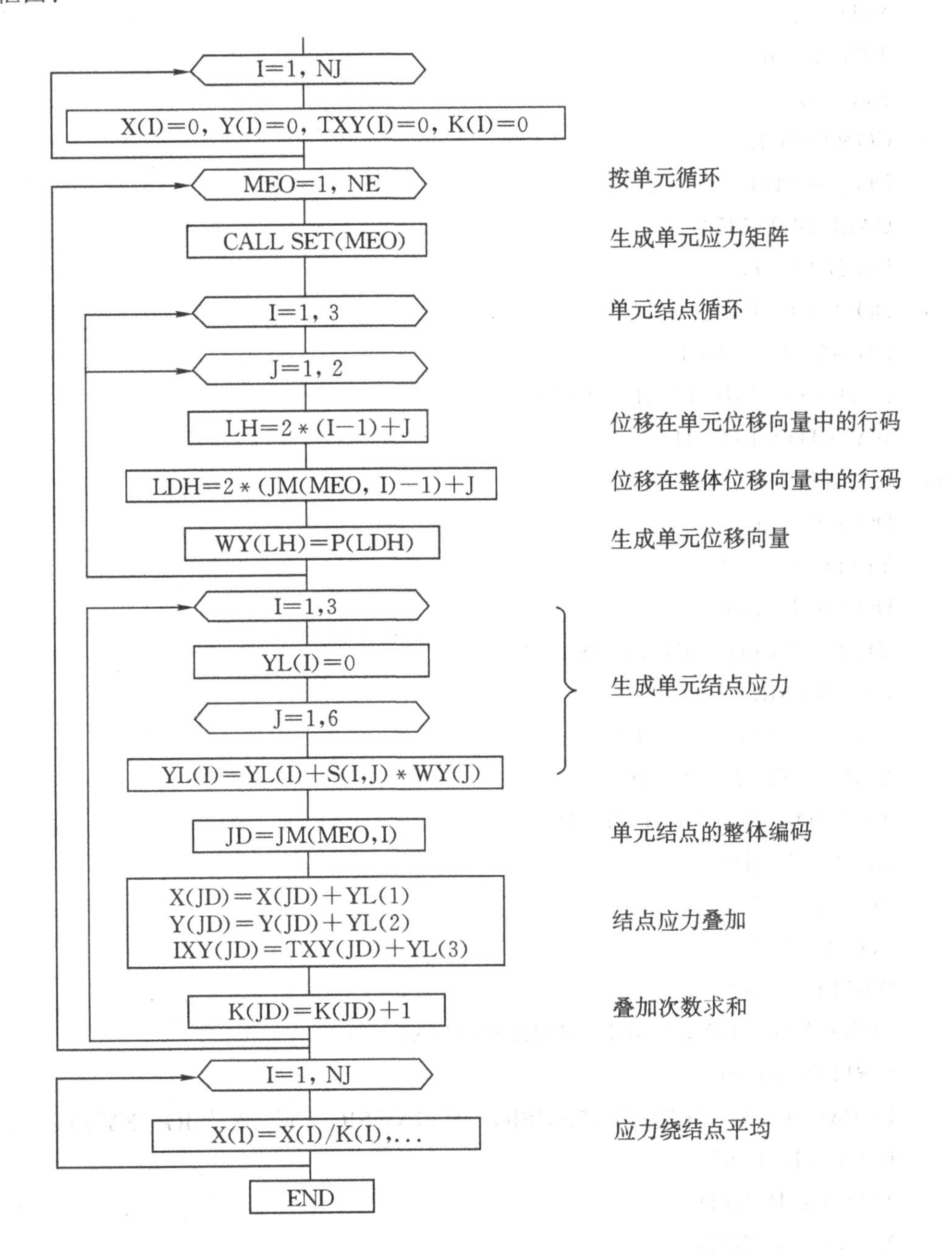

源程序：

```
C     SUBROUTINE STRESS
      COMMON/X1/NJ,NE,NZ,NDD,NPJ,NJ2,E0,UN,GAM,TE,AE
      COMMON/X2/JM(100,3),NZC(NZ),CJZ(NE,2),PJ(NPJ,2),
     #S(3,6),TKE(NE,NDD),EKE(6,6),P(200)
      DO 100 I=1,NJ
      X(I)=0.
      Y(I)=0.
      TXY(I)=0.
      K(I)=0
100   CONTINUE
      DO 400 MEO=1,NE
      CALL SET(MEO)
      DO 200 I=1,3
      DO 200 J=1,2
      LH=2*(I-1)+J
      LDH=2*(JM(ME0,I)-1)+J
      WY(LH)=P(LDH)
200   CONTINUE
      DO 300 I=1,3
      YL(I)=0.0
      DO 300 J=1,6
      YL(I)=YL(I)+S(I,J)*WY(J)
      JD=JM(ME0,I)
      X(JD)=YL(1) +X(JD)
      Y(JD)=YL(2)+Y(JD)
      TXY(JD)=YL(3)+TXY(JD)
      K(JD)=K(JD)+1
300   CONTINUE
400   CONTINUE
      WRITE(9,500)
500   FORMAT(//10X,'NODE   STRESS'/10X,'....................'/)
      WRITE(9,600)
600   FORMAT(2X,'JIEDIAN',5X,'SIG-X',7X,'SIG-Y',7X,'SIG-XY'/)
      DO 800 I=1,NJ
      X(I)=X(I)/K(I)
      Y(I)=Y(I)/K(I)
```

```
      TXY(I)=TXY(I)/K(I)
      WRITE(9,700)I,X(I),Y(I),TXY(I)
700   FORMAT(2X,I6,3X,3E12.4)
800   COMTINUE
      RETURN
      END
```

第十一章　大型有限元分析通用程序介绍

§11-1　有限元软件技术

1. 有限元软件

(1) 有限元分析软件

早期的有限元软件实质上只是有限元分析软件，因为从软件的组成上说，其程序主要由单元分析、组装和求解组成，缺乏前后处理功能，如图 11-1 所示；从软件的功能上说，它解决问题的范围窄、复杂性小、且规模也小，功能简单，诸如线性热传导以及线性结构分析等，从软件技术上来说，它有以下几个鲜明的特点：

(ⅰ) 软件只能在大型机上运行；

(ⅱ) 软件以批处理方式运行，缺乏交互功能；

(ⅲ) 问题信息的输入通过卡片或其他顺序访问设备成批输入，且输出仅限于简单的数据表格形式，可选择功能极弱；

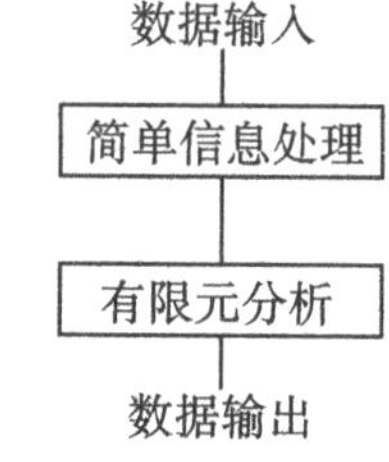

图 11-1　有限元分析软件

(ⅳ) 整个软件是一个大程序，解题规模受机器内存限制.

这些特点，使得这种有限元软件对用户要求很高，用户不但要熟悉有限元方法及其应用本身，而且还要对软件的信息格式、输入设备等有深入的了解；因此，这种软件的用户本身就是软件的开发者.而且因为缺乏前处理和交互功能，数据输入后不能得到及时的检查，只有在分析过程无法进行或整个分析过程完成之后，经过人工的分析才可能发现问题，一旦发现问题，又必须重新进行上一轮分析.

(2) 有限元分析与设计软件

20 世纪 70 年代中期以来，随着计算机运算速度的提高，内外存容量的扩大、图形设备的发展以及软件技术的进步，有限元软件在原来分析软件的基础上扩充了与应用领域相关的前后处理功能，并引入了文件管理技术，发展成为有限元分析与设计软件，如图 11-2 所示.

初期的前后处理软件的能力是比较弱的，特别是后处理能力更弱，但是由于引入了以图形为基础的具有交互性能的前后处理功能，使得用户更加容易学习和掌握有限元软件，减少了人工生成和输入有限元模型的工作量和计算量，提高了分析、整理结果的速度，减少了使用出错的机会.

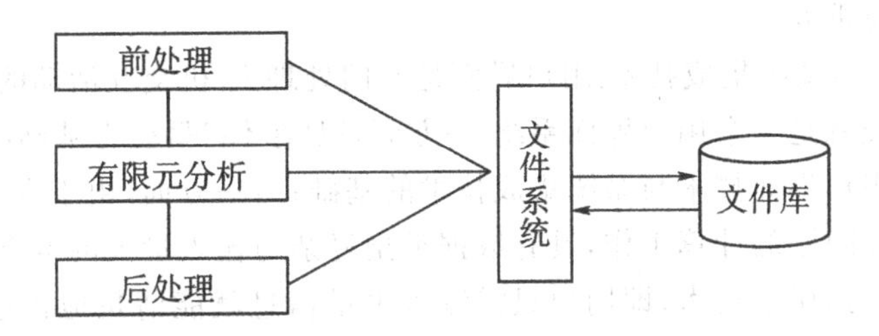

图 11-2　有限元分析与设计软件

一般而言，完善的前处理系统的核心是用户接口解释子系统，它包括用户命令语言、面向问题语言、带标识符的数据表、菜单及对话框解释程序；数据和命令诊断子系统；计算模型生成与模型的局部处理；图形输入与显示等.后处理系统包括结果的合理性检验、模型修改、结构优化、辅助设计、图形显示与结果的编辑输出等.

(3) 有限元分析、设计与 CAD 软件

随着计算机图形软硬件技术的进一步发展，有限元分析越来越成为 CAD 软件不可缺少的一部分，有限元软件也逐渐发展成为有限元分析、设计与 CAD 软件，其软件结构如图 11-3所示.

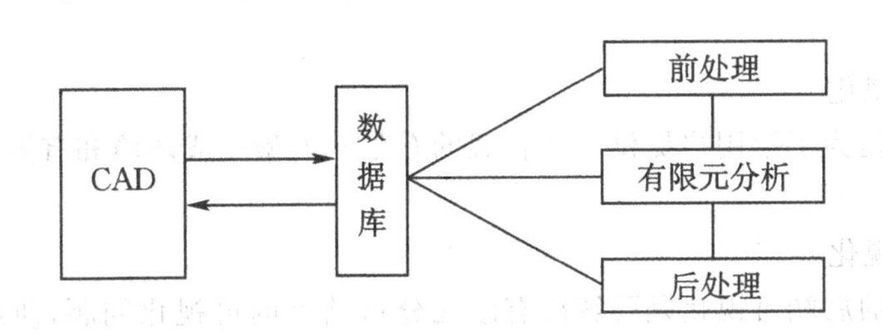

图 11-3　有限元分析与 CAD 软件

从软件技术上说，这种软件主要引入了数据库，从 CAD 数据库中直接取出数据进行有限元模型化，以及将有限元分析验证结果传递给 CAD 系统等技术，它的前后处理功能，特别是后处理功能得到进一步增强，用户使用更加方便，分析问题的效率进一步提高.用户可以在这样的系统支持下进行多种设计方案的分析比较，生成最优设计方案，并进行详细设计，直到输出设计图.

有限元软件的进一步发展是智能性与集成化有限元软件.

2. 有限元软件技术

有限元软件是随计算机软硬件技术和有限元方法的发展而发展的，从软件技术来说，一个比较完整、高效和使用方便的有限元软件，至少应包括以下几个方面：

(1) 数据管理技术.从有限元软件的应用角度看，数据管理不仅作为一种数据传递或交换的工具，还应作为一种辅助分析和设计的手段，如有关数据的显示操作和管理，在

CAD/CAM中尤为重要.

(2) 用户界面与系统集成技术.用户界面是专门处理人-机交互活动的软件成分,有限元软件的前处理系统就是一个用户界面系统.一方面,以"事件"驱动为基础的交互式动态集成软件技术已成为用户界面技术与系统集成技术的基础;另一方面,由于有限元软件主要解决大型的科学与工程问题的计算工作,具有数据类型复杂与输入量大的特点,其用户界面技术应能提供高效的数据压缩技术,即用户只需输入少量信息就能清楚地描述有限元分析所需的全部数据.

(3) 软件自动化技术.

(4) 智能化技术.即围绕设计过程,综合考虑有限元模型化过程、模型求解过程以及求解结果的解释评价过程,研制智能化有限元软件.

(5) 可视化技术.科学计算的可视化技术是凭借计算机自身及其配套设备的图形能力,把计算中产生的数字信息转变为直观的、易于为研究人员理解的图形或图像形式.它们可以是静态或动态的画面,并可以交互式地呈现于研究者面前.

(6) 面向对象的有限元软件技术.

3. 有限元软件中的可视化问题

一般来说,有限元分析的可视化可以分为两个阶段:一个称为前端可视化,解决工程问题与有限元模型输入的可视化问题;另一个称为后端可视化,解决有限元分析结果的可视化问题.

(1) 前端可视化

前端可视化是为了给用户提供一个直观的有限元模型生成环境和有限元信息正确性检查功能.

(2) 后端可视化

有限元分析的后端可视化是要解决有限元分析结果的可视化问题,使用户能直观方便地理解和使用计算结果.目前大多数的商用有限元软件都配备有功能齐全的后端可视化系统.它的功能包括许多方面,如输出用户问题的结构图,并实现对结构图的缩放、旋转、投影、裁剪、切片、硬拷贝等操作;输出结构的消隐图、变形图、振型图、动力响应、地震响应、温度场以及可视化局部数据场;输出结构上任意一点动力响应的位移、速度和加速度曲线以及结构的地震反应谱响应曲线;振型图的动态显示;按颜色填充应力(内力)区域图等,以及其他可视化功能.

4. 面向对象的有限元技术

有限元法在应用领域的发展,要求有限元软件具有高度的可扩展性和可再用性,同时有限元软件越来越成为CAD/CAM软件不可分割的一部分,又要求有限元软件具有更高的可嵌入到其他系统的能力.传统的以结构化分析、结构化设计和结构化编程为主的软件工程方法在这方面有所不足,新一代有限元软件方法应该是面向对象的有限元方法与软件技术.面向对象方法与有限元方法的结合产生了面向对象有限元方法这一新的学科方向,将大大改善有限元软件的性能.

大多数工程软件开发者习惯于FORTRAN语言,理论上FORTRAN语言也可以用于面向对象有限元软件开发,但实现困难,且很多面向对象的属性丢失了.C语言越来越多地被用于有限元软件开发,它不但提供了比FORTRAN语言丰富得多的数据结构,开发软件的效率也是FORTRAN语言不能比拟的.人们不愿意放弃FORTRAN语言,很大程度是怕丢弃已开发的应用软件.研究人员已经从科学与工程软件应用各方面探讨了用C语言取代FORTRAN语言的可行性与优越性.作为C语言超集的面向对象语言C++是开发面向对象有限元系统的比较好的选择.

§11-2 有限元通用软件简介

20世纪50年代中期至60年代末,有限元分析在工程中的应用一般以专用程序的面目出现,当时有限元的理论研究以及计算机的软硬件设备均处于初级阶段,而有限元软件的开发也刚起步.随着各项技术的进步与经验的积累,20世纪60年代末70年代初开始出现的大型通用有限元软件,由于功能强大、计算可靠、效率高而受到用户的青睐,逐渐形成一代新的技术产品,成为工程结构分析中强有力的分析工具.专用软件的应用从此仅限于一些特殊的、大型通用程序没有涉及到的领域,而且大多利用通用程序拥有的强大的前后处理与计算技术作为开发平台,进行二次开发,避免零起点与低水平的重复.

1. 部分通用程序概述

当前最为流行的通用程序有ABAQUS、ADINA、ANSYS、ASKA、MARC、MSC/NASTRAN、NIKE3D以及SAP(SAP6之后更名为COSMOS)等.这里介绍其中部分程序的概况.通用程序在激烈的竞争中必须不断改进并增添新的功能,通常2～3年推出一个新版本,这里列出的指标不能代表它们的新水平,仅供体验其指导思想与发展趋势参考.

表11-1列出了部分程序的历史背景,从中可以看出,影响较深远的一些大型通用有限元软件,如MSC/NASTRAN、ASKA、ANSYS、ADINA等都具有较长的历史.在第一版公布后,软件公司对程序的维护、扩充、更新、推广等工作极为重视,拥有完善的用户服务网.

表11-2中列出各程序的用户界面.各软件公司对程序的前后处理都投入大量人力、物力进行开发,其共同的技术特点是采用现代化计算机图像新技术,把几何造型、图形显示等用于有限元计算模型的自动生成与显示,并将计算结果转变为直观的图形或图像,尽可能减少用户的工作量,能做到大部分工作量由计算机自动完成,不但极大地方便用户,而且减少了出错的概率.

表11-3列出程序的主要力学功能.但不涉及这些功能的强弱与局限性.例如:NASTRAN与ASKA最初都是为线性分析而设计的,后来随着有限元技术发展,根据用户需要陆续增加一些非线性功能.虽然它们的线性分析功能,如ASKA多级子结构、NASTRAN的动力与气动弹性分析能力,都较完善并受到广大用户的一致推崇,但它们的非线性分析功能与一开始就以非线性为主要目标的软件,如ABAQUS、ADINA、MARC等比较就难免相形见绌.

表 11-1　部分程序背景资料

名　称	公布时间	研　制单　位	主要最初开发者	主要应用部门	程序语言	程序全名	备　注
ABAQUS	1979	Hibbitt，Karison公司	Hibbitt	核、石油通用	FORTRAN		
ADINA	1975	ADINA工程公司	Bathe	通用	FORTRAN	Automatic Dynamic Incremental Nonlinear Anaylsis	
ANSYS	1970	Swanson分析系统公司	Swanson	核工程	FORTRAN	ANSYS Engineering Analysis System	
MARC	1970	MARC分析研究公司	Marcal	核工程	FORTRAN	General Purpose Finite Element Program	最早的非线性程序
MSC/NASTRAN	1970	The MacNeal Schwendler公司	Macneal	航空、航天	FORTRAN与汇编	MSC/NAsa STRuctural ANalysis	最早的大型程序
ASKA	1970左右	德国斯图加特大学宇航结构研究所	Argyris Schrem	航空、航天	FORTRAN与汇编	Automatic System for Kinematic Analysis	

表 11-2　用户界面资料

	自动格式输入	自动分网	交互图像显示	绘图输出	结点编号优化	用户选择打印	用户子程序
ABAQUS	√	√	√	√	√	√	—
ADINA	√	√	√	√	√	√	√
ANSYS	√	√	√	√	√	√	√
MARC	√	√	√	√	√	√	√
MSC/NASTRAN	√	√	√	√	√	√	√
ASKA	√	√	√	√	—	√	√

表 11-3 程序力学功能

名称	线性									非线性											非线性		交互问题						温度场						设计	
	静力	自振特征	模态叠加	复特征值	瞬时响应	随机响应	响应谱分析	复合材料	线性断裂	非线性弹性	弹塑性	蠕变或粘弹性	粘塑性	大挠度小应变	大挠度大应变	线性屈曲	非线性屈曲	接触	非线性断裂	非线性动力	瞬时响应	疲劳	温度—机械	液体—固体	疲劳—蠕变	控制—结构	气动弹性	声响应	稳态	瞬态	对流	辐射	温度对材料影响	相变	结构灵敏度分析	结构优化
ABAQUS	√	√	√	—	√	—	—	√	—	√	√	√	√	√	—	√	√	√	—	√	√	—	√	√	—	—	—	—	√	√	√	√	√	不详	—	—
ADINA	√	√	√	—	√	—	—	—	√	√	√	√	—	√	√	√	√	√	—	√	√	—	√	√	—	—	—	—	√	√	√	√	√	√	—	—
ANSYS	√	√	√	—	√	√	√	√	√	√	√	√	—	√	—	√	√	√	√	√	√	—	√	√	—	—	—	—	√	√	√	√	√	不详	√	√
MARC	√	√	√	—	√	√	√	√	√	√	√	√	√	√	√	√	√	√	√	√	√	—	√	√	—	—	—	—	√	√	√	√	√	不详	—	—
MSC/NASTRAN	√	√	√	√	√	√	√	√	√	√	√	√	—	√	—	√	√	√	√	√	—	—	√	—	—	—	—	—	√	√	√	√	√	—	√	√
ASKA	√	√	√	—	√	—	—	—	—	√	√	√	—	—	—	√	—	—	—	—	√	√	√	√	√	—	—	—	√	√	√	√	—	—	—	—

表 11-4 按功能分类给出各程序的单元库，理论方法全部用有限元法.国外的某些通用程序(如英国的 PAFEC)增加了边界元，主要用于计算无限体.单元模型以位移模型为主，间或有些杂交模型.这两点可能反映了一些新理论尚不够成熟.单元库往往占据了整个程序规模的很大部分，尤其在一些如 ASKA、NASTRAN 等老程序中，部分单元显得陈旧，有的实际无用已成为垃圾，而 ADINA 的单元库精练、少而覆盖面广，值得推崇.

表 11-4 单 元 库

名称	理论方法*	单元模型**	一维元	二维元	梁元	三维元	板元	薄壳元	厚壳元	管元	边界元	一维流体	二维流体	三维流体	一维传导	二维传导	三维传导	对流	辐射
ABAQUS	F	D	√	√	√	√	√	√	√	√	—	√	√	√	√	√	√	—	—
ADINA	F	D	√	√	√	√	√	√	√	√	—	√	√	√	√	√	√	√	√
ANSYS	F	D	√	√	√	√	√	√	√	√	—	√	√	√	√	√	√	√	√
MARC	F	D,H	√	√	√	√	√	√	√	√	—	√	√	√	√	√	√	√	√
MSC/NASTRAN	F	D,H	√	√	√	√	√	√	√	√	—	√	√	√	√	√	√	√	√
ASKA	F	D	√	√	√	√	√	√	√	√	—	—	—	—	√	√	√	—	—

注：* 理论方法，F 表示有限元法.

* * 单元模型，D 表示位移模型，H 表示杂交模型.

表 11-5 为材料库列表.实际上大多数程序材料库并不独立而从属于单元库，所以并非每种单元都具有表中所列的材料功能.但 ABAQUS 除外，它的材料库是独立的，即所有单

元都拥有表 11-5 中 ABAQUS 一栏所列功能.

表 11-6 列出各程序的解法.解法并非一成不变的,随着技术的进步,各程序均在更新,例如在老程序中,在解非线性静力方程时用初载荷(包括初应变与初应力)法较多,而后则采用了拟和/或纯牛顿-拉斐逊法或其变种.子结构功能是分析大型结构和求解局部非线性问题(如弹塑性、接触等)很重要的技巧,各程序均有此功能,有的程序初期没有而后来加上了,如 NASTRAN、MARC.ADINA 程序脱胎于原无子结构的 SAP 系列程序,虽添加了此功能,但处处可见 SAP 的遗迹.ASKA 可以说是以子结构为中心思想组织的程序,公认其子结构功能设计得十分灵活好用.重启动功能是分析大型复杂结构,尤其是非线性问题十分重要的软件功能,它可以在计算过程中检查中间结果,以决定后续运算的策略,它可以保护已计算的正确的中间结果,因此各程序均有此功能,但功能强弱有所不同,如 ADINA 只允许在中断又重启动时修改计算的控制参数、步长,而不允许修改材料、结点坐标等参数.

表 11-5 材 料 库

名　称	线性弹性	非线性弹性	各向同性	线性正交异性	非线性正交异性	弹塑性	粘弹性	蠕变	粘塑性	多层结构	与温度相关弹性	与温度相关塑性	土与混凝土
ABAQUS	√	√	√	√	√	√	√	√	√	√	√	√	√
ADINA	√	√	√	√	√	√	√	√	√	—	√	√	√
ANSYS	√	√	√	√	√	√	√	√	√	√	√	√	√
MARC	√	√	√	√	√	√	√	√	√	√	√	√	√
MSC/NASTRAN	√	√	√	√	√	√	√	√	√	√	√	√	—
ASKA	√	√	√	√	—	√	—	√	—	√		√	—

表 11-6 各 程 序 解 法

名　称	线性方程组①	非线性方程组②	特征值③	瞬时积分④	时间步自动	子结构	周期对称	重启动
ABAQUS	W	F	S	N,H	√	√		√
ADINA	V	F,M,Q	S,D,L	C,N,W		√		√
ANSYS	W	I	S,J	H		√	√	√
MARC	V	F,Q,M	I,S	C,N,H	√	√	√	√
MSC/NASTRAN	V	Q,M	L,I,G,D	N	√	√	√	√
ASKA	H	I	S	N,G		√	√	√

注:① 线性方程组解法中,W 表示波前法;V 表示一维变带宽法;H 表示超元矩阵法.

② 非线性方程组解法中,F 表示纯牛顿法;M 表示修正牛顿法;Q 表示拟牛顿法;I 表示初应变法.

③ 特征值解法中,S 表示子空间迭代;D 表示行列式搜索法;J 表示雅可比旋转法;I 表示逆幂法;G 表示盖文斯法;L 表示郎克宙斯法.

④ 瞬时积分法中:N 表示纽马克;H 表示海勃休斯-劳台;C 表示中心差分法;W 表示威尔逊.

由前述资料可以看出大型通用软件所具备的一些特点：

(1) 程序的商品化思想很明确，各程序在第一次发布后随着用户的要求与科学技术发展不断增添新的功能，改进原有内容.

(2) 强调友好的用户界面.各有限元软件开发公司都致力于改进和开发前、后处理程序功能，力求让用户使用方便，减少“纸面工作量”，降低数据输入的错误，输入、输出直观.为此采用 CAD 的新技术，结构造型功能很强.为方便用户作二次开发，程序设计得具有良好的开放性.

(3) 通用性.一方面具有内存与内、外存交互求解功能，当解题规模小时单纯内存求解，以提高效率，题目规模大时，内、外存交互求解；另一方面具有较丰富的单元库以保证其通用性.

(4) 高效率.结构分析的规模越来越大，非线性分析所占的比例也越来越大，它一方面促进了计算机硬件的发展；另一方面给计算力学与数学工作者及程序研制者提出了新课题，即寻求新的高效率解法、有效的数据管理系统，以及各类非线性问题的效率高、收敛性好的算法.

(5) 可扩充性与易修改性.达到此点的根本措施是程序设计模块化.

(6) 可靠性.

(7) 重启动与错误诊断能力.由于解题规模大、非线性求解计算时间很长或由于开始计算时没有把握，需查看中间结果或计算过程，中途可能要求变换计算方法或增添新的参数等，这一切都要求程序有中断能力，即在用户干预后可由中断处继续运算，这点已成为各程序的基本功能.错误诊断指用户使用程序不当而出现错误时尽可能地通过程序指出.

§11-3 通用程序应用举例——ANSYS

现代计算机图形学的发展与应用，使大型通用程序具备强大的前、后处理功能，给广大用户实施有限元分析带来极大方便.本节通过优秀的有限元通用软件 ANSYS 的应用说明这一强大功能.ANSYS 软件是国际流行的融结构、热、流体、电磁、声学于一体的大型通用有限元分析软件，在世界各地各行各业得到广泛使用.

1. ANSYS 软件的功能

一个典型的 ANSYS 分析过程包括以下三个步骤：

- 创建有限元模型
- 施加载荷并求解
- 查看分析结果

ANSYS 软件功能的强大与它拥有众多应用模块是分不开的，其模块化结构如表 11-7 所示.

表 11-7

模块结构	PREP7 前处理器：建立几何模型，赋予材料属性，划分网格等
	SOLUTION 求解器：加载，求解
	POST1 通用后处理器：考查某特定时刻整个模型的计算结果
	POST26 时间历程后处理器：考查某特定点整个时间历程上的结果
	OPT 优化设计模块：优化设计
	PDS 概率设计模块：概率设计
	RUNSTAT 估计分析模块：估计计算时间、运行状态等
	OTHER 其他功能：从 CAD 传递文件、改变二进制文件等

在有限元分析过程中，ANSYS 程序通常使用以下三个部分：前处理模块(PREP7)、分析求解模块(SOLUTION)与后处理模块(POST1 与 POST26).前处理模块是一个强大的实体建模与网格划分工具，通过这个模块用户可以方便地建立工程有限元模型.分析求解模块则对已建立好的模型在一定的载荷与边界条件下进行有限元计算.后处理模块是对计算结果进行处理，可以将结果用等值线、梯度、矢量、粒子流及云图等图形方式显示出来，也可以用图表、曲线的方式输出.

(1) 前处理模块

ANSYS 的前处理模块主要实现三种功能：参数定义、实体建模与网格划分.

(ⅰ) 参数定义

包括定义单位制、单元类型、单元的实常数、材料特性以及使用材料库文件等.

(ⅱ) 实体建模

ANSYS 提供了两种建模方式：从低级到高级的建模与从高级到低级的建模.

对于有限元模型，图元的等级从低到高分别是：点、线、面、体.ANSYS 提供了很多高级图元的建立，如球体、圆柱等.当用户直接构建高级图元时，程序会自动定义相关的低级图元.用户也可以先定义点、线、面，然后生成体.无论用哪种方式建模，都需要进行布尔操作来组合结构数据，以构建所需模型.

(ⅲ) 网格划分

ANSYS 系统的网格划分功能十分强大，使用便捷.从使用选择的角度来说，网格划分可分为系统智能划分与人工选择划分两种.从网格划分的功能来说，则包括四种划分方式：延伸划分、映像划分、自由划分与自适应划分.延伸划分是将一个二维网格延伸成一个三维网格.映像网格划分是将一个几何模型分解成几部分，然后选择合适的单元属性与网格控制，分别划分生成映像网格.自由划分由 ANSYS 程序提供的网格自由划分器来实现，这种划分可以避免不同组件在装配过程中网格不匹配带来的问题.自适应网格划分是在生成具有边界条件的实体模型以后，用户指示程序自动产生有限元网格，并分析、估计网格的离散误差，再重新定义，直至误差低于用户定义的值.

(2) 求解模块

此模块对已生成的有限元模型进行分析计算，包括结构静力分析、结构动力分析、结构屈曲分析、热力学分析、流体动力分析、电磁场分析、压电分析、声场分析以及多物理场的耦合分析等.

在此阶段,用户可以定义分析类型、分析选项、载荷数据与载荷步选项.

(3) 后处理模块

完成计算以后,可以通过后处理器查看结果.通过程序的菜单操作,能很方便地获得求解的计算结果.结构文件的输出形式有图形显示与数据列表显示两种.

(ⅰ) 通用后处理模块(POST1)

通用后处理器可用来查看整个模块或选定的部分模块在某一时间步的结果.可以获得等值线显示、变形形状以及检查与解释分析的结果和列表,也提供许多其他功能.

(ⅱ) 时间历程后处理模块(POST26)

时间历程后处理器可用于查看模型的特定点在所有时间步内的结果,可获得结果数据对时间或频率关系的图形曲线与列表,还能从时间历程结果中生成谱响应.此外,POST26还具有其他功能,如曲线的代数运算或微积分运算、通过变量间的四则运算产生新的曲线以及求最大、最小值等.

2. ANSYS 的输入方式

ANSYS 提供了多种输入方式供用户选择:菜单方式、命令方式与函数方式,或者这些方式的组合.

菜单方式是用鼠标在 ANSYS 菜单(通用菜单或主菜单)上进行选取,ANSYS 通常会弹出各种对话框,以完成各项操作.对新手来说,用这种方式最为简单.

命令方式是从命令行中输入命令及命令域的值.对一些常用且熟悉的命令,用该方式更为快捷.而且,某些命令是菜单函数所不具有的,尤其是当用到宏语言时,通常只能用命令方式.此外,ANSYS6 提供了联想式输入,不仅使命令输入更正确快捷,而且还提示用户以适当的顺序输入参数.

函数方式也是从命令行中输入,但是,只需要输入命令,而命令域的值将通过弹出菜单输入,这样可以简化操作.此外,在 APDL 高级编程中,为了在命令序列中指示用户的选取或者输入,也需要用到函数.

3. ANSYS 的用户界面

现在的大型有限元通用程序都具有友好的图形用户界面(GUI),通过图形用户界面可以交互访问程序的各种功能、命令等.ANSYS 的图形用户界面如图 11-4 所示,为基于 Motif 标准的 GUI,包括 6 个窗口.

(1) 实用菜单(应用命令菜单):Utility Menu

为下拉式菜单,其中包含各种应用命令,如 File(文件)、Select(选择)、List(列表)、Plot(图示)、PlotCtrls(图形控制)、WorkPlane(工作平面)、Parameters(参数)、Macro(宏)、MenuCtrls(菜单控制)以及 Help(帮助)等.任何时刻用户均可访问此菜单.

(2) 主菜单:Main Menu

主菜单中包含各种功能命令,包括前处理模块的单元、截面、材料、几何图形、分格等相关命令,后处理模块的图标与列表等命令,以及分析模块的约束、载荷、分析等命令.

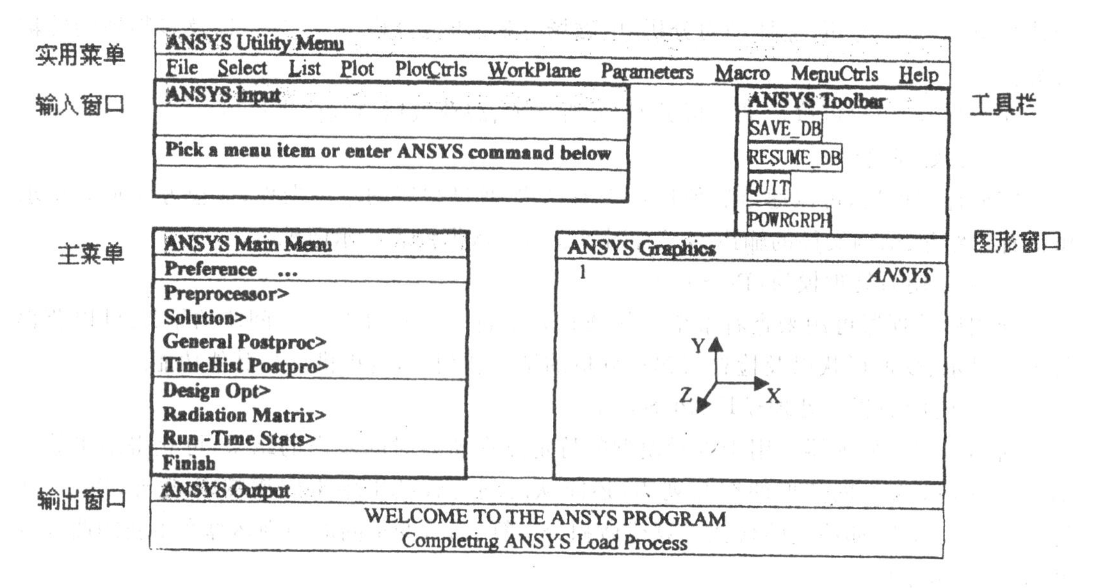

图 11-4　ANSYS 用户界面

(3) 工具栏：Toolbar

在工具栏中,可以自行定义屏幕功能按钮,以提高工作效率.

(4) 输入窗口：Input Window

一般而言,使用鼠标及菜单工作的效率比较高,而且不必记忆命令.如果用户习惯输入命令的操作,可在输入窗口直接输入命令.

(5) 图形窗口：Graphics Window

图形窗口是显示所有前后处理图形的窗口.如同大多数 CAE 软件一样,ANSYS 可以同时打开多个图形窗口,并可作各种缩放及位置安排.

(6) 输出窗口：Output Window

进入图 11-4 中的输出窗口栏,会弹出如图 11-5 所示界面,一切列表的结果都会显示在其中.在 Windows 环境下,可以将输出窗口内任何数据 Mark(标记)起来,并复制到其他文

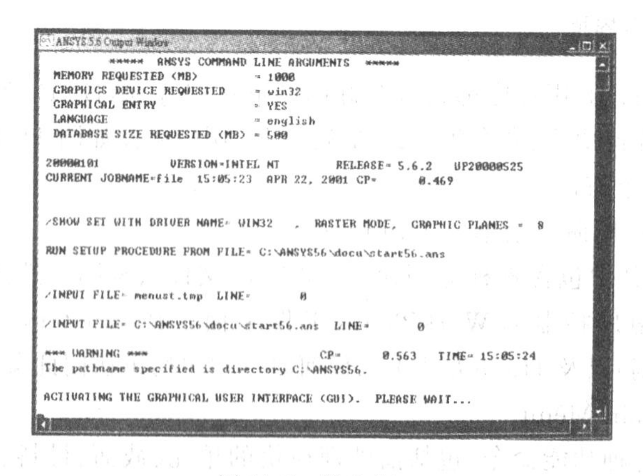

图 11-5　输出窗口

本处理软件,作进一步的操作.

4. 应用举例

下面以一个钢板模型为例,说明通用有限元分析程序的操作过程.

图 11-6 所示带有三个圆孔的钢板模型,板厚 20mm.板的材料参数为:杨氏弹性模量 E=200Gpa,泊松比 μ=0.25.大圆孔半径为 30 mm,导角半径为 50mm,两个小圆孔半径为 10mm,导角半径为 20mm.圆孔间的距离如图示.小圆孔上的位移被完全约束,大圆孔下端作用有指向下方的集中力 1 000N.

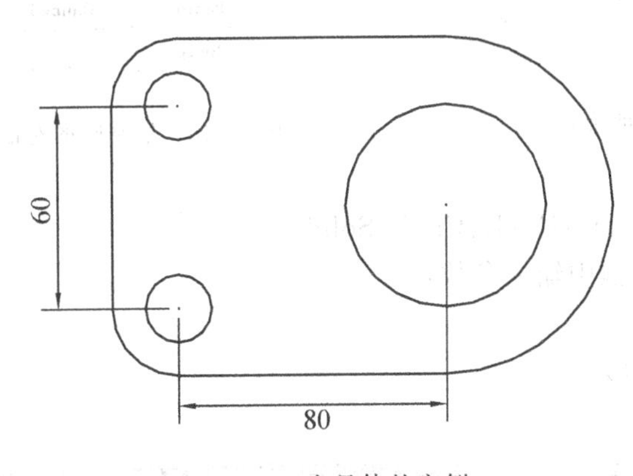

图 11-6　一个具体的实例

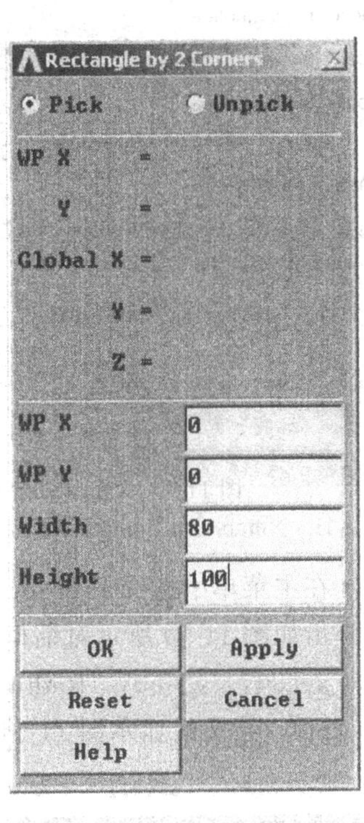

图 11-7　Rectangle By 2 Corners

(1) 建立几何模型

(ⅰ) 定义一个矩形

• 在主菜单中选择 Preprocessor|Create|Rectangle|By 2 Corners,弹出如图 11-7 所示对话框.

• 在图 11-7 对话框中输入如下参数:

x=0

y=0

Width=80

Height=100

单击 OK,在绘图区得到如图 11-8 所示矩形.

图 11-8　矩形示意图

(ⅱ) 建立实体板

在建立圆面积之前,为了区分各个面积,首先将不同的面积用不同颜色的图形进行显示，然后再完成圆弧边界与左侧直线边界.

• 在实用菜单中选择 PlotCtrls|Numbering

弹出如图 11-9 所示对话框，选中 Area numbers 选项，再单击 OK 按钮完成设置.

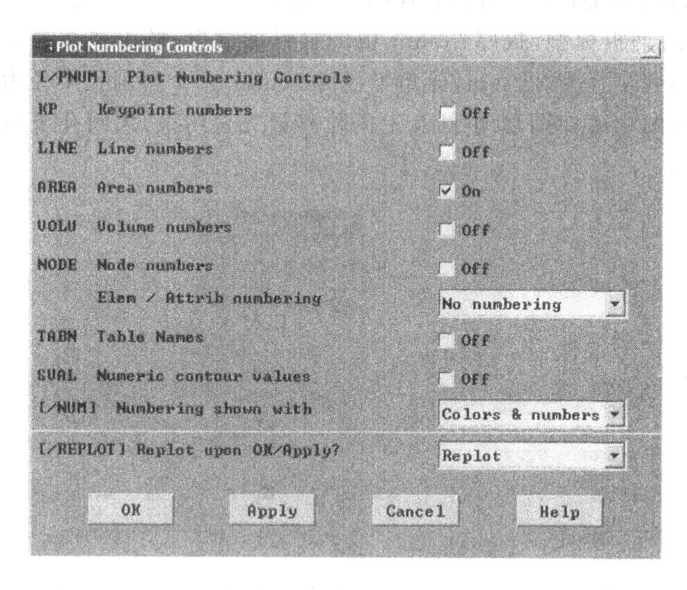

图 11-9　Numbering Controls 对话框

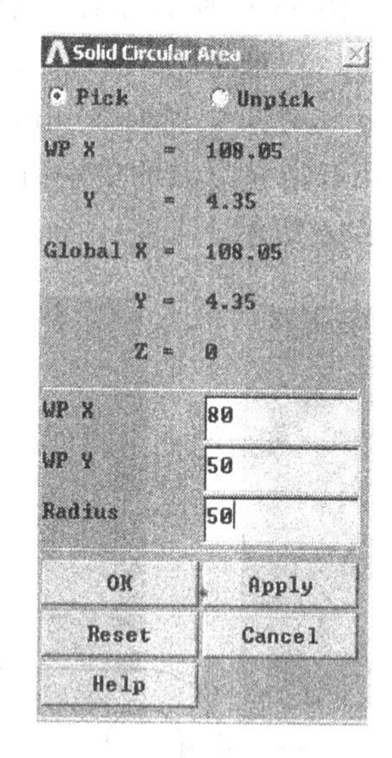

图 11-10　绘制圆的对话框

• 在主菜单中选择 Preprocessor|Create|Circle|Circle Solid

弹出如图 11-10 所示对话框，在对话框中输入参数：

x=80，　y=50，　Radius=50.

单击 Apply，绘图区显示图 11-11 所示图形.

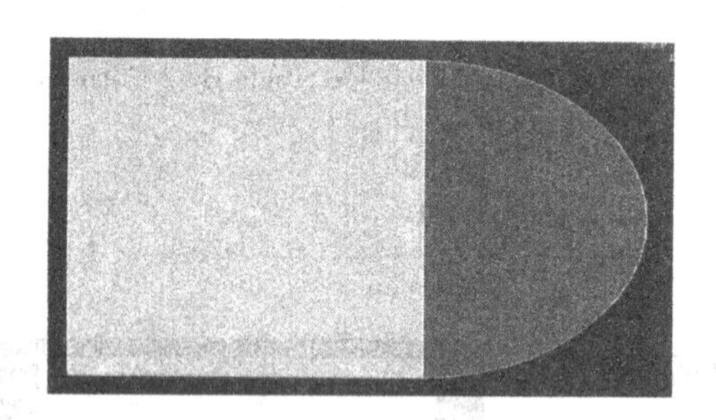

图 11-11　矩形和圆的示意图

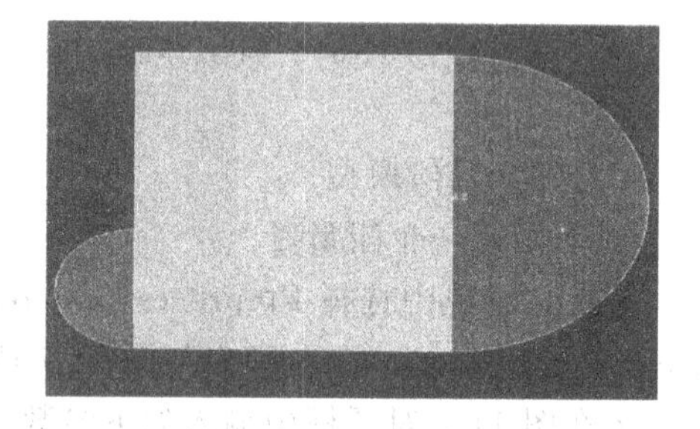

图 11-12　矩形和圆的示意图

• 继续在对话框(图 11-10)中输入参数：

x=0，　y=20，　Radius=20.

单击 Apply，绘图区显示图 11-12 所示图形.

• 再输入参数：

x=0，　y=80，　Radius=20.

单击 Apply，在绘图区显示如图 11-13 所示图形.

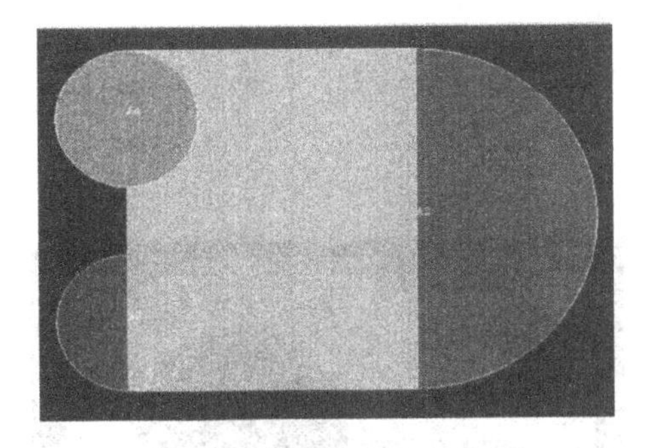

图 11-13 矩形和圆的示意图

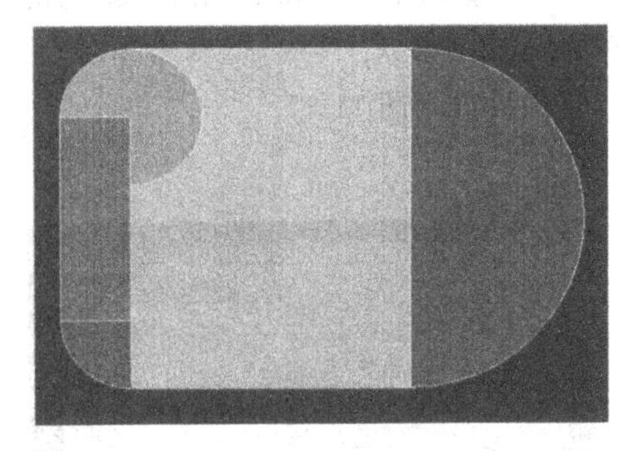

图 11-14 矩形和圆的示意图

• 建立一个矩形填充左侧两小圆之间的面积.

在主菜单中选 Preprocessor|Create|Rectangle|By 2 Corners.

弹出如图 11-7 所示对话框，在对话框中输入如下参数：

x=－20

y=20

Width=20

Height=60

单击 OK，在绘图区得到如图 11-14 所示图形.

• 在工具栏中点击 SAVE_DB 存盘.

(iii) 布尔加法运算合并实体

• 主菜单中选取

Preprocessor|Operate|Add|Areas.

• 弹出如图 11-15 所示对话框后，用鼠标在绘图区选取各图形，确认图 11-15 中第三栏的 Count 项显示为 5 时，单击 OK 完成布尔加法运算，合并出图 11-16 所示图形.

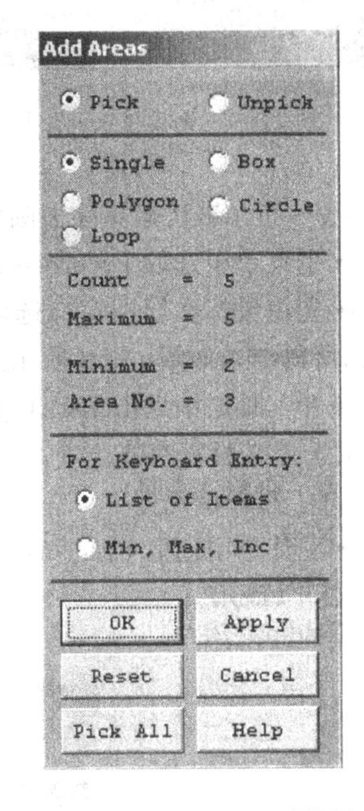

图 11-15 Add Areas 对话框

(iv) 生成孔洞圆实体

• 在主菜单中选择 Preprocessor|Create|Circle|Circle Solid

• 在弹出的对话框中输入：

x=80， y=50， Radius=30.

单击 Apply 确认.

• 在对话框中继续输入：

x=0， y=20， Radius=10.

单击 Apply 确认.

图 11-16 布尔加法运算后结果

• 在对话框中继续输入：

x＝0， y＝80， Radius＝10.

单击 Apply 确认.

最后得到图 11-17.

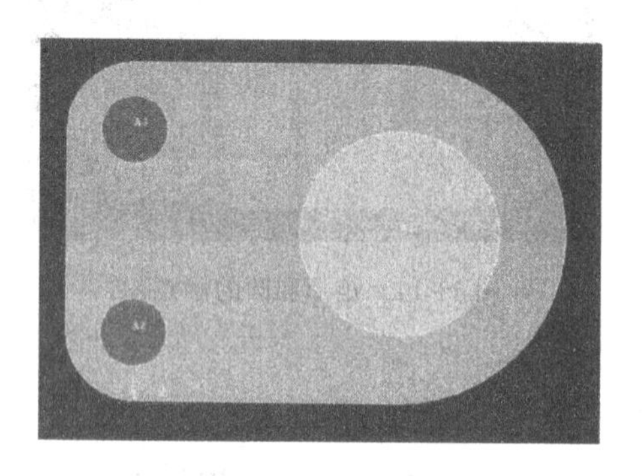

图 11-17 钢板与三个孔洞圆

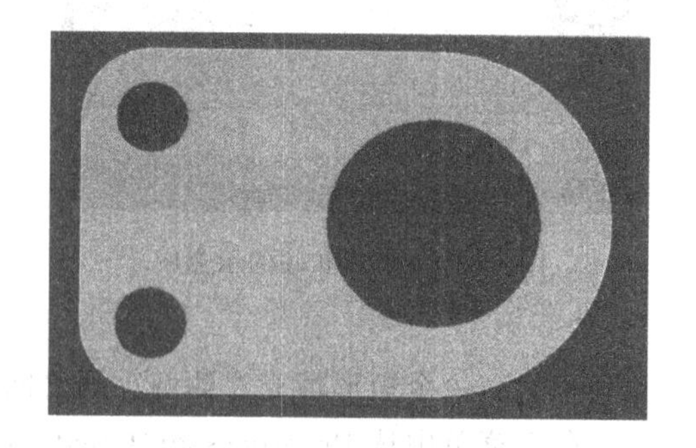

图 11-18 布尔减法运算后结果

(ⅴ) 布尔减法运算除去圆实体

• 主菜单中选取 Preprocessor|Operate|Subtract|Areas.

• 先用鼠标在绘图窗口选取平板基体，单击 Apply 确认，再选取三个圆实体，单击 OK 完成，所得结果如图 11-18 所示.

• 在工具栏中点击 SAVE_DB 存盘.

(2) 定义材料参数

(ⅰ) 选择单元类型

• 主菜单中选取 Preprocessor|ElementTypes|Add/Edit/Delete 得到单元类型对话框如图 11-19 所示.

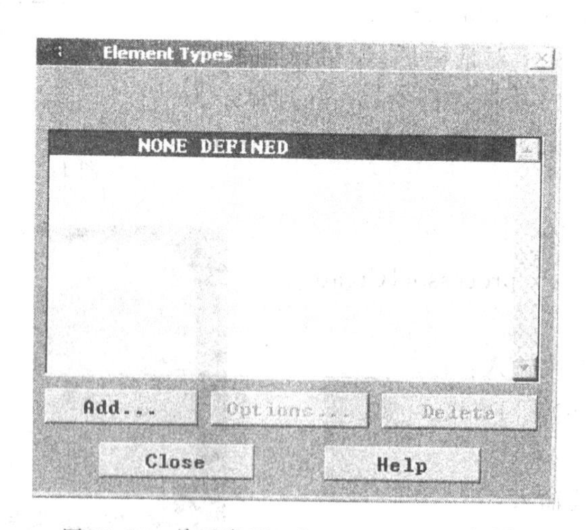

图 11-19 单元类型(Element Types)对话框

• 在单元类型对话框图 11-19 点击添加按钮 Add,弹出图 11-20 单元库对话框.

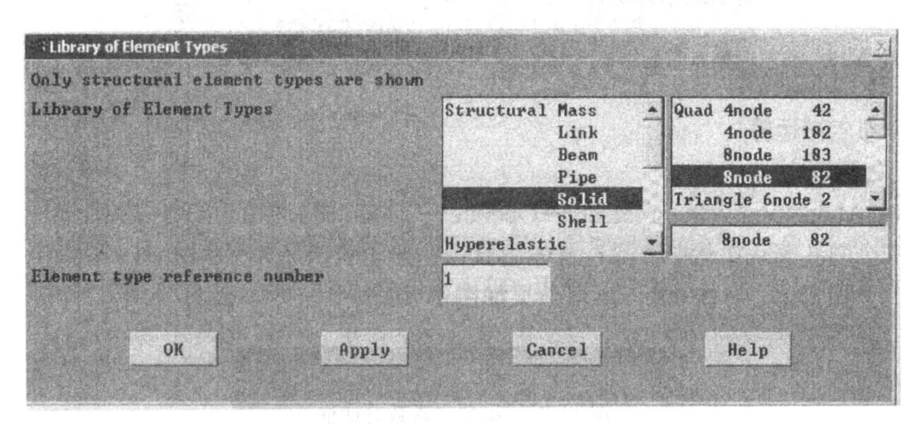

图 11-20 单元库(Library of Element Types)对话框

• 在单元库中选取 Solid82 单元,单击 OK 确认.

(ⅱ)选择分析类型

回到图 11-19 中单击 Options 按钮,出现图 11-21 所示对话框.在单元分析类型中选择 Plane strs w/thk,再在单元输出选项中选择 Nodal stress,最后单击 OK 完成.

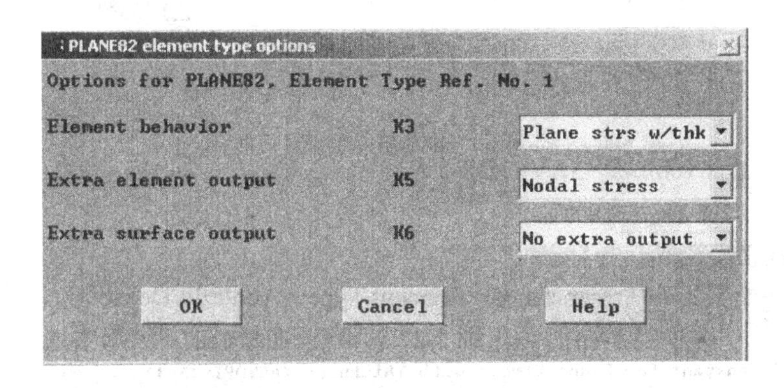

图 11-21 选择单元分析类型对话框

(ⅲ)定义模型厚度

• 主菜单中选取 Preprocessor|Real Constants|Add/Edit/Delete 得到添加实常数对话框.

• 在实常数对话框图 11-22 点击添加按钮 Add,弹出图 11-23 添加单元类型对话框.

• 确认图中显示的所选单元类型正确后,单击 OK,弹出图 11-24 对话框定义单元厚度.在 Thickness 选项中输入 20,单击 OK,关闭窗口.

(ⅳ)定义材料的力学参数

• 主菜单中选取 Preprocessor|Matereal Props|Matereal Models 得到定义材料属性对话框.(如图 11-25 所示)

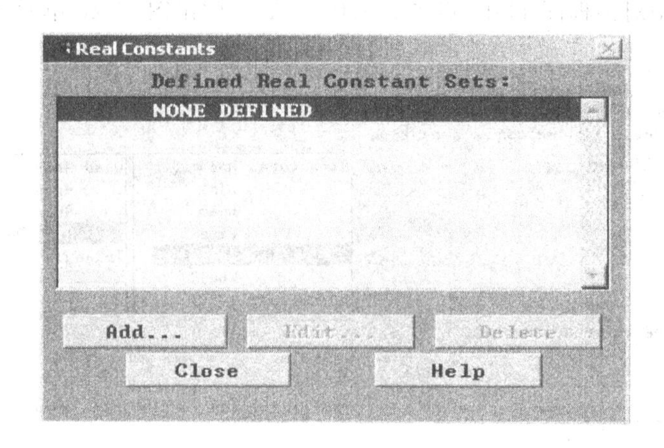

图 11-22　添加实常数对话框

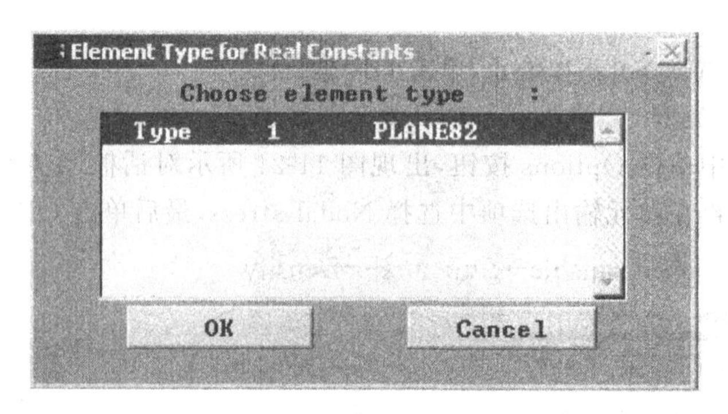

图 11-23　添加单元类型对话框

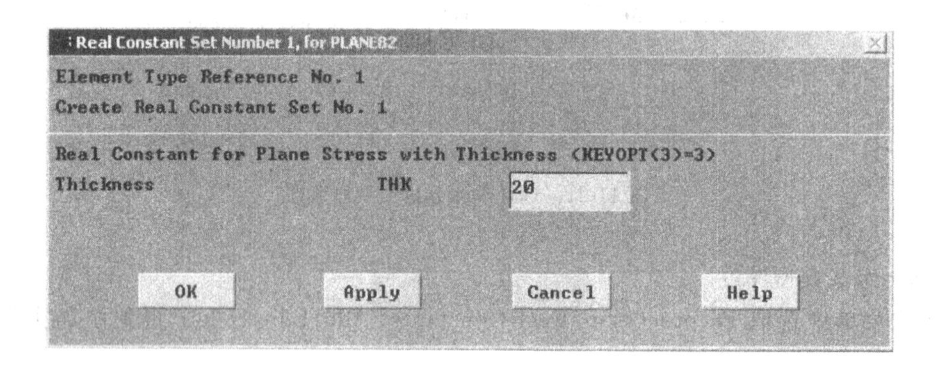

图 11-24　定义单元厚度对话框

• 在定义材料属性对话框中选取 Isotropic(各向同性材料),弹出图 11-26 所示窗口.

• 在图 11-26 所示窗口中输入杨氏弹性模量与泊松比：

EX＝200Gpa，　PRXY＝0.25.

单击 OK,关闭窗口.

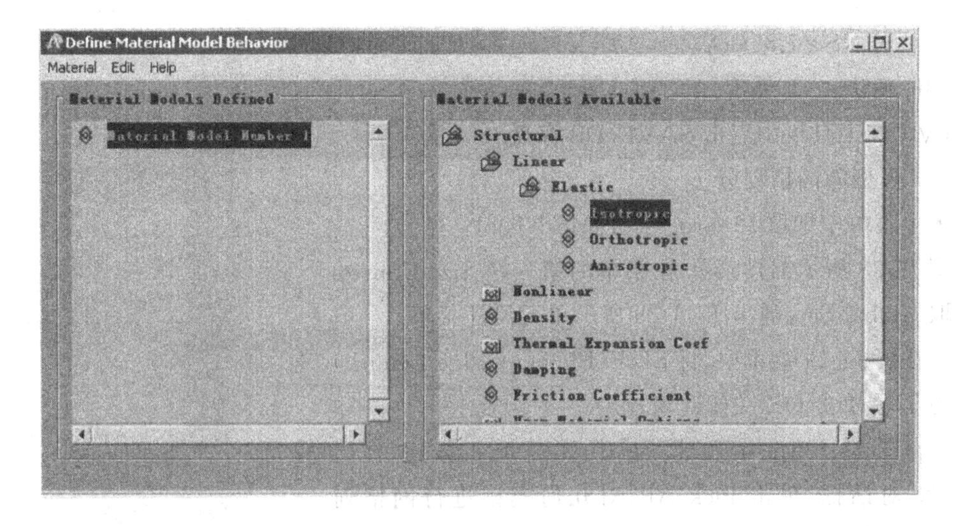

图 11-25　定义材料属性对话框

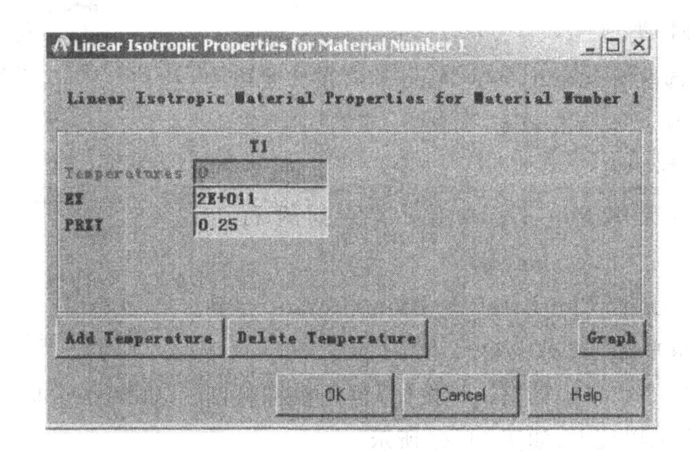

图 11-26　定义力学参数对话框

• 返回定义材料属性对话框图 11-25，选取 Dencity(密度)，弹出图 11-27 所示窗口，输入：

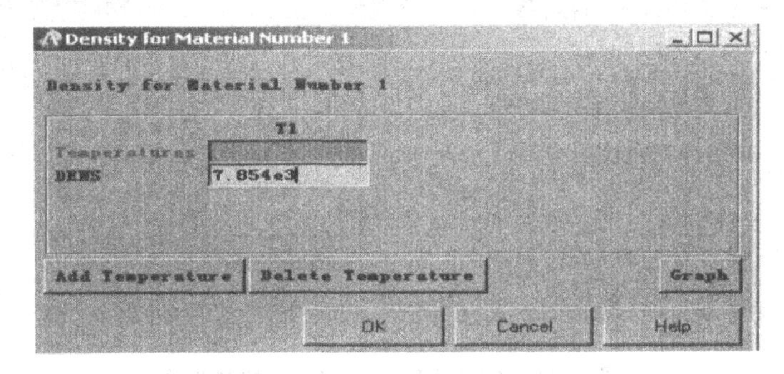

图 11-27　定义材料密度对话框

DENS=7.854e3.

单击 OK 确认.

(ⅴ) 在工具栏中点击 SAVE_DB 存盘.

(3) 模型的网格划分

• 主菜单中选取 Preprocessor|MeshTool

弹出图 11-28 所示工具菜单.在菜单的第三栏 Size Control 中选取 Global Set,弹出图 11-29 所示单元尺寸菜单.

• 在图 11-29 菜单中,将 SIZE(Element edge Length) 设置为 5,再单击 OK 关闭此窗口.

• 在图 11-28Mesh Tool 菜单中单击 Mesh 按钮,弹出图 11-30 对话框,单击 Pick All,对几何模型进行网格划分,结果如图 11-31 所示.

(4) 施加载荷与约束

(ⅰ) 确定分析类型

• 主菜单中选取 Solution|New Analysis,在其菜单中确定分析类型为 Static,单击 OK.

(ⅱ) 施加位移约束

• 实用菜单中选取 Plot|Nodes 显示结点如图 11-32 所示.

• 实用菜单中选取 PlotCtrl|Pan/Zoom/Rotate,得到图 11-33 所示视角平移与缩放菜单.

• 单击图 11-33 菜单中的 Zoom 按钮,再用鼠标将图 11-32 左上角圆孔加以放大,如图 11-34 所示.

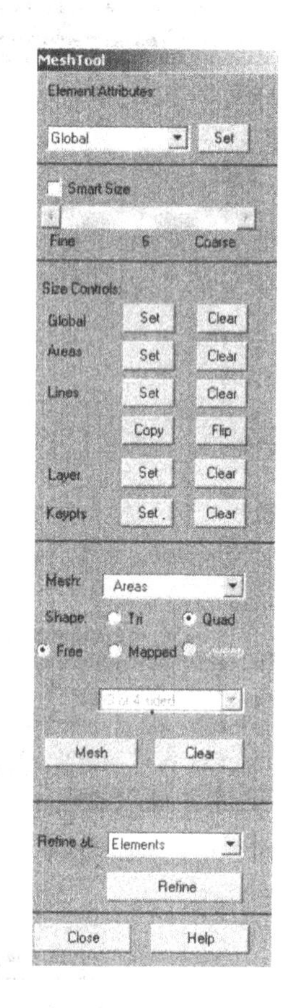

图 11-28 MeshTool 工具菜单

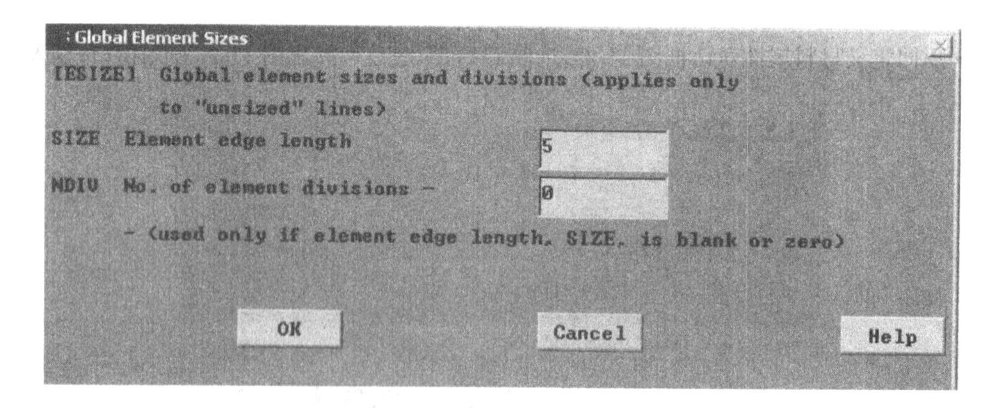

图 11-29 Global Element Sizes 控制菜单

• 主菜单中点击Solution|Apply|Displacement|OnNodes,弹出与图11-30类似的选择

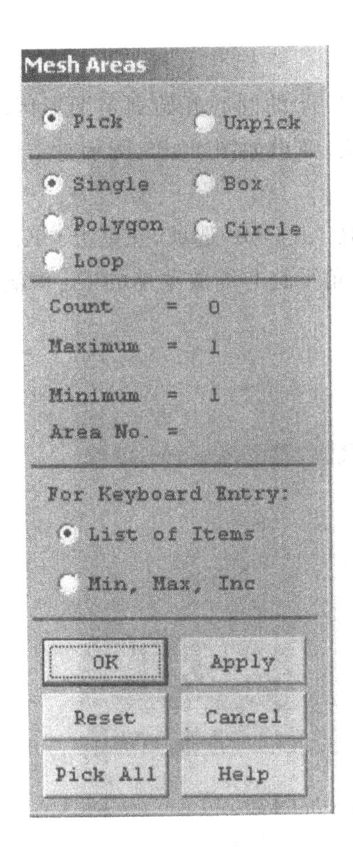

图 11-30　Mesh Areas

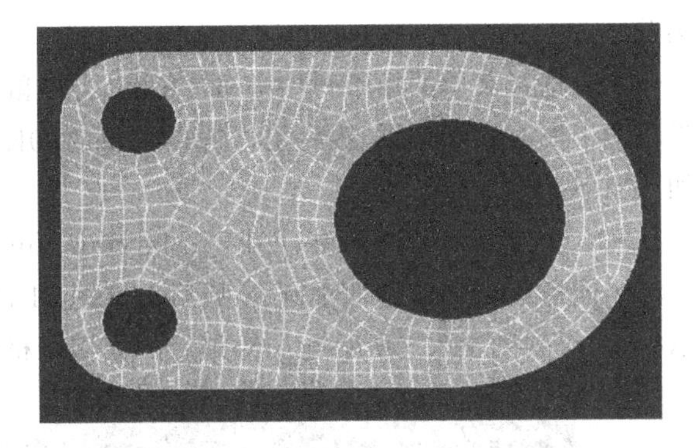

图 11-31　划分网格后的模型

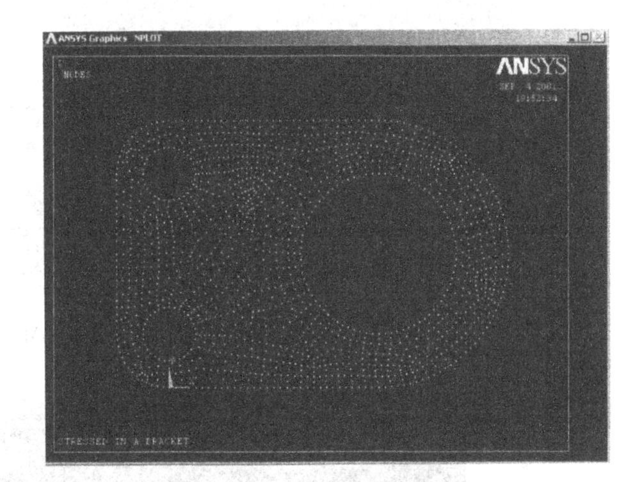

图 11-32　显示计算模型结点

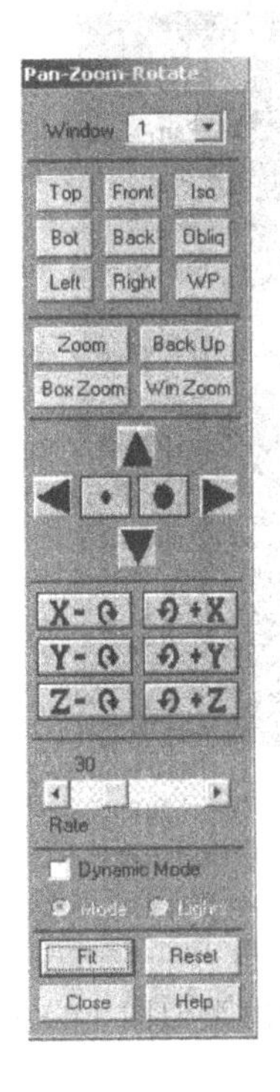

图 11-33　视角平移与缩放

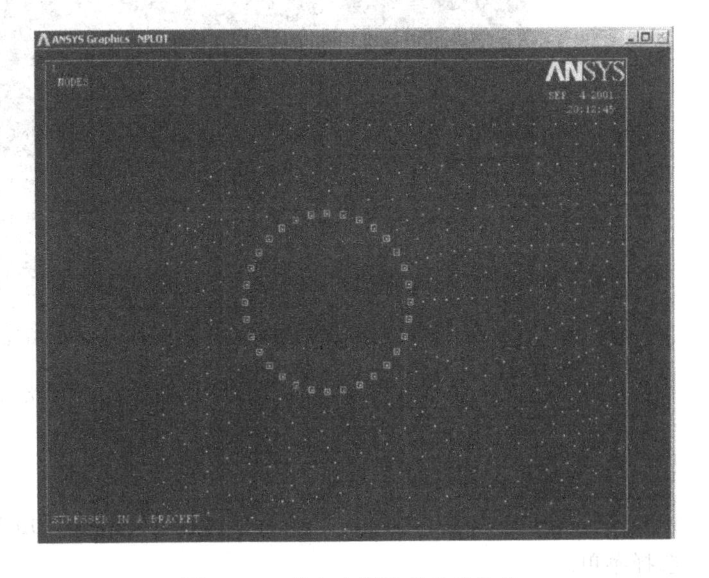

图 11-34　放大小圆孔并选定结点

菜单.

• 在选择菜单的第 2 栏中单选 Circle,再用鼠标由图 11-34 的圆心开始划定圆形区域,将小圆上所有结点选取.然后单击选择菜单的 OK 按钮确认,弹出如图 11-35 所示对结点施加约束对话框.

• 在图 11-35 对话框的 DOFs to be constrained 栏选取 All DOF 选项,并单击 OK.

• 同样约束左下角的小圆孔.最后点击图 11-33 所示视角平移与缩放菜单的 Fit 填满显示按钮,得到图 11-36 所示施加约束后的模型网格结点图.

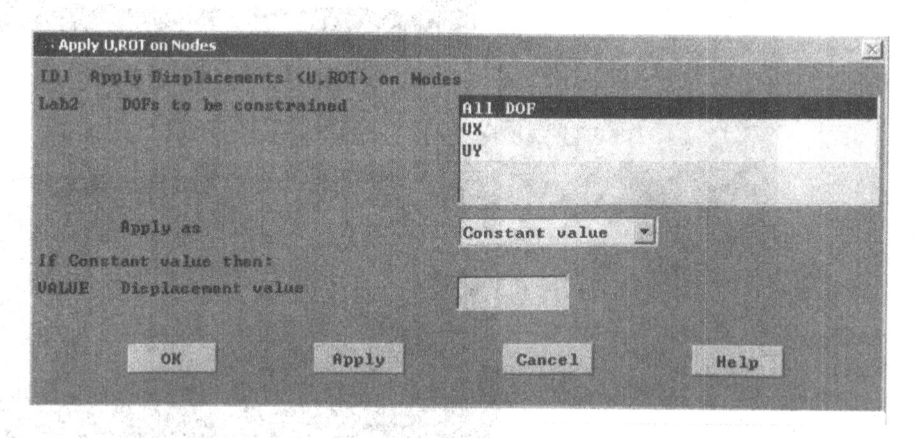

图 11-35　施加结点约束对话框(Apply U,Rot on Nodes)

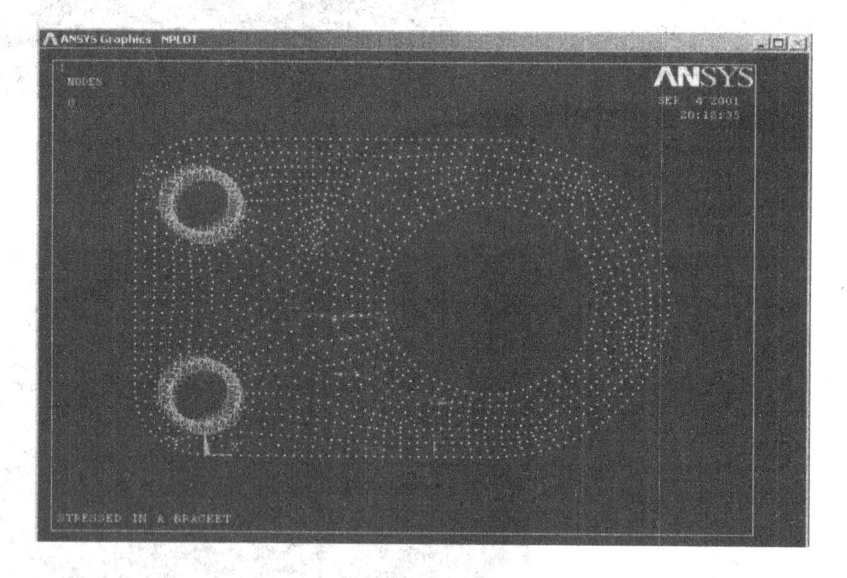

图 11-36　施加约束后的模型网格结点图

(ⅲ) 施加载荷

• 主菜单中点击 Solution|Apply|Force/Moment|On Nodes,弹出类似图 11-30 所示的选择菜单.

• 使用图 11-33 所示视角平移与缩放菜单 Zoom 按钮,放大图 11-36 中大圆孔附近区域.

• 选取大圆孔洞边界最下边的结点，单击选择菜单的 OK 按钮确认后，弹出图 11-37 所示添加集中力对话框.

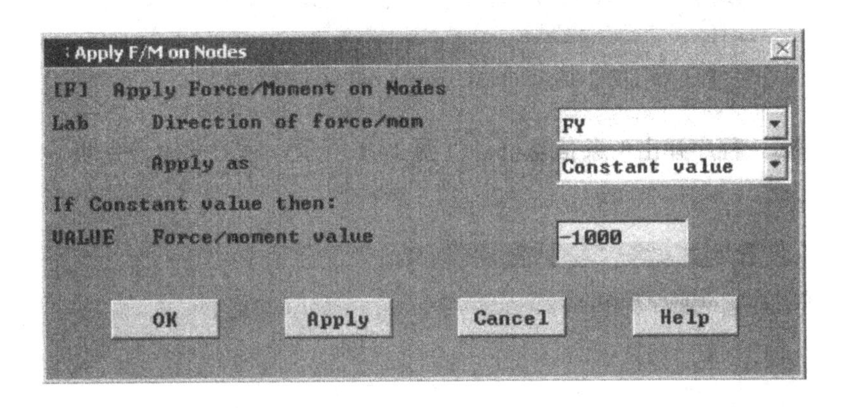

图 11-37 添加结点集中力对话框(Apply F/M on Nodes)

• 在 Apply F/M on Nodes 对话框中，将 Direction of force/mom 设置为 FY，将 Force/moment value 设置为－1000，单击 OK 按钮完成.

(5) 求解运算

• 主菜单点击 Solution|Current LS(当前载荷步)，弹出图 11-38 所示/STATUS Command 窗口，以及图 11-39 所示 Solve Current Load Step 对话框.

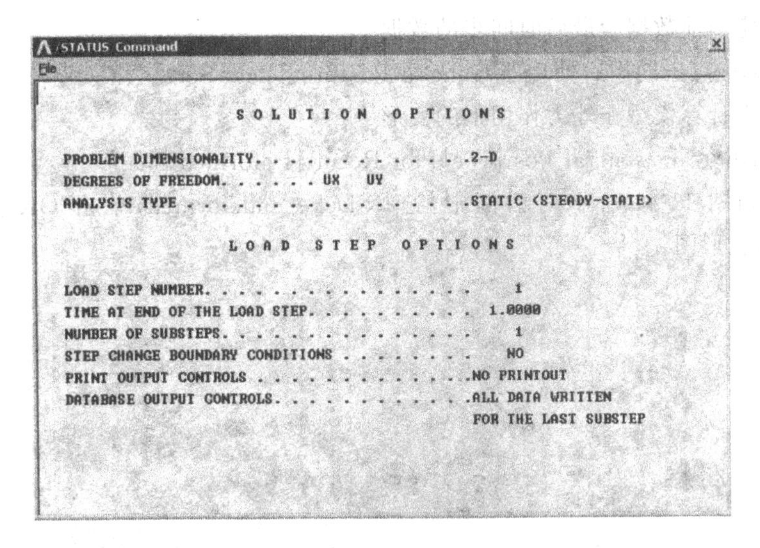

图 11-38 控制状态(/STATUS Command)窗口

• 审核/STATUS Command 窗口内容无误后，单击 Solve Current Load Step 对话框的 OK 按钮开始计算.计算完成后，程序会弹出如图 11-40 所示信息框，提示求解过程已经完成.

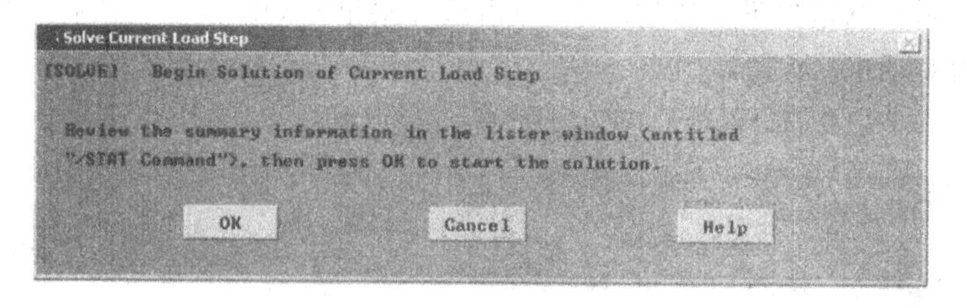

图 11-39　求解当前载荷步(Solve Current Load Step)对话框

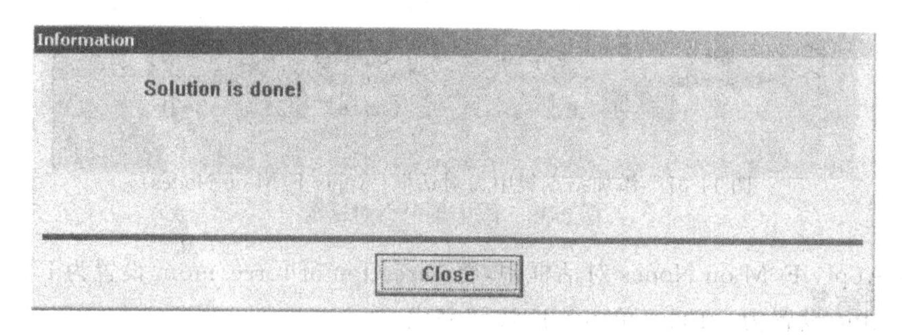

图 11-40　信息框

单击信息框的 Close 按钮关闭此窗口.

(6) 查看计算结果

(ⅰ) 确定当前数据为最后时间步的数据

• 主菜单中点击通用后处理器 General Postproc|Last Set

(ⅱ) 查看计算模型在外力作用下的变形

• 主菜单中点击 General Postproc|Plot Result|Deformed Shape

在弹出如图 11-41 所示对话框中，选择 Def + undeformed，单击 OK 按钮，得到如图 11-42所示变形图.

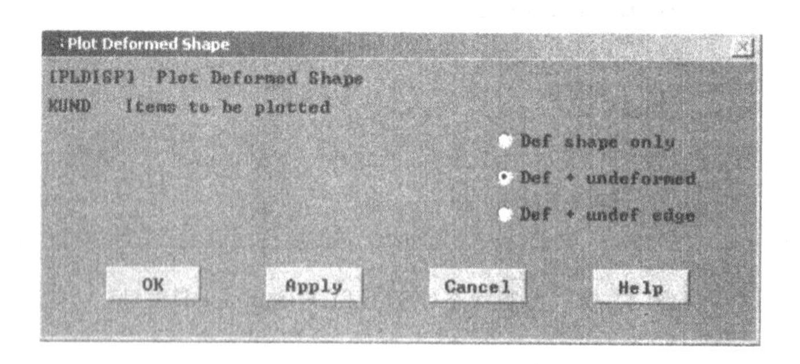

图 11-41　Plot Deformed Shape 对话框

(ⅲ) 查看计算模型的等效应力分布情况

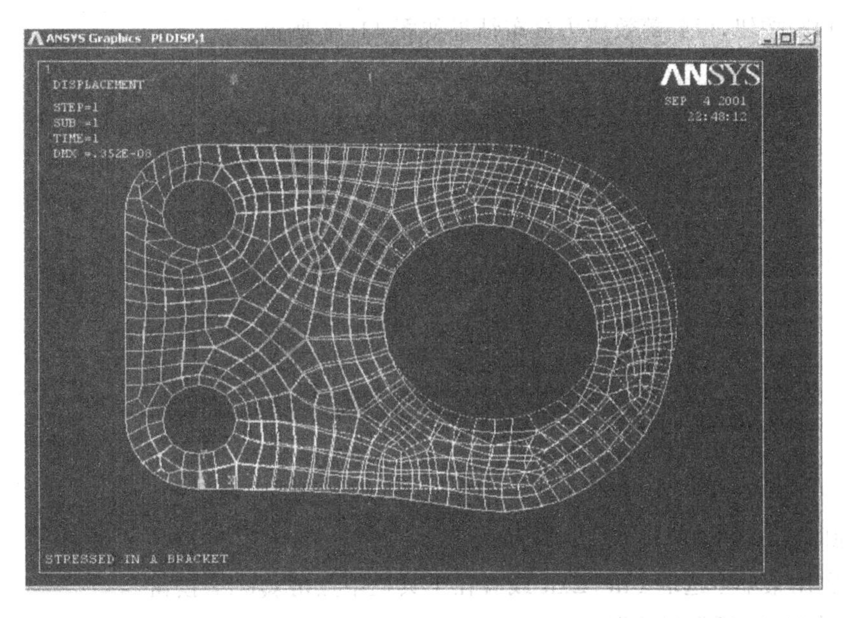

图 11-42　变形图

• 主菜单中点击 General Postproc|Plot Result|Nodel Solu

弹出如图 11-43 所示对话框.

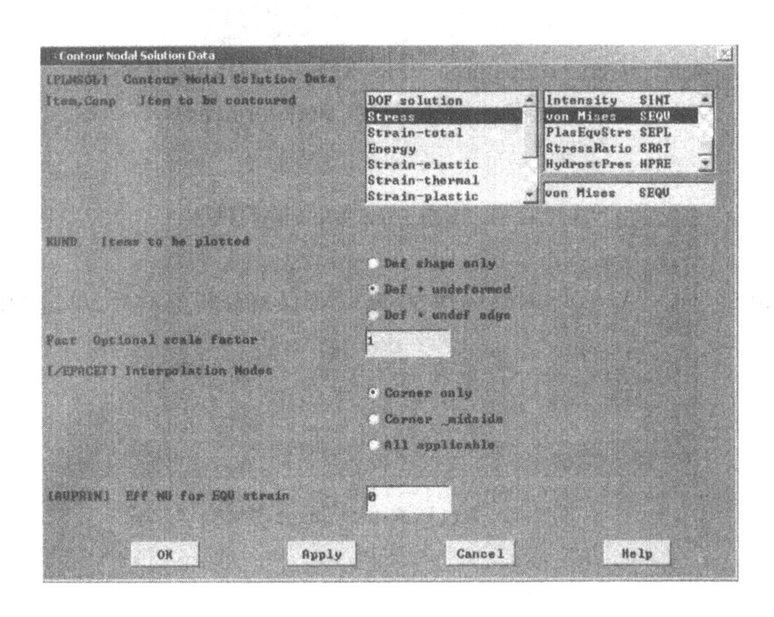

图 11-43　等值线(Contour Nodal Solution Data)对话框

在对话框的 Item to be contoured 选项中,在左边菜单选择 Stress 选项,在右边菜单选择 von Mises 选项.

在 Items to be plotted 选项中,确定选择 Def+undeformed.

单击 OK 按钮,得到等效应力分布结果如图 11-44 所示.

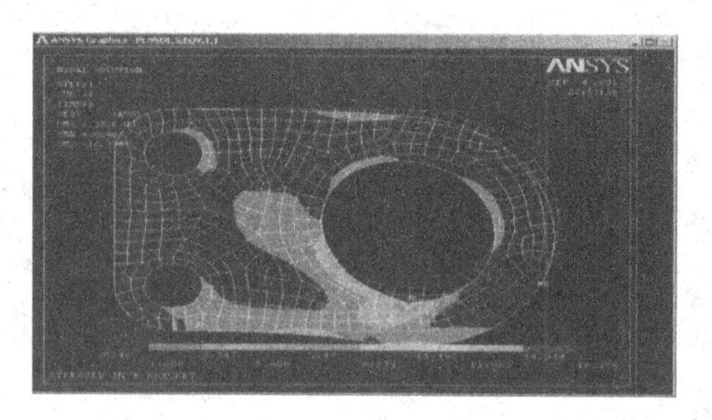

图 11-44　等效应力分布图形

(7) 退出 ANSYS 程序

• 在实用菜单中选取 File|Exit 或者在工具栏中点击 QUIT 按钮

弹出图 11-45 所示对话框.

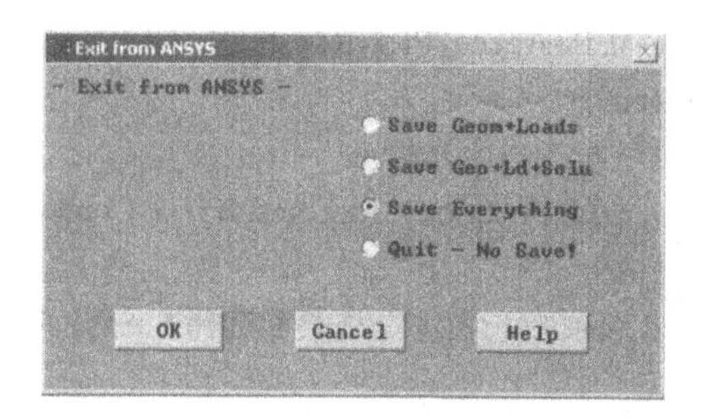

图 11-45　Exit from ANSYS 对话框

• 在 Exit　from　ANSYS 对话框中,单选是否保留分析资料后,单击 OK 按钮,退出 ANSYS 程序.

主要参考文献

1. 王勖成,邵敏. 有限单元法基本原理和数值方法(第二版). 北京:清华大学出版社, 1997
2. 杨荣柏 主编. 机械结构分析的有限元法. 武汉:华中理工大学出版社, 1989
3. 徐芝纶. 弹性力学(第三版). 北京:高等教育出版社, 1990
4. 朱伯芳. 有限单元法原理与应用(第二版). 北京:中国水利水电出版社,1998
5. 刘子兴,孙雁,王国庆 编著. 计算固体力学. 上海:上海交通大学出版社, 2000
6. 华东水利学院. 弹性力学问题的有限单元法. 北京:水利电力出版社,1978
7. 李大潜等 编. 有限元素法续讲. 北京:科学出版社, 1979
8. 赵经文,王宏钰 编. 结构有限元分析(第二版). 北京:科学出版社, 2001
9. 龙志飞,岑松 编著. 有限元法新论. 北京:中国水利水电出版社, 2001
10. 甘舜仙 编著. 有限元技术与程序. 北京:北京理工大学出版社,1988
11. 王生洪,吴家骐,谢惠明 编. 有限元法基础及应用. 长沙:国防科技大学出版社, 1990
12. 赵汝嘉. 机械结构有限元分析. 西安:西安交通大学出版社,1990
13. 赵更新 编著. 土木工程结构分析程序设计. 北京:中国水利水电出版社,2002
14. 刘永仁 编著. 结构分析中的程序设计. 上海:同济大学出版社, 1992
15. 崔俊芝 梁俊 著. 现代有限元软件方法. 北京:国防工业出版社, 1995
16. 刘涛 杨凤鹏 主编. 精通 ANSYS. 北京:清华大学出版社, 2002
17. 王润富,佘颖禾 主编. 有限单元法概念与习题. 北京:科学出版社, 1996
18. 黄义 主编. 弹性力学基础及有限单元法. 北京:冶金工业出版社, 1983
19. 张桐生,张富德 编著. 简明有限元法及其应用. 北京:地震出版社, 1990
20. 李人宪 编著. 有限元法基础. 北京:国防工业出版社, 2002
21. 南京大学数学系计算数学专业 编. 数值逼近方法. 北京:科学出版社, 1978
22. 王国强 主编. 实用工程数值模拟技术及其在 ANSYS 上的实践. 西安:西北工业大学出版社,1999
23. 匡文起,张玉良,辛克贵. 结构矩阵分析和程序设计. 北京:高等教育出版社,1991
24. 朱学军. 具有几何缺陷受压箱型构件承载能力研究. 武汉交通科技大学硕士论文, 1996
25. 傅永华. 关于偏心梁单元刚度矩阵的几点说明. 力学与实践, 1996(2)